Blockchain

区块链

技术与场景

丁 鹏 著

电子工业出版社

Publishing House of Electronics Industry

北京·BEIJING

内 容 简 介

本书基于区块链 5556 框架（区块链五大作用、五大推进任务、五大现有领域、六大应用场景），用通俗易懂的语言，介绍理论知识、五大现有领域、六大应用场景、监管安全，使读者了解区块链技术的核心。

理论知识部分（第 1 章）从比特币的历史讲起，分析区块链的核心架构、三大关键机制、两大特征和五大作用；五大现有领域部分（第 2～6 章）介绍数字金融、智能制造、物联网、供应链管理和数字资产交易领域；六大应用场景部分（第 7～12 章）在宏观上阐述区块链六大应用场景的发展，重点讲解区块链与实体经济深度融合主要应解决中小企业融资难、银行风控难、金融监管难问题，以及如何打造透明营商环境、推进供给侧改革和促进新旧动能转换；监管安全部分（第 13 章）介绍区块链产业监管，包括技术标准和安全风险两个方面。

本书适合作为区块链领域的专业技术人员及相关工作人员的参考用书。

图书在版编目（CIP）数据

区块链：技术与场景 / 丁鹏著. —北京：电子工业出版社，2021.10
（区块链技术与应用丛书）
ISBN 978-7-121-41820-4

Ⅰ.①区⋯　Ⅱ.①丁⋯　Ⅲ.①区块链技术　Ⅳ.①TP311.135.9

中国版本图书馆 CIP 数据核字（2021）第 169606 号

责任编辑：李　冰　　文字编辑：苏颖杰
印　　刷：三河市鑫金马印装有限公司
装　　订：三河市鑫金马印装有限公司
出版发行：电子工业出版社
　　　　　北京市海淀区万寿路 173 信箱　　邮编　100036
开　　本：787×1 092　1/16　印张：19.5　　字数：406 千字
版　　次：2021 年 10 月第 1 版
印　　次：2021 年 10 月第 1 次印刷
定　　价：105.00 元

凡所购买电子工业出版社图书有缺损问题，请向购买书店调换。若书店售缺，请与本社发行部联系，联系及邮购电话：(010) 88254888，88258888。
质量投诉请发邮件至 zlts@phei.com.cn，盗版侵权举报请发邮件至 dbqq@phei.com.cn。
本书咨询联系方式：libing@phei.com.cn。

前　言

大风起兮云飞扬，毫无疑问，在未来的 10～20 年，区块链将成为国家发展的重要方向之一，但由于区块链技术深奥难懂，大多数人难以理解这项颠覆性技术，且目前市面上大多数与区块链有关的书籍和课程往往从技术层面进行分析和解读，初学者难以理解。

本书完全基于 5556 框架（区块链五大作用、五大推进任务、五大现有领域、六大应用场景）进行大纲设计（如图 0-1 所示），力图用通俗易懂的语言使读者能够较为容易地理解区块链技术的核心。书中提供了多个实际场景，分析了它们的架构和技术解决方案，帮助读者在实际工作中应用。

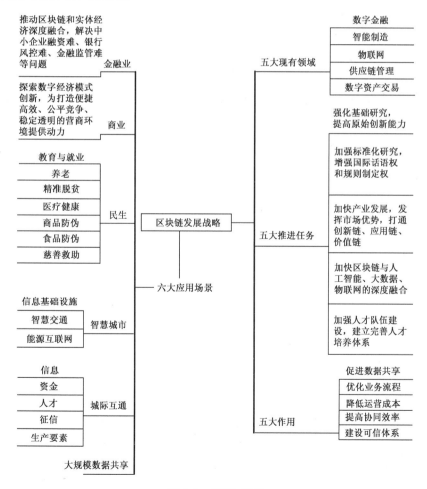

图 0-1　5556 框架

本书内容分为 4 部分：理论知识、五大现有领域、六大应用场景和监管安全。

理论知识部分（第 1 章）从比特币的历史讲起，分析了区块链的核心架构、三大关键机制、两大特征和五大作用，使用类比的方法解释了区块链中难懂的学术名词。

五大现有领域部分（第 2～6 章）介绍数字金融、智能制造、物联网、供应链管理和数字资产交易领域。数字金融领域介绍了区块链对传统的银行、证券、保险领域的发展及跨境支付的助力；智能制造领域主要包括工业物联网、智能化生产、工业供应链、智能制造联盟等方面的区块链应用；在物联网领域，区块链可以发挥作用的场景包括升级传统物联网架构、打造新型共享经济、车联网中的跨平台协作、智能家居中各类终端的互联互通等；在供应链管理领域，区块链主要用于食品或药品的供应链溯源、物流供应链的效率提升、供应链金融中的信用支持等；数字资产交易领域包括对传统证券交易系统的改造升级和新型的数字资产投融资模式。

六大应用场景部分（第 7～12 章）在宏观上阐述了区块链六大应用场景的发展，重点讲解了区块链与实体经济深度融合主要应解决中小企业融资难、银行风控难、金融监管难问题，以及如何打造透明营商环境、推进供给侧改革和促进新旧动能转换。民生是区块链在中国经济体系中最重要的应用领域，包括教育、就业、养老、精准脱贫、医疗健康、食品防伪、慈善救助等。目前，国内已有不少典型的应用场景，区块链在其中体现出数据共享、机器信任等价值。区块链在新型智慧城市建设中的应用场景包括建设信息基础设施、升级智慧交通系统、促进能源互联网和加强智慧城市管理水平等。随着地域性城市群的扩大，区块链在促进更大规模的互联互通方面作用巨大，包括公共服务一体化、保障生产要素有序流动等。区块链的重要价值之一是可以实现大规模数据共享，不仅有利于消除"数据孤岛"和促进跨部门数据协作，还有利于促进政务数据公开。

监管安全部分（第 13 章）介绍了区块链的产业监管，包括技术标准和安全风险两个方面。

区块链的发展过程跌宕起伏，很多朋友纷纷询问，区块链到底是什么？为什么这么重要？在这种情况下，我决定编写一个简要的读本，用简洁明了的语言介绍现有的理论、技术和应用成果，使初学者也可以了解区块链技术。在写作过程中，我查阅了大量文献，它们已列在本书的最后，供大家参考；本书有很多图表需要制作，感谢米紫月对此做出的贡献。

总而言之，区块链并不是简简单单的一项技术，而是一整套游戏规则、生产关系的重塑和再造。如果说互联网带来信息化社会的发展，推动人类进入第三次工业革命，那么区块链结合其他前沿技术，如人工智能、物联网、5G 等，给人类带来的是更大规模的全球协作，第四次工业革命正在到来。区块链在中国的大范围应用将为社会的经济秩序、管理秩序带来重大变革，实现更高格局的发展。

丁　鹏

目 录

第1章

区块链基本概念

本章从比特币的起源讲起，介绍区块链技术的主要原理，并深入探讨区块链的关键作用和实际应用场景。

1.1 区块链起源：比特币

说到区块链，就会提及比特币，因为比特币的诞生带来了区块链技术。那么，比特币到底是什么呢？历史上几次著名的资产泡沫示意图如图 1-1 所示。其中，价格涨幅最大的就是比特币，其次是郁金香泡沫，第三是密西西比股市泡沫。

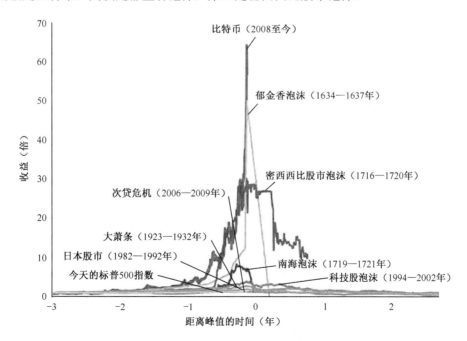

图 1-1 历史上几次著名的资产泡沫示意图

17 世纪，在荷兰的投机者的推动之下，郁金香一度在鲜花交易市场上出现异乎寻常的价格飞涨，导致了一场巨大的资产泡沫。进入 1637 年 2 月，郁金香价格比 1636 年同期上涨了 100 多倍，但是 1637 年 2 月 4 日，郁金香价格暴跌，一周后跌幅超过 90%，众多投机者血本无归。1637 年 4 月，荷兰政府决定禁止投机式的郁金香交易，刺破了历史上第一次巨大的投机泡沫，这就是有名的"郁金香泡沫"。

1719 年，又出现了著名的法国"密西西比股市泡沫"。1719 年 5 月起，法国密西西比公司股票价格连续上涨了 13 个月，从 500 里弗尔涨到 1 万多里弗尔，涨幅超过 20 倍，但从 1720 年 5 月开始，连续下跌 13 个月，跌幅为 95%。

与这两次泡沫相比，比特币的涨幅更大。2010 年 5 月 22 日被称为"比特币披萨日"，比特币在这天第一次用于商品交易，程序员 Hanyecz 用 10000 个比特币购买了总价为 10 美元的两个披萨。2018 年 2 月，1 个比特币的价格已接近 20000 美元。从这个角度看，在 8 年的时间里，比特币的价格上涨了 2000 万倍，涨幅远远大于"郁金香泡沫"和"密西西比股市泡沫"。很多人都在问：比特币泡沫何时破灭？

虽然在 2018 年的暴跌中，1 个比特币从历史最高的 20000 美元左右跌到了 3000 美元，但是在 2019 年的反弹中，又回到了 10000 美元。很多人不认可比特币，认为这是一个骗局，但我们看到，在各项政策的严厉打击下，比特币并没有消亡。越来越多的人意识到，比特币不太可能消亡。这是为什么呢？我们先用一个小故事来说明比特币的核心逻辑。

1.1.1　从一个小故事开始

假设我是一名学生，我的班主任是聪聪老师，为了激励同学，他会奖励表现好的同学小红花。这些小红花不仅是精神奖励，还有实际的价值，可以兑换班级书架上的动漫书或漂亮的文具等，此举很受学生欢迎。慢慢地，同学之间的一些交易也开始以小红花为媒介。例如，小明要借我的《灌篮高手》，就要给我支付小红花，我的小红花也可以兑换小丽的布娃娃。这样一来，小红花就成了我们班级的货币。

但是这个体系最终崩溃了，因为书籍和文具越来越多，但是小红花的制作速度跟不上。为了防止有人使用假冒的小红花，小红花的制作工艺很复杂，聪聪老师怎么忙碌也跟不上班级的需求。小红花数量有限，书籍和文具的价格不断下跌，于是同学们都将小红花保存在自己手里，不愿意拿出来换东西了。

在人类的农业文明时代，货币成为商品交换的媒介，最初的货币是贝壳，最终全世界的人不约而同地选择将贵金属作为货币，即黄金、白银或铜钱。贵金属在地球上的保有量非常有限，采用它作为货币，天然存在通货紧缩的效应，使得越来越多的人不愿意进行商品交换，无法继续发展生产力。

看到班上出现的情况，聪聪老师想了一个办法，不再使用实物形式的小红花，而采用记账的方法，因为记账的成本比制作小红花低多了，这样小红花的数量就能跟上需求增长的步伐，通货紧缩的问题解决了。在新的游戏规则下，每个同学都有一个属于自己的小红花账本，班长那里有小红花总账。当交易发生时，同学在班长的见证下，填写自己的账本，同时班长把这笔交易记录在小红花总账上。

例如，我租借小强同学的漫画，支付给他 1 朵小红花，我就在我的账本上记录"小红花-1"，小强在他的账本上记录"小红花+1"，然后我们将记录拿给班长看，班长就在小红花总账上记录这笔交易。如果有同学偷偷修改自己的账本，就会和班长的总账对不上，这就是"复式记账"。有了这个记账方法后，同学们又可以愉快地交易了。

但是好景不长，这个体系又崩溃了。因为某一天，有个同学发现班长的同桌总有用不完的小红花。这就像人类历史上的记账货币时代，这种货币被称为信用货币。

看到大家都不愿意用小红花记账，聪聪老师知道，其关键就在于班长的权力太大了，他只要改改账本，就可以有无穷无尽的小红花。但是时代发展了，班级已经无法回归到实物小红花时代了，这个账还需要有人记，换谁来记账呢？聪聪老师想，可以发动全班同学，于是她想出了一个绝妙的解决办法——不再设立总账，而是按以下规则记账。

（1）每笔交易全班同学都记账，不论这笔交易是否涉及自己。

（2）每天下午放学前，全班同学一起计算今天发生的交易。

（3）给每天最先完成计算的同学奖励 2 朵小红花。

（4）只有与绝大多数同学的记录一致的交易才被承认。

例如，我租借小丽同学的小说，支付给她 1 朵小红花，并把这笔交易记在我的账本上，然后告知其他同学。虽然这笔交易与他们无关，但是根据游戏规则，全班同学都要记账。

这样一来，有人要偷偷修改账本就很难了，班长也没有这个权力，他必须与全班同学的账本对账，只有绝大多数（超过半数）同学的账目一致（也许有个别同学记错账），这笔交易才能得到认可，同时还调动了同学们计算交易的积极性，因为最早完成计算的同学有奖励。这个小故事体现了比特币的原理，其中诞生了区块链最基本的思想。数字货币时代由此开始。

（1）这个场景中，账本上的小红花相当于一种数字货币（如比特币）。

（2）全班同学组成的网络相当于一个 P2P 网络，每个同学都相当于一个节点。

（3）同学手里的账本相当于区块，这些账本按照时间顺序连起来就是链，同学与账本共同组成的系统相当于区块链。

（4）不存在一个保存在班长那里的小红花总账，这相当于去中心化。

（5）最先完成计算的同学会得到奖励，这个计算相当于"挖矿"。

（6）有个同学用计算器，算得比别人快，计算器相当于"矿机"。

（7）同学的账本上不写自己的名字，而是用代码表示，这相当于匿名。

那么，怎么认定小红花的所有权呢？可以通过公钥和私钥机制实现。每个同学都有自己账本的密码（私钥），然后去聪聪老师那里领取一个对应的公钥，这个公钥就是同学们存放账本的柜子的钥匙，想要转账小红花的时候，用私钥解密就可以了。因此，在区块链中，私钥极为重要，一旦丢失，你拥有的比特币就没有了。

从这个小故事可以得知，区块链不仅是技术，还是一整套游戏规则，其关键是调动了所有人参与的积极性，放弃了中心化的记账模式，用一句通俗的话来说，区块链就是"发动群众来记账"。

1.1.2　通货膨胀的由来

货币的发展历史如图 1-2 所示，从原始社会的以物易物，到农业社会的实物货币，到工业社会的信用货币，再到信息社会的数字货币，这一进程是生产力发展的必然结果。

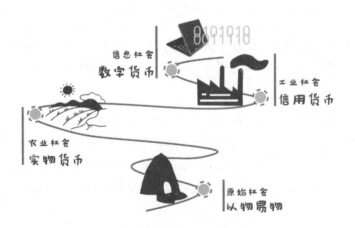

图 1-2　货币的发展历史

在目前的经济生活中，起主导作用的是信用货币，黄金、白银等贵金属货币只在一些很小的范围内使用。信用货币采用以国家信用作为背书的发行机制，优点是效率高、使用方便，但是会带来一个巨大的问题，即通货膨胀。前面的小故事已经说明了其根源在于以记账方式产生新的货币太容易了。最简单的理解就是，货币的生产效率超过了商品的生产效率。

例如，市场上第一年有 10 件衣服，发行了 10 元货币，那么 1 件衣服对应 1 元货币；如果第二年发行了 20 元货币，衣服还是 10 件，那么 1 件衣服就对应 2 元货币了，这就是通货膨胀最基本的解释。

当然，实际的经济生活要复杂得多。对于通货膨胀的起因，众多经济学家给出了不同的解释，其中有一个被广泛使用的理论是"货币数量论"。这个理论的基本逻辑是：货币流通量乘以货币流通的速度，等于社会中商品的总量乘以平均物价。该理论由经济学家费雪提出，被称为费雪公式，费雪公式为

$$MV=QP$$

式中，M 是货币流通量；V 是货币流通速度；Q 是社会中商品的总量；P 是平均物价。

我们稍微做一个移项，得到 $P=MV/Q$，可以看到，社会的平均物价与社会中商品的总量呈反比。换句话说，商品总量越大，产生通货膨胀的概率越小；货币流通量越大，产生通货膨胀的概率越大。

商品总量的增加难度较大，因此在大部分情况下，物价 P 的上涨都可以归因于 M 的增长，通俗地说，就是钞票印得太多了，而商品的增长跟不上。如果要控制通货膨胀，就要严格控制货币发行。

假设 A 国和 B 国之间有 1000 万元的债务，是通过 A 元结算的，也就是说 A 国还债的时候，需要还给 B 国 1000 万 A 元。可是 A 国拿不出 1000 万 A 元，怎么办呢？要么勒紧裤腰带，节衣缩食凑 1000 万 A 元；要么印 1000 万 A 元的钞票给 B 国。

A 国政府自然愿意选择第二种方式，即印钱还债。印 1000 万 A 元的成本，大概就是几 A 元。换句话说，A 国花了几 A 元钱，就从 B 国掠夺了 1000 万 A 元的财富。

1.1.3 比特币的诞生

2008 年的金融危机，让人们看到了信用货币缺陷的关键，因为缺乏传统的"黄金锚"，

所以一些国家可以在需要的时候，通过量化宽松来向市场投放货币，造成严重的通货膨胀。很多社会学家和经济学家早就意识到了这个问题，但是并没有找到解决方法。

著名经济学家哈耶克写过一本有名的书《货币的非国家化》，书中提到了数字货币的思想。很多人基于他的思想，构建了不同类型的数字货币，但这些学术上的尝试，无一例外都失败了。

2008 年 10 月 31 号，一个化名为"中本聪"的人发表了一篇文章《比特币：一种点对点的电子现金系统》（*Bitcoin: A Peer-to-Peer Electronic Cash System*），货币非国家化的思想第一次获得了技术上的支持。文中提出了一种新的支付方式，不仅不需要银行这种中介机构，而且不需要中央银行来提供交易媒介。

中本聪亲自开发了比特币系统，并召集了一批认可他的理念的极客打造了比特币社区。慢慢地，越来越多的人认可了比特币，并开始尝试用比特币支付现实中的商品和服务，其中最有名的就是"比特币披萨"。

2010 年 5 月，美国佛罗里达州程序员兼比特币早期矿工 Laszlo Hanyecz 在 BitTalk 论坛上发出了交易请求，愿意用挖矿所得的 10000 个比特币购买两个披萨。那时，距离比特币问世还不到两年，在普通人眼中它几乎一文不值，直到请求发出 4 天之后的 5 月 22 号，Hanyecz 才宣布他成功用比特币与一个叫 Jercos 的用户换了两个披萨。

大概当时谁也没有想到，8 年之后，1 个比特币的价格最高达到了 20000 美元，而当年的这两个披萨相当于价值 2 亿美元，Hanyecz 就这样错过了成为亿万富豪的机会。有人曾经问 Hanyecz，是否后悔与 2 亿美元失之交臂，他回答道："我并不后悔，因为我认为我的这个行为是伟大的，这是我参与比特币发展的一种方式。如果我可以使用比特币购买食物，那么它就跟其他的货币一样，我们就可以靠比特币来生活。"

可以说比特币的出现让支付交易跨越了地理上的障碍，使交易双方无须像使用现金交易时在固定的场合一手交钱、一手交货；也无须像网上购物，在付款的过程中借助第三方服务商，这是对传统银行支付体系的一次彻底的颠覆。

5 月 22 日被称为"比特币披萨日"，用来纪念比特币作为一种新兴的支付手段颠覆了传统世界，进而一步一步走进人们的日常生活。

2010 年 12 月 13 日，中本聪突然在网络上消失，从此再也没有出现过，所谓"事了拂身去，深藏功与名"，说的就是这个意思吧。

虽然中本聪消失了，但是他创造的比特币和背后的区块链思想得到了越来越多人的关注，特别是区块链思想在各行各业的应用日趋成熟。

本节介绍了区块链技术的起源，比特币这种新的货币体系是一群极客为了解决信用货币滥发问题而发明的，并希望比特币可以像美元那样成为实际使用的商品交换媒介。十几年过去了，这个最初的目标并没有实现，因比特币而诞生的区块链技术却越发体现出它的伟大，其中的思想和技术架构必将对未来人类的发展起到巨大的推动作用。那么区块链核心架构到底是什么呢？

1.2　区块链核心架构

区块链与传统数据中心模式的一个重要区别就是采用分布式架构，使得数据难以篡改，数据安全性大大提高。

1.2.1　分布式与中心式

传统的信息系统（如大家常用的微信、淘宝等）都采用中心式架构，中心式架构如图 1-3（a）所示，即存在一个中心节点，该中心节点保存了其他所有节点的索引信息。索引信息一般包括节点 IP 地址、端口、节点资源等，各节点需要通信的时候，要先从中心节点获取这些重要信息。

中心式架构的优点是结构简单、实现容易，但缺点也很明显，中心节点承担了最重要的工作，对它的要求最高。当节点规模扩展时，容易出现性能瓶颈及单点故障问题。例如，如果微信账号出了问题，可能存在微信财付通里的资金就无法取出了。

那么，如何防止中心节点崩溃呢？很多人想到，将中心节点的功能分散到更多节点上，这些节点互相备份，不就可以降低单点故障的概率了吗？没错，区块链采用的分布式架构，就是基于这个原理设计的。

区块链采用的是分布式架构，又称 P2P 网络，分布式架构如图 1-3（b）所示。P2P 网络是技术上的一个术语，与互联网金融中的"P2P"没有任何关系。多个账本组成分布式网络后，极大地提高了系统的鲁棒性。

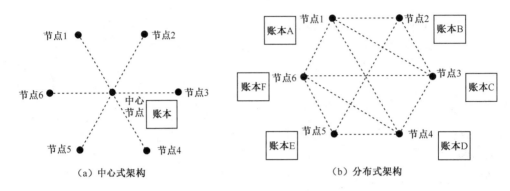

图 1-3　分布式架构与中心式架构

分布式包含两层意思：一是数据节点独立，节点既不需要属于同一组织，也不需要相互签约（在中心式架构中，节点是统一管理的，如阿里云的节点都属于阿里巴巴公司）；二是数据节点共同存储，每个参与的节点均可复制一份完整记录的副本。

分布式架构的效率肯定不如中心式架构，但是安全性大大提高了。很多人质疑区块链的一个重要的理由就是区块链的速度太慢，但正是因为区块链以牺牲效率为代价，才带来了更高的安全性和稳定性。

区块链中的每个区块都可以被视为一个账本，按记录时间的先后顺序将它们连接起来就形成了总账本，这就是链式结构。系统会设定每隔一段时间进行一次交易记录的更新和广播，所有节点会同步更新自己区块中的内容。如果所有收到广播的节点都认可了某个区块的合法性，那么这个区块将以链的形式被各节点加到自己的链中，就像给账本里新添加一页，这个流程与前面聪聪老师最后的小红花记账过程是一样的。

在传统的中心式数据结构中，只保存当前的结果，更新时会覆盖过去的数据，从技术上来说追溯比较困难。在区块链的链式结构中，每次更新都只在当前链中进行，即插入新的数据，这种独特的机制使得区块链上的数据很容易被追溯。

1.2.2　区块结构

链式结构分为两个部分，一部分是区块结构，另一部分是区块之间的连接方式。我们先来看区块结构。

1. 区块结构

区块包括块头（header）和块身（body），块头封装了当前的版本号、前一区块地址、时间戳、随机数、当前区块的目标哈希值、Merkle 树的根值等信息。区块结构如图 1-4 所示。

哈希是一类密码算法，任意一段信息都可以通过某种加密算法表现为一串"乱码"，即哈希值。

每个特定区块的块头都有唯一的头哈希值，任何节点都可以简单地对块头进行哈希计算，独立获取该区块的哈希值。父哈希值指向前一区块的地址，如此递推可以回溯到区块链的第一个区块，即创世区块。

区块高度是区块的一个标识符，作用与块头哈希值类似。可以理解为，区块链高度相当于门牌号，哈希值相当于 GPS 定位的经度和纬度，通过经纬度和唯一确定的门牌号可以确定地址。其中，创世区块高度为 0。

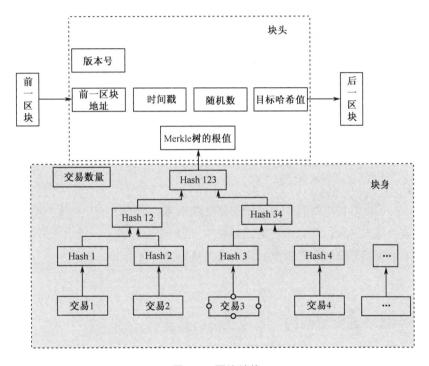

图 1-4　区块结构

块身只负责记录前一段时间内的所有交易信息，这与我们日常生活中的交易类似。例如，完成了某笔交易，在账本上记下这个时间段的交易明细，主要包括交易数量和交易详情等数据，如图 1-4 中的"交易 1""交易 2"等。

2. 区块连接

将区块连接起来，就形成了区块链，"区块+链"的结构如图 1-5 所示。

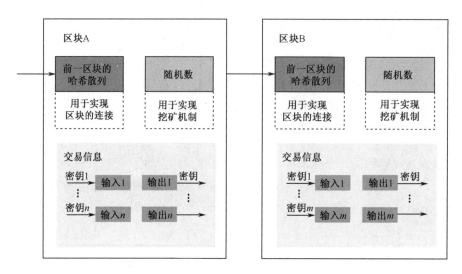

图 1-5　"区块+链"结构

交易信息是在某区块的某时间段内发生的所有交易的明细，包括交易双方的私钥、交易数量、数字签名等；前一区块形成的哈希值用于连接区块，实现过往交易的顺序排列；随机数是交易达成的核心，所有矿工节点竞争计算随机数的答案，最快得到答案的矿工节点生成一个新的区块，广播并更新，如此完成一笔交易，这就是挖矿机制的实现方式。

这样，矿工的数据中心就保存了所有的区块信息，这些区块一个接一个，从最初的创世区块到当前的区块，这就是"链式结构"。这种结构保留了历史上所有的交易细节，可以随时追溯到某时刻的交易情况，这就是区块链的"可追溯性"。

1.2.3　区块链应用架构

区块链的独特架构使其特别适用于那些对数据的鲁棒性要求较高的场合，如金融业、政府等，因为这些行业的数据中心一旦出问题，损失是巨大的，采用区块链这种分布式架构后，就算有单点故障，也不至于影响大局。目前，区块链已在各行各业得到了广泛应用，总地来说，可以分为两大架构，分别是区块链应用技术架构和区块链应用产业链架构。

1. 区块链应用技术架构

区块链应用技术架构如图 1-6 所示。最下面是数据层，主要包括数据区块结构、加密算法等核心技术，区块结构在前面已经介绍过，加密算法等在后面的章节中会详细讨论；网络层负责通信和信息共享，包括 P2P 网络、传播机制和验证机制等；共识层非常重要，它制定了区块链社区参与各方的游戏规则和利益共享机制，包括 PoW 机制、PoS 机制等，这些机制的作用是促进区块链社区的参与者贡献力量，推动社区发展；激励层包括各种数字通行证的发行机制和激励机制，可以从经济上激励社区的参与者。例如，比特币是一个民间发起的项目，它是如何吸引更多的人参与并贡献力量呢？这就是激励机制的作用。共识层和激励层共同作用，构成区块链社区的激励体系。

以比特币为例，它采用 PoW 机制，又称"工作量证明"，其基本原理是矿工们计算一道数学题，谁最先找到答案谁就获得比特币，并且创建新区块，其他矿工同步更新数据到新区块中。通俗地说，就是"按劳分配"，谁的贡献大，谁就获得比特币。

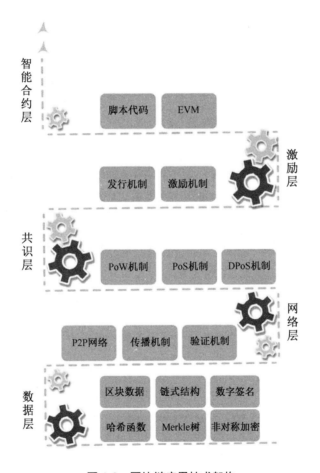

图 1-6 区块链应用技术架构

比特币最初只是一个精神奖励，就像前面小故事中的小红花一样，谁也没有想到后来比特币居然如此值钱。

除了比特币，还有很多其他的数字货币，它们在以太坊这种公有链平台上通过发行Token（通证）的方式进行社区激励。

最上面是智能合约层，各种实际应用需求通过智能合约编程的方式，固定为一系列可编程的操作集合，不需要人的干预就可以自动运行，完成预先设定的操作。例如，可以利用智能合约实现保险的自动理赔、供应链中的合作协议签署、电商平台的自动结账等。可以说，真实世界的大部分活动都可以通过智能合约的方式实现，使整个社会更加自动化，从而提高效率和增加透明度。

2. 区块链应用产业链架构

从应用产业链的角度来看，区块链架构会稍微简单一些，目前业内也提出了不同的分层方法。这里介绍《2019腾讯区块链白皮书》中的设计，该设计将区块链应用产业链架构分为底层核心平台、平台产品服务层和应用服务层，如图1-7所示。

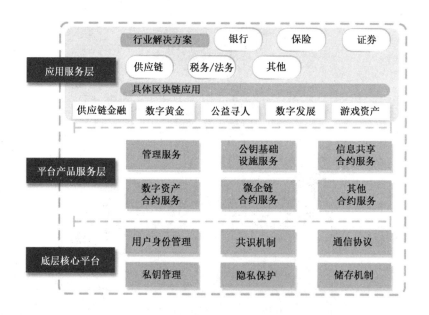

图1-7　区块链应用产业链架构

（1）底层核心平台主要负责基础的数据存储、数据通信、用户身份管理、共识机制等。其关键技术体现在安全和通信速度上。目前，高速通信技术、5G的发展，使底层核心平台处理数据的速度和效率得到极大提高。底层核心平台在安全方面负责私钥管理和用户身份管理，私钥管理采用非对称加密模式，用户身份管理可以与人的生物特征绑定，如指纹和人脸等。

（2）平台产品服务层主要构建各种智能合约，如数字资产合约、信息共享合约等。

可以将这些智能合约理解为一种"根据预设的条件自动执行的程序集"，预先编制相应的游戏规则，当条件满足时，不需要人的干预，就可以自动完成相应的操作。智能合约提供了核心服务的支持平台，更多的应用服务通过调用不同的智能合约方式实现。例如，一项电商服务就可能包括信息共享合约、管理合约、支付合约等。

（3）应用服务层是针对实际需要搭建的、直接面向用户的各种服务的集合，包括区块链的各种应用场景和案例，如银行、保险、证券、供应链等行业的解决方案；具体的区块链应用包括供应链金融、数字黄金、公益寻人、游戏资产等。该层的作用几乎涉及人类社会的方方面面，图 1-7 中只列出了一小部分，更多的应用正在快速发展。

本节讨论了区块链核心架构，包括区块结构和链结构，以及应用架构。可以看出，区块链采用的是和目前主流数据中心完全不同的分布式架构，牺牲了效率，换来的是安全和公平，并且链式结构保留了交易的所有历史，从而可以从任意节点进行追溯。为了使这种分布式架构良好运行，还需要解决几项关键技术。

1.3　区块链的三大关键机制

区块链的成功在于其具有三大关键机制，分别是加密算法、Merkle 树和共识机制，如图 1-8 所示。

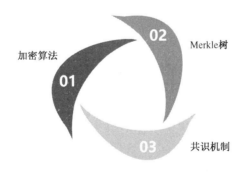

图 1-8　区块链的三大关键机制

对于传统的中心化数据库来说，安全性不是太大的问题，因为有多重数据防火墙阻挡，所以外网的黑客攻击内网的数据库的难度较大。但是对于区块链的分布式记账模式来说，数据保存在多个节点上，节点又通过互联网链接，没有了防火墙，自然成为黑客攻击的理想对象。在这种情况下，就有必要采用加密技术来保护区块上的数据，因此区块链三大机制中的第一个就是加密算法。

区块链上的加密算法很多，最重要的有两个，一个是哈希算法，另一个是非对称加密。

1.3.1　加密算法

1. 哈希算法

哈希算法是一类加密算法的统称，是信息领域中非常基础也非常重要的技术，输入任意长度的字符串，哈希算法可以产生固定大小的输出。通俗地说，我们可以将哈希算法的输出（也就是哈希值）理解为区块链世界中的"地址"，有了这个地址，就可以定位到任何区块，这就类似于在现实世界中，通过邮箱地址就可以定位到具体的某个物理地点。

哈希算法有一个很重要的特性，即"加密容易解密难"，将区块中的内容通过哈希算法加密是很简单的事情，但是想从加密后的数据中解密出原始数据，以目前的计算技术，几乎是不可完成的。就像在现实世界中，我们不太可能从"邮箱地址"倒推出房屋结构、家庭成员等隐私信息。

区块链上的数据一旦通过哈希加密，哪怕被黑客截获，想破解出其中的原始内容，也是极为困难的，这就保证了区块链节点上的数据安全。比特币诞生以来遭受过无数次攻击，但依然运作良好，这足以说明哈希算法的价值。

哈希算法还有一个重要的特征是"雪崩效应"，指即使对原始输入数据只进行小改动，结果也会有非常大的差异。我们来看一个哈希算法例子，使用 SHA-256（一种常用的哈希算法）进行测试，如图 1-9 所示。

输入字符	输出哈希值
This is a test	C7BE1ED902FB8DD4D48997C6452F5D7E509FBCDBE2808B16BCF4EDCE4C07D14E
this is a test	2E99758548972A8E8822AD47FA1017FF72F06F3FF6A016851F45C398732BC50C

图 1-9　一个哈希算法的例子

可以看到，即使只改变了输入的第一个字母的大小写（This 变为 this），输出哈希值也天差地别，没有任何相关性，因此破解哈希值十分困难。根据密码学的研究，按照目前的计算机算力，想彻底破解哈希值，需要经过上万年的计算，这就保证了哈希加密技术的可靠性。

可能有人会感到疑惑，将来量子计算成功后，是不是就可以破解哈希了？量子计算从理论到应用还有几十年的路程，短期还看不到实际应用的可能性。此外，即使量子计算真的出现了，肯定也会诞生新的加密算法，所谓"有矛就有盾"，普通用户大可不必为此担忧。

2. 非对称加密

非对称加密是指加密和解密使用不同密钥的加密算法，又称公私钥加密，这是目前信息安全领域使用最广的加密模式。我们日常生活中的"用户名/密码"模式是对称加密，加密用的密码和解密用的密码相同，其效率高、简单易行，但是安全性不够，一旦密码泄露，内容就会被窃取。

非对称加密采用公钥和私钥两个密钥，在区块链网络中，每个节点都拥有唯一的一对私钥和公钥。公钥是公开的部分，就像银行的账户；私钥是非公开的部分，就像账户密码。使用这个密钥对时，如果用其中一个密钥加密一段数据，则必须用另一个密钥解密，即"公钥加密，私钥解密"或"私钥加密，公钥解密"。用户接收文件的非对称加密过程如图 1-10 所示。

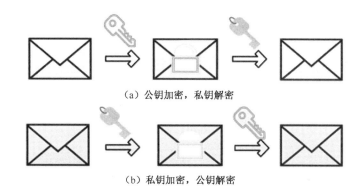

（a）公钥加密，私钥解密

（b）私钥加密，公钥解密

图 1-10　用户接收文件的非对称加密过程

非对称加密具有双向性，即公钥和私钥均可用于加密，同时另一个用于解密，于是不同加密方向便产生了不同的应用。

其中一个应用就是加密通信，其路径是：明文→公钥加密→密文→私钥解密→明文。例如，李四想利用非对称加密算法私密地接收张三向他发送的信息，步骤如下。

第一步：李四需要使用具体约定的算法（如 RSA）生成密钥和公钥，密钥自己保留，公钥对外公布。

第二步：张三拿到李四的公钥后，便可以对想要发送的消息"张三已向李四转账 1BTC，请查收"进行加密。

第三步：张三将密文（如"FH39kkJ+shi3dabcg35"）发送给李四。

第四步：李四收到消息后，用自己的私钥进行解密，还原出消息原文"张三已向李四转账 1BTC，请查收"。

因为只有李四拥有私钥，所以黑客就算劫持了消息，也没有办法解密，保证了通信的安全性。加密通信过程如图 1-11 所示。

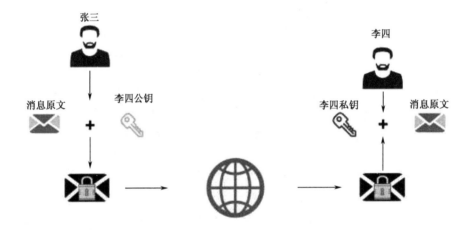

图 1-11　加密通信过程

在这个过程中，发起方无须暴露自己的私钥，就可实现保密，只有拥有私钥的一方能解密信息。比特币交易的解密与验证过程与此类似，如图 1-12 所示。

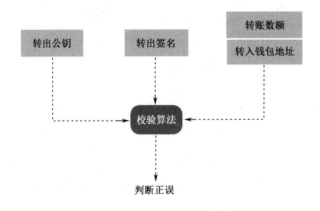

图 1-12　比特币交易的解密与验证过程

公钥有很多不同的实现方法，RSA 算法是最知名的一种。RSA 算法基于一个十分简单的数论事实：将两个大质数（素数）相乘十分容易，但是想要对其乘积进行因式分解却极其困难，因此可以将乘积公开作为加密密钥。例如，取两个简单的质数 89、97，得到两者乘积 8633 很简单，但是对 8633 进行因式分解的工作量很大。

非对称加密技术是目前互联网信息安全的基石，它确保了区块链上的数据足够安全。

非对称加密的另一个重要应用是数字签名。在比特币系统中，类似"张三已向李四转账 1BTC，请查收"这样的消息最终会被矿工记录在账本上，因为其与转账双方利益相关。这样一条消息的受益方是李四，那么如果李四一直向网络中广播张三给他转账的消息呢？因此，我们需要一种机制来证明张三是自愿的，也就是消息确实是张三发出的。怎么操作呢？只要反过来，先用私钥加密就可以了，因为只有张三拥有私钥。这就是数字签名的原理。

张三发出消息的同时将数字签名发出并将公钥公开，区块链上的矿工们收到消息和数字签名后，用张三提供的公钥解密，将解出来的结果与张三的消息明文对比，如果一致，则说明这个消息确实是张三发出的，这就验证了数据来源的可靠性。

总而言之，加密算法既要保证正常的交易数据不被黑客劫持和攻击，又要保证交易者不会出现互相欺诈的情况。因此，区块链使用加密算法是为了解决公共网络上的数据安全问题。

1.3.2　Merkle 树

传统的数据中心只有一个节点，想提高数据处理能力很简单，增加磁盘阵列就可以了。区块链是"发动群众来记账"的，有了众多矿工的参与，整个系统就有了很多节点，例如，比特币社区就有几十万个节点。如果采用传统的数据模式，用不了多久，矿工们的硬盘就会被撑爆，这个游戏就没法继续了。

2014 年 4 月，比特币网络中的一个节点要想存储所有区块数据，大概需要 15GB 的空间；2018 年，超过了 200GB。未来，随着比特币交易量的增加，该空间还将扩大，越来越难以接受。为了解决这个问题，中本聪提出了一个解决方案——简化支付验证（SPV）。

从理论上来说，数字钱包需要遍历所有区块并找到与该交易相关的所有交易，然后逐个验证谁才是可靠的，但有了 SPV 就不用这么麻烦了，用户只需要保存所有的区块头，区块头仅占用 80B，而块身一般要占用 400B。

SPV 强调的是验证支付，而不是验证交易，因此只需要判断用于支付的那笔交易是否被验证过，以及得到多少次确认。为了实现 SPV，需要用一种方法来检查一个区块是否包含了某笔交易，而不用下载整个区块，这就需要用到 Merkle 树技术。

Merkle 树是一种 Hash 二叉树，是数据结构的一种，主要用于快速归纳和校验大规模数据的完整性。在比特币网络中，Merkle 树被用来归纳一个区块中的所有交易，其树根（根节点）是整个交易集合的哈希值，最底层的叶节点是数据块的哈希值，非叶节点是其对应子节点串联字符串的哈希值。

有了 Merkle 树后，不需要对整个树进行验证，只需要记住根节点哈希值，因为只要树中的任意节点被篡改，根节点哈希值就会不匹配。从而实现了快速校验。

Merkle 树是自下而上构建的。例如，同一时间发生 A、B、C、D 共 4 笔交易，刚开始所有交易都存储于基础节点，分别进行哈希计算，对于交易 A，用 Hash 函数处理后，得到 $H_A = SHA256(SHA256(交易 A))$，采用同样的方法可以得到交易 B、交易 C、交易 D 的哈希值，分别是 H_B、H_C、H_D。

第一层完成后，可以创建第二层节点，得到 $H_{AB} = SHA256(SHA256(H_A + H_B))$，用同样的方法可以得到 H_{CD}。然后创建第三层节点，也就是顶层的唯一节点 H_{ABCD}，这样就完成了整个 Merkle 树的构建，包含 4 笔交易的 Merkle 树如图 1-13 所示。

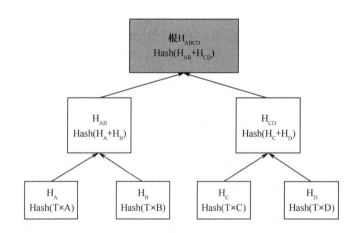

图 1-13　包含 4 笔交易的 Merkle 树

上面的例子是只有 4 笔交易的 3 层 Merkle 树。包含多笔交易的 Merkle 树如图 1-14 所示，共有 16 笔交易，是 5 层 Merkle 树。从 4 笔交易增加到 16 笔交易，交易数量增加了 3 倍，但 Merkle 树的层数只从 3 层增加到 5 层，数据存储效率得到极大提高。

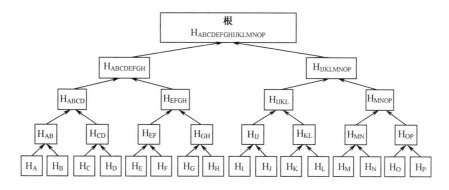

图 1-14　包含多笔交易的 Merkle 树

在比特币系统中，单个区块中有成百上千个交易是非常普遍的，无论有多少个节点，都可以通过 Merkle 树归纳为 32B 的 Merkle 根。在数据量小的时候，这种方式还看不出价值，随着交易数量的增加，计算量的变化就异常重要了。

Merkle 树的效率如表 1-1 所示。当交易数从 16 笔增加到 65535 笔时，增加了 400 多倍，但是路径字节数只增加了 3 倍。可以看出，Merkle 树在支持大规模交易方面，具有明显优势。有了 Merkle 树，比特币节点仅保存区块头就可以了，大大减少了对存储空间的需求。

表 1-1　Merkle 树的效率

交易数（笔）	区块的近似大小	路径哈希个数（个）	路径字节数（个）
16	4KB	4	128
512	128KB	9	288
2048	512KB	11	352
65535	16MB	16	512

1.3.3　共识机制

去中心化的区块链不需要第三方参与，那么日常转账交易、系统维护由谁来完成呢？这是很多刚接触区块链技术的人最疑惑不解的地方。这么多人维护比特币这么大的系统，不可能总是义务劳动吧？中本聪是不出钱的，也没有机构出钱，那么怎么让矿工们自带机器来干活呢？这就需要共识机制了，通俗地讲，共识机制就是一种利益分配机制。

我们用地球生态环境来类比区块链，动物排放的二氧化碳会被植物吸收并产生氧气，太阳帮助植物进行光合作用，微生物净化废物，构成循环的生态系统，整个过程不需要任何中心化干预。区块链就像大自然，具有能实现自治的生态系统，之所以能运转良好，靠的就是共识机制。

从技术上来看，区块链共识机制要解决的第一个问题，也是最重要的问题，就是"谁有权写入数据"。无论是新数据写入，还是老数据升级，都是最核心的"数据权"。在区块链上，怎么解决"数据权"问题呢？目前主要有 3 个机制：PoW、PoS 和 DPoS，主要共识机制的比较如表 1-2 所示。

表 1-2　主要共识机制的比较

比较项目	机制名称		
	工作量证明（PoW）	权益证明（PoS）	股份授权证明（DPoS）
简介	通过与或运算，得到满足规则的哈希值，即可获得本次记账权；发出本轮需要记录的数据，由其他节点验证后一起存储	PoW 机制的一种升级机制，根据每个节点所占的比例和时间，等比降低挖矿难度，从而加快寻找随机数的速度	类似董事会投票，持币者投票选择一定数量的节点，代理他们的验证和记账工作
优点	完全去中心化，节点自由进出	在一定程度上缩短了共识达成的时间	大幅度减少参与验证和记账的节点数量，可以实现秒级的共识验证
缺点	目前，比特币吸引了大部分算力，其他使用 PoW 机制的区块链应用很难获得相同的算力；挖矿造成大量的资源浪费；共识达成的周期较长，不适合商业应用	需要挖矿，没有从本质上解决商业应用的痛点问题	依赖代币，而很多商业应用不需要代币

1. 工作量证明：PoW（Proof of Work）

这里的工作量指计算机计算随机数的工作量，在比特币系统中，矿工们想获得比特币就得去争抢"记账权"，这是通过寻找随机数来获得的。在一定时间内找到随机数具有难度，需要投入算力。

最先得到随机数的节点，将打包的交易区块添加到既有的区块链上，并向全网广播，由其他节点验证、同步，同时系统给该节点分配比特币。如果想获得更多比特币，唯一的方法就是多干活。通俗地讲，PoW 机制就是"按劳分配"。

2. 权益证明：PoS（Proof of Stake）

PoW 机制最大的问题是浪费资源，很多人计算随机数只有一个节点可以成功，其他的算力都浪费了，白白消耗了很多资源，于是后来的开发者提出了 PoS 机制。

PoS 机制类似现实中的股份制，如果共识机制主要是用来证明谁在挖矿这件事情上投入最多，那么为何不简单直接地把挖矿 "算力" 按比例分配给当前所有的持币者呢？在 PoS 机制中，持有更多比特币及相应时间（币天）的矿工将获得更多的投票权。通俗地讲，PoS 机制就是 "股权分配"。

3. 股份授权证明：DPoS

PoS 机制的问题是阻碍了新生力量的加入，因为后来的人持币时间肯定比先来的人短，这就会造成阶层固化，不利于整个区块链社区的发展，于是开发者提出了 DPoS 机制。在这种系统中，每个币都相当于一张选票，持有币的人可以根据自己的持币数量来选出自己信任的受托人，而受托人不一定需要拥有最多的系统资源。

DPoS 机制的优势在于记账人数量大大减少，并且由授权的超级节点来轮流记账，从而大大提高了系统的整体效率，在理想环境中，DPoS 机制每秒能够实现数十万笔交易。

共识机制的选择对区块链性能（如资源占用、处理速度等）有较大影响，也会决定区块链 "去中心化" 的程度。一般来讲，区块链的去中心化程度越高，效率越低，去中心化程度和效率在多数情况下难以兼顾。

PoW 机制是由比特币提出的，比特币是去中心化程度最高的区块链，目前全世界有几十万个节点，但是速度非常慢，每秒只能处理 7 笔交易。PoS 机制是由被称为区块链 2.0 的以太坊提出的，与比特币相比，其效率提高了很多，每秒可处理 70 笔交易。DPoS 机制是由被称为区块链 3.0 的 EOS 提出的，全世界只有 21 个超级节点，每秒可以处理上万笔交易。

本节探讨了区块链的三大关键机制，分别是加密算法、Merkle 树和共识机制。加密算法可以防止黑客窃取数据，Merkle 树可以降低区块链阶段对存储空间的需求，共识机制是维持区块链社区运转的经济学逻辑。与中心化的数据模式相比，区块链采用了更复杂的技术，降低了效率，其根本目的是提高安全性。因此，区块链具有传统的中心化机制不具备的两大特征和五大作用。

1.4　区块链的两大特征和五大作用

区块链底层架构和数据结构的改变，使其具备了与传统的中心化机制完全不同的特征，主要有两个：去中心化和不可篡改。这两个特征在实际的业务中具有五大作用，分别是促进数据共享、优化业务流程、降低运营成本、提高协同效率、建设可信体系。

1.4.1   两大特征

1. 去中心化

通过前面的介绍大家已经知道，区块链不需要依赖一个中心机构来记账，通过"全网见证"，所有交易信息会被如实记录在多个节点上。每个节点都有一份完整的副本，即使部分节点被攻击或出错，也不会影响整个网络的正常运转。这意味着，所有参与者都可以查看历史账本、追溯交易，这是传统中心化数据库无法做到的。

在中心节点数据模式下，一旦发生错误，就可能产生巨大损失。例如，《广州日报》记者胡亚平写过一篇报道，一家三口为了办理出境旅游签证，需要将一位亲人设置为紧急联络人，当事人陈先生想到了自己的母亲，可是问题来了，他需要提供"他母亲是他母亲"的书面证明。但是，陈先生的户口本上只有他和妻子、孩子的信息，而其父母在老家的户口本上早就没有了陈先生的信息，当初陈先生从父母户口本上迁出的资料也已经丢失。那么，陈先生怎么证明"他母亲是他母亲"呢？答案是没有办法证明，因为相关数据丢失了。

这个事情很荒唐，但是从户籍管理系统来看，确实没有办法找到陈先生和他母亲之间的关联。最终这件事情是如何解决的不得而知，很显然，这种中心化的数据机制的可靠性相当低。如果户籍数据是通过区块链来保存的，有多个副本，这种事情就不会发生了。

2. 不可篡改

为什么区块链是不可篡改的？关键就在于区块链的链式结构。如果要篡改区块链中第 k 个区块的数据，那么当前区块的块头哈希值就会发生变化，无法与第 $k+1$ 个区块的父哈希值匹配，篡改者需要修改第 $k+1$ 个区块的父哈希值，并修改所有后续区块的哈希值。

也就是说，篡改者需要更改所有节点的历史数据，然后自己重新生成一个新的链，并且要超过当前链的进度，再将新的区块链分叉提交给网络中的其他节点，才有可能被认可，篡改区块链的过程如图 1-15 所示。

我们还是用小红花的案例来解释这个问题。如果大熊想让班上的同学给自己增加 10 朵小红花，他应该怎么办呢？他需要说服班上 51% 的同学，让他们修改自己的账本，以实现这个目标。那么，其他同学凭什么帮他改呢？除非他能付出足够大的代价。因此，区块链的不可篡改不是真的改不了，而是付出的代价太大，以致没有一个理性人会去做。

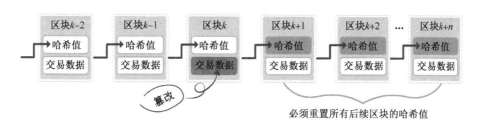

图 1-15　篡改区块链的过程

例如，对于比特币这种 PoW 机制的数字货币，在很多情况下，产生一个新区块的难度不小，一个节点需要拥有至少全网 51%的算力才能进行篡改，付出的代价是巨大的，这使得篡改数据在经济上完全不可行。

1.4.2　五大作用

区块链具有前述的两个重要特征使它对解决实际问题非常有效。这两个特征具有五大作用，分别是促进数据共享、优化业务流程、降低运营成本、提高协同效率、建设可信体系，如图 1-16 所示。

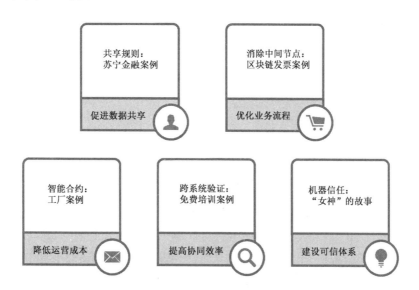

图 1-16　区块链的五大作用

1. 促进数据共享

数据共享一直是信息化的核心作用之一，特别是在互联网上，信息共享是很自然的事情。例如，很多人喜欢在朋友圈分享图片。那么，区块链上的共享与互联网上的共享究竟有何不同呢？其核心在于分享的权限控制，这主要包含两个含义：一是谁都可以进行数据的修改；二是以何种方式进行修改。

在目前的互联网模式下，数据一般都是被巨头控制的。例如，小丽上传了一张图片到 Facebook，那么问题来了，这张照片的控制权是谁的？

从用户的角度来看，这张图片自然归小丽所有，但事实上，Facebook 才是真正的控制方，只要它愿意，就可以对小丽的图片进行删除、修改和转发，根本原因就在于图片是保存在 Facebook 的服务器上的，它自然可以控制这张照片。

这样的事情在互联网行业随处可见。例如，一些网络竞价排名就是一种对搜索结果的人为干预，谁给钱多就让谁的搜索结果排在前面。在现有互联网体系下，谁掌握了网络平台的运营权，谁就能控制平台上的数据。

在区块链体系下，数据的权限是由规则控制的。例如，比特币的数据保存在矿工的服务器上，矿工们根据共识机制来修改数据，谁也无法掌控所有的比特币数据。

将这个模式推广，就可以在不同的平台上设定不同的规则，包括信息共享的原则、共享的模式、利益的分配等。例如，苏宁金融有一个区块链共享平台，这个平台上有很多规则，如没有积分不得查询、本机构数据只有本机构有修改权限等。这样的规则写在区块链上，保证任何人（包括苏宁金融本身）都无法单独控制数据，这样就有更多人贡献自己的数据，并在规则允许的范围内分享数据。

2. 优化业务流程

在日常业务中，很多流程的节点往往与确认有关。例如，报销需要由财务人员协助填写报销表格、确认发票的真伪、判断报销范围等。这种流程可以完全电子化吗？在传统的中心化机制下是不行的，因为中心节点的数据可能被修改，如电子发票可能被重复打印，难以识别真伪。利用区块链技术的防篡改特征，就可以有效解决这个问题。

2018 年 8 月 10 日，由深圳市税务局主导、腾讯提供技术支持的"区块链发票"正式落地，并得到了国家税务总局的批准与认可。当用户在第三方支付平台完成一笔交易后，便可将交易的数据视为一张"发票"，该发票的每个环节都可追溯，数据不可篡改。用户结账后可以通过微信自助申请开票、一键报销，发票信息实时同步至企业和税务部门，并在线上拿到报销款，报销状态实时可查。

有了区块链发票，不用再排队开票、手写抬头，不用担心发票丢失，不用贴发票，也不用线下交单。传统纸质发票的"粘贴—审核—报销"的模式被区块链技术完全颠覆，大大优化了流程，提高了效率。有关区块链发票的具体技术细节在 12.1.3 节进一步的阐述。

3. 降低运营成本

在现有的企业运营中，很多员工的存在是为了解决各种法律合规问题，如财务人员、法务人员，随着区块链技术的成熟，这可能发生变化。

大家已经知道比特币是区块链技术的第一个应用，也是公认的区块链 1.0 时代。到了区块链 2.0 时代，一个重要的创新就是"智能合约"。

合约是指两方或多方之间的一种约定，约定在特定条件下执行或不执行的某些事情。从古至今，各种合约系统是维系社会正常运转的基石。

例如，工厂主和员工之间有劳动协议，规定工厂给员工按时发工资，员工要在工作时间内完成工厂安排的任务，这就是一个合约。传统的合约需要一个中心化的权威第三方来监督执行，可能是政府部门、银行、法院、个人或其他机构。如果工厂没有及时给员工发放工资，政府劳动部门就会介入处理。这种传统的履约方式需要消耗大量的人力和物力，提高工厂的运营成本。

智能合约的流程类似自动售货机，在一个机器设定的流程下完成购物和付款的交易，而不需要售货员和收银员这样的角色。仍以工厂为例，工厂和员工的劳动协议可以采用智能合约模式，到了约定的时间，工厂的账户自动给员工的账户转账约定的金额作为工资，员工完全不用担心工厂违约。这种模式对于有成千上万名员工的大型企业来说，可以大大减少财务人员和法务人员的工作量，自然就降低了运营成本。

4. 提高协同效率

随着生产力的提高，人类的协同效率也在不断提高，特别是信息化技术的出现，使组织内部的协同效率比几十年前大大提高。但是跨组织的协同效率不高，依然是一个亟待解决的问题。在中心化的系统中，优势只存在于系统内部，一旦涉及其他系统，效率就降低了，因为不同的系统拥有不同用户体系，权限无法统一管理，认证难以相互承认，只能依靠传统方式让用户多跑腿，让组织多使用劳动力。

例如，某地区为提升就业率，对失业人员进行免费培训，并提供就业渠道。张三失业 3 个月，前去报名参加免费培训，可是培训机构要求他提供街道办事处开具的失业证明。于是张三去街道办事处办理，可是街道办事处怎么证明张三失业了呢？这需要张三去打印社保单，因为失业了就没有公司给他上社保，只有社保单才能证明失业。于是张三又去社保机构跑了一趟，就这样，为了参加免费培训，张三来来回回跑了好几个地方。

在上面的例子中，培训机构只相信街道办事处，街道办事处只相信社保单，这几个机构的信息系统没有打通，只能采用人工验证的模式。其实，这样的事情在现实生活中比比皆是，在传统流程中，证明是必不可少的环节，也是低效环节。

如果使用区块链将社保机构、街道办事处、培训机构构建一个联盟链，这几个机构分别成为其中一个节点，拥有一定的数据权限。张三失业后，他的社保数据在链上及时更新，街道办事处及培训机构皆可直接查到，无须手工验证。张三报名参加免费培训的信息也放在链上，于是政府部门可以根据相关数据向培训机构支付相应的费用。这样的业务联动使工作效率大大提高。

5. 建设可信体系

跨系统的协同效率低下的关键问题是缺乏信任。区块链的可追溯和不可篡改特征，可以天然建立完全不同于传统形式的信任模式，即"机器信任"。

下面用一个通俗的例子进行说明。小明心仪一位女生已久，多次追求未果，女生就是不答应做他的女朋友。有一天，小明问女生："我对你的感情日月可鉴，你为什么不考虑呢？"她回答："我怎么知道你是不是感情骗子？也许花言巧语只是为了玩弄我的感情呢？"小明立马赌咒发誓，什么"海枯石烂""至死不渝"，说得口干舌燥。女生笑道："这样吧，你将你刚才说的写成一份'爱情保证书'，然后发给你的父母、亲戚、同学、同事、朋友，让大家来做见证。以后每个月我们对照保证书的内容来验证，看你到底有没有实现承诺，你敢这么做，我就答应你！"

这就是区块链建立信任的原理，如果只有小明一个人的发誓，这就是中心化机制，随时可以修改。而把誓言发给他周围的亲朋好友，就相当于分布式的数据保存，大家都可以看到，如果是真心实意的，那么肯定不怕周围人知道，自然愿意上链。对于大规模协作的参与方，应将重要的数据上链，不上链的就不能得到别人的信任，从而将那些"劣币"淘汰出局，即"良币逐劣币"机制。

目前，中心化的信息系统类似现代的居民小区，一家家都是独门独户的，相互难以信任；区块链系统类似传统的四合院，大家都很熟悉，信任度大大提高，协作起来很容易。区块链构建可信体系不是基于技术，而是基于规则。

本节介绍了区块链的两大特征和五大作用，两大特征是去中心化和不可篡改，使得重要的数据可以保存在区块链上。五大作用是基于这两大特征的，可以对整个人类社会的协作模式产生颠覆性影响。

1.5　区块链名词的通俗解释

区块链技术起源于比特币，因此很多名词也来自比特币，如挖矿、数字货币、共识机制等。区块链技术中的很多名词非常奇怪，不容易从字面直接获得其内在含义，这也是很多人虽然看了很多区块链方面的文章和教材，但依然糊里糊涂的原因之一。其实，区块链的机制在我们日常生活中往往都可以找到对应的例子，本节用通俗的语言解释区块链名词。区块链名词的通俗解释如表 1-3 所示。

表 1-3　区块链名词的通俗解释

	区块链名词	通俗解释
技术类	区块	保存数据的一个区域
	链	每个"区块"都与下一个"区块"按时间顺序相连
	矿场	第三方数据中心
	矿工	第三方数据维护工程师
	挖矿	第三方数据维护
	共识机制	利益分配机制
	算力	比特币中抢夺记账权的核心力量
组织类	公有链	互联网上公开的账本，谁都可以参与
	联盟链	几个小团体的联合账本，不是这几个团体的成员不可进入
	私有链	某机构的私有账本，只有机构内部成员才能用
	侧链	将不同的区块链连接在一起
	跨链技术	实现不同区块链的数字共享
	DAO	分布式自治机构，就是虚拟合作社区
金融类	公钥	信箱地址
	私钥	打开信箱的钥匙
	数字钱包	一个 App，里面保存了私钥，丢了就无法找回比特币
	通证	在公有链平台上发行的 Token，类似股份
	分叉	数据结构升级
	IFO	基于主流币的分叉，相当于比特币"生了儿子"
	ICO	首次代币发行，类似原始股
	IEO	首次交易所发行，类似 IPO

1.5.1 技术类名词

区块和链在前面的章节中已经讲解过了，相信大家已经有所了解；共识机制在前文中也讲过了，就是一种利益分配机制，这里不再赘述。那么，到底什么是矿场、矿工、挖矿呢？数据库技术怎么和矿扯上关系了呢？

1. 矿场

我们目前使用的各种互联网应用的集中式数据中心维护模式如图 1-17 所示，数据和服务器都在巨头（如 Google、Facebook）的数据中心，并由工程师维护。其优点是效率高，缺点是数据巨头可以修改用户的数据。

区块链分布式数据维护模式如图 1-18 所示，其核心是将这些保存数据的服务器放在第三方存储机构，这个存储机构是开放式的，任何人都可以加入或退出，这就保证了没有人可以控制这些数据中心，这也是区块链上的数据无法篡改的真正原因。因此，矿场其实就是第三方数据中心。

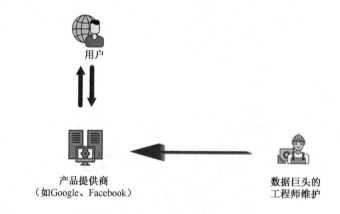

图 1-17　集中式数据中心维护模式

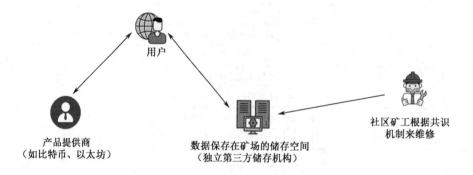

图 1-18　区块链分布式数据维护模式

2. 矿工和挖矿

维护数据的第三方工程师是矿工，挖矿就是抢夺记账权和维护数据的行为。对于这些第三方工程师来说，没有人给他们发工资，还要自己买服务器去给别人服务，这对他们有什么好处呢？他们参与维护工作可以得到比特币奖励。最早参与维护的矿工们并没想到后来比特币会那么值钱，当时纯粹就是一种精神鼓励，但是这种自发的行为最终给社会带来了重要影响。

3. 算力

前面介绍过 3 种不同的共识机制，其中最早的，也是比特币所采用的，是 PoW 机制。这种机制的逻辑就是大家一起抢夺记账权，谁抢到谁就获得比特币。到底怎么抢这个记账权呢？简单来讲，比特币的产生就好像一个问题的答案，中本聪把答案设置成有 2100 万个解法，任何得到答案的人都可以得到比特币奖励。随着比特币的大量挖出，算法会越来越难，就像小学、初中、高中的数学题在持续变难，难度越大，就需要越强大的芯片，这种计算能力就是算力。

1.5.2　组织类名词

比特币是一个民间发起的项目，无数人参与其中，构建了一种独特的协作组织。因此，区块链不仅是技术的创新，还是组织模式的创新。总体来讲，根据组织范围的不同，区块链可以分为公有链、联盟链和私有链，区块链分类如图 1-19 所示。

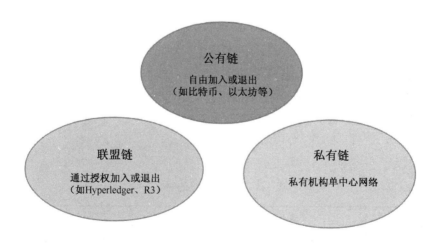

图 1-19　区块链分类

1. 公有链

公有链，顾名思义，就是公开的区块链，也称非许可链。这种区块链是完全开放的，加入和退出都是自由的，也没有官方组织及管理机构进行管理，任何想参与的节点都可以根据共识机制自由接入并开展工作。

公有链是真正意义上的完全去中心化的区块链。通俗地讲，公有链就像市民广场，谁都可以来活动，什么时候想来都可以，什么时候想走也没人管。

2. 联盟链

联盟链，就是一些有合作关系的机构构建的小范围区块链，又称许可链。联盟链仅限联盟成员参与，区块链上的读/写权限、参与记账权限按联盟规则制定。通俗地讲，联盟链就像在会议室开会，只有相关的人受邀请才能进入。

联盟链适合有合作关系的上下游机构构建。例如，供应链金融体系、物流体系、银行间的清算体系，都可以采用联盟链。

3. 私有链

私有链建立在企业内部，系统的运作规则根据企业要求设定。通俗地讲，私有链就像家庭内部交流，外部人不能参与。这种模式适合对数据的私密性要求比较高的场合。但实际上，对于企业内部的数据，采用中心化机制往往更好，因此私有链在实际中的应用并不广泛。

比特币系统是典型的公有链，其他比较有名的公有链还有以太坊、EOS 等。由于公有链没有资金支持，所以一般会发行数字货币来维持运行，这就带来很多负面问题，如容易产生非法集资等行为等。

根据目前的实际情况，联盟链将是区块链的发展趋势，即媒体常常提到的"无币区块链"，这其实是联盟链的另一种叫法。联盟链将上下游合作机构连接在一起，大大降低了信息分享的门槛，提高了合作效率，符合未来的发展方向。3 种区块链的对比如表 1-4 所示。

表 1-4   3 种区块链的对比

	公有链	联盟链	私有链
参与者	任何人	联盟成员	个体或企业内部
共识机制	PoW、PoS、DPoS	分布式一致性算法	分布式一致性算法
记账人	所有参与者	联盟成员协商确定	自定义

续表

	公有链	联盟链	私有链
激励机制	需要	可选	不需要
中心化程度	去中心化	多中心化	多中心化
突出特点	信用的自建立	效率和成本优化	透明和可追溯
交易能力（笔/秒）	3～20	1000～10000	1000～100000
典型场景	虚拟货币	支付、结算	审计、发行
代表项目	比特币、以太坊	Hyperledger、R3	—

4. 侧链

在传统模式下，比特币只能在比特币的区块链上转账，以太坊也只能在以太坊的区块链上转账。这与货币只能在本国流通类似，如果希望跨国流通，就需要两个地区打通彼此的金融体系。

侧链机制是使一种数字货币在不同区块链之间移动的机制。例如，将比特币移动到以太坊的区块链上，可以理解为数字货币领域的"跨境支付"。在区块链中，不同的链就像不同的货币地区。例如，以太坊和 EOS 有不同的货币，侧链可以使其跨链流通。

5. 跨链技术

侧链机制的实施需要跨链技术的支持，即通过一个算法，让不同区块链上的货币跨过链和链之间的障碍，直接流通。跨链技术与现实世界中的 SWIFT 系统类似，通过这个系统，可以将人民币汇款到境外。

在区块链世界中，两条不同的链就是两个独立的账本，它们之间没有关联。跨链技术对于联盟链特别有价值，可以拯救联盟链中分散的"孤岛"，是区块链向外拓展和连接的桥梁。

6. DAO

DAO 的全称是 Distributed Autonomous Orgnization，即"分布式自治机构"，是指通过一系列公开、公正的共识机制，在无人干预和管理的情况下可以自主运行的组织机构。

比特币社区没有总经理，也没有财务总监，更没有部门经理，但是这个社区的运行井然有序，所有参与的人都遵循共识机制为社区贡献力量。因此，DAO 这种自组织的协作模式是对传统公司模式的重要补充。未来，随着区块链技术的发展，DAO 将更加体现出它的生命力。

1.5.3　金融类名词

目前，区块链最大的应用领域是金融业，但是区块链的规则与传统金融业不同。

1. 公钥和私钥

从密码学的角度看，公钥是加密对中可以公开的代码，私钥是用户自己保存的代码。如果将区块链看作一个邮政系统，则公钥是一个个信箱地址，私钥是打开信箱的钥匙。

例如，朋友 A 给你转账 1.5 个比特币，交易如图 1-20 所示。

图 1-20　一个比特币转账的例子

在图 1-20 中，箭头➡️左右两侧分别是朋友 A 和你的信箱地址。注意，信箱地址看起来像账户名，但它不是账户名，因为账户名对应用户的姓名和密码，而地址却只对应公钥和私钥。

支付比特币时，由比特币的当前所有者提交其公钥和签名（由私钥生成），网络中的所有人都可以进行验证，确认交易是否为有效交易。如果你要将你的比特币转账给别人，就需要提供私钥来验证这些比特币是你的。矿工们会根据你提供的私钥解密，如果解开了，说明这些比特币属于你，就会确认这笔交易。如果你将私钥弄丢了，那么你的比特币就永远找不到了。比特币自从诞生以来，已经丢失了数百万个，就是因为很多人弄丢了私钥。

2. 数字钱包

既然私钥这么重要，那么应该保存在哪里呢？有的人放在计算机硬盘上，这并不安全，因为黑客可能攻击你的计算机并拿到私钥。在区块链中，保护私钥的安全是第一要务，大家一般都把私钥保存在"数字钱包"中。

数字钱包和现实中的钱包不同，它不是用来存储数字货币的，而是用来存储私钥的，只要知道了私钥，就可以方便地计算公钥和信箱地址，因此只保存私钥就可以了。而且，钱包不只保存一个私钥，而是保存很多个私钥，一个私钥对应一个地址，就像现实中大家的钱包里面往往有一个钥匙串，上面挂着许多钥匙。

3. 通证

通证（Token）又称代币，是区块链 2.0 的产物。如果说比特币是区块链 1.0，那么以太坊这种专门用于开发智能合约的平台就是区块链 2.0。基于以太坊，用户可以发行自己的通证，以进行融资，因此可以将通证简单地理解为区块链上的"股份"。

由于以太坊是公开的平台，任何人都可以基于它发行自己的通证，因此诞生了大量的传销币和空气币，这就是很多人对区块链有偏见的原因。

4. 分叉

在传统的中心化软件体系中，数据存储是集中的，版本管理也是集中的，升级不会有任何问题。但是区块链不一样，新的软件版本发布后，不是所有人都会把软件升级到新版本。这就可能导致分叉，如图 1-21 所示，在 2 号区块生成的时候发布了新的软件版本，此时一部分用户升级到新版，另一部分用户没有升级，新旧版本软件都在各自不停地挖矿、验证、打包区块。

这时会产生两种情况，一种情况是大部分矿工达成一致，放弃新区块的岔道，回到主链上，继续像以前那样运作。通俗地讲，就是"一致拥护，继续好好过日子"，这叫作软分叉。另一种情况是，一部分矿工坚决不同意放弃新区块，这样整个区块链社区就会分裂，形成两条链，这叫作硬分叉。本来团结一致的矿工们，以后就大路朝天，各走一边。

图 1-21　分叉

5. IFO

区块链的硬分叉模式不会减少资产，反而让人手里多了一份资产，类似将一个币劈成两半，变成两个币了。于是，区块链分叉就成了一种资产凭空增加的方式。

2017 年 8 月，由 ViaBTC 领导的矿工团体创建了一个比特币分叉——Bitcoin Cash（简称 BCH），又称比特币现金，算是比特币的"大儿子"。后来，越来越多的矿工觉得这方法不错，于是一种新的致富方法——首次分叉发行（Initial Fork Offerings，IFO）诞生了。矿工团队在创建分叉的同时，可以在发生分叉的区块中利用自己的特权，分配一些币给自己或其他人，然后再开放让所有人参与挖矿。因此，比特币不是一个人在战斗，而是有一堆"儿子"，如图 1-22 所示。

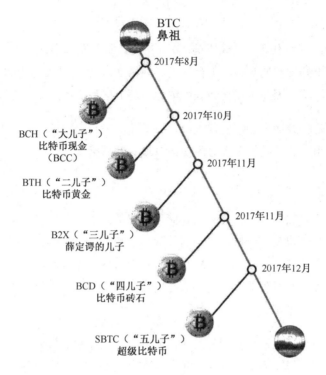

BTC
鼻祖

2017年8月

BCH（"大儿子"）
比特币现金
（BCC）

2017年10月

BTH（"二儿子"）
比特币黄金

2017年11月

2017年11月

B2X（"三儿子"）
薛定谔的儿子

2017年12月

BCD（"四儿子"）
比特币砖石

SBTC（"五儿子"）
超级比特币

图 1-22   比特币和它的 "儿子们"

6. ICO

首次代币发行（Initial Coin Offerings，ICO）是区块链项目首次发行代币，募集比特币、解决以太坊等通用数字货币的行为。比较典型的是由某公司或组织发起一个区块链项目，即发起一个众筹融资活动。

参与 ICO 众筹的人都将获得相应的 Token，即代币（虚拟数字货币）。简单地理解就是，ICO 类似现实世界中的 "原始股"，集资做项目，如果成功则可能获得百倍收益，但其中也有不少是骗局。

7. IEO

既然民间发行的 "原始股" 不靠谱，那么找一个比较权威的机构来做信用背书，由其审核再发行 "股票"，应该就靠谱多了吧？这就是 IPO 的理念，对应到区块链领域，就是首次交易所发行（IEO）。

能够直接上交易所的项目，与那些类似民间 "原始股" 的 ICO 代币相比，无论在项目质量还是在监管方面，都要靠谱得多。因此，从 2019 年开始，越来越多的项目采用 IEO 的方式融资发行。不过这种方式依然有非法集资的嫌疑，还是不要参与为好。

本节用通俗的语言对晦涩难懂的区块链名词进行了解释，相信大家已经明白，区块链并不神秘，很多内容都可以在传统的社会经济中找到对应的现象。区块链不仅是一项技术，更重要的是，它可以从很多方面改变目前社会的组织方式和运行逻辑，总地来讲，有五大现有领域和六大应用场景。

1.6　区块链的主要应用场景

在《区块链：新经济蓝图及导读》一书中，作者按照应用范围和发展阶段将区块链应用划分为区块链 1.0、区块链 2.0、区块链 3.0。其中，区块链 1.0 支撑虚拟货币应用，区块链 2.0 支撑智能合约应用，区块链 3.0 支撑超越货币和金融范围的泛行业去中心化应用。对于具体的应用领域，业内有不同的解读，其中有代表性的就是中华人民共和国工业和信息化部（以下简称"工信部"）发布的相关白皮书。

1.6.1　业内展望

2016 年工信部发布《中国区块链技术和应用发展白皮书》，详细描述了区块链应用全景，如图 1-23 所示。该白皮书侧重消费和生活领域，包括金融服务、医疗健康、IP 版

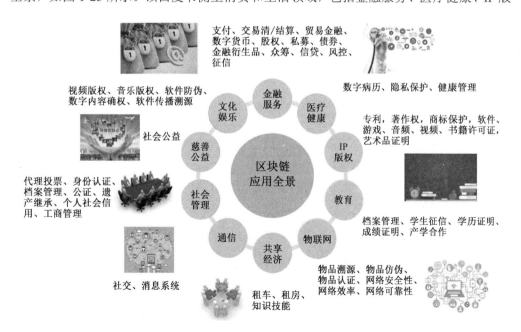

图 1-23　区块链应用全景

权、教育、社会管理、慈善公益等，介绍了众多区块链的应用。工信部是我国区块链技术标准的制定单位，目前国内相关技术的发展也正沿着该白皮书指明的方向在前进。

2019年，腾讯发布了区块链白皮书，提出了"区块链+"产业图景，如图1-24所示。腾讯的区块链业务与金融关联较多，因此腾讯的白皮书对金融行业做了进一步的细化，包括证券交易、供应链金融、支付、金融衍生品、担保征信等。

图1-24 "区块链+"产业图景

2019年10月，中共中央政治局就区块链技术发展现状和趋势进行了第十八次集体学习，将区块链的应用总结为五大现有领域、六大应用场景。从国家战略的角度来看，其涉及中国经济发展的基础层面，特别是在实体经济和制造业领域，区块链应用将发挥更加重要的作用。

1.6.2 五大现有领域

在5556框架中，五大现有领域分别是数字金融、智能制造、物联网、供应链管理和数字资产交易，如图1-25所示。

1. 数字金融

我国现有的金融体系主要包括银行、证券、保险、国际金融和央行五大体系，区块链在其中有很多应用场景，这里简单介绍两个。

1）数字货币

央行将要推出的央行数字货币项目（DCEP）就是基于区块链技术的全新加密电子货币体系，它采用双层运营体系，即央行首先把DCEP兑换给其他银行或金融机构，再由它们兑换给公众，公众也可以直接从央行兑换 DCEP。

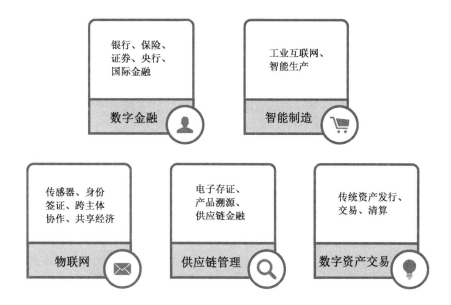

图 1-25　区块链的五大现有领域

DCEP 的意义在于数字人民币不是现有货币的数字化，而是 M0 的替代，它使得交易环节对账户的依赖程度大大降低，有利于人民币的流通和国际化。数字人民币由国家支撑，其适用范围自然远远胜过比特币这种纯粹依靠情怀的数字货币。

2）跨境支付

现阶段商业贸易的交易支付/清算都要借助银行体系，特别是跨境支付需要经过开户行、对手行、清算组织、境外银行等多个组织，处理流程复杂，效率低，费用高。

基于区块链技术可以构建一套通用的分布式银行金融交易系统，从而为用户提供世界范围的跨境、任意币种的实时支付/清算服务，极大地提高跨境支付效率，从而降低相关成本。

2. 智能制造

区块链在智能制造中的价值主要在于可以构建不同企业之间的信息流集成，打通工业供应链上的数据节点，从而实现制造业的数字化和网络化，如组建和管理工业物联网，这是构建智能制造网络基础设施的关键环节。在传统的组网模式下，所有设备的通信必须通过中心机构实现，以串行方式工作，当链条上的参与环节增加时，扩展就成了大问题。

用区块链技术构建由不同企业构成的联盟链体系，可实现异构制造设备之间的通信，形成虚拟制造联盟，从而实现按需制造，增强制造业的柔性，还可以及时响应客户需求。

在传统的生产模式下，设备的数据记录存储在各自的系统中，出现问题时难以迅速定位故障，也不容易追查具体的责任。使用区块链技术能够将制造企业中的传感器、控制模块和系统、通信网络、ERP 系统等连接起来，让设备厂商和安全生产监管部门能够持续地监督生产制造的各环节。区块链的可追溯性和不可篡改性也有利于企业审计工作的开展，便于发现问题、追踪问题和解决问题。

3. 物联网

工业物联网只是物联网的一个分支，从更加广阔的视角来看，未来各种智能设备都将联网。未来物联网节点的数量可能是万亿级别的，这会带来严重的数据共享和多主体协同问题。

在多主体协同方面，目前很多物联网都是运营商、企业内部的自组织网络，涉及多个运营商、多个对等主体之间的协作时，建立信用的成本很高。采用区块链技术可以有效解决这个问题。当不同协作主体构建多节点的联盟链后，重要的数据在链上公开可查，提高了彼此的可信度，也降低了恶意节点进行破坏的可能性。区块链在物联网领域的主要应用场景很多，典型的有以下两个。

1）传感器数据存证和溯源

例如，在食品安全中，从最初的食材原料开始就加上智能标签，全程追溯食品从源头到各中间环节，最终到消费者手中，从而最大限度地保证食品安全可靠。

2）新型共享经济

在传统的共享经济中，对资金、管理的要求都非常高。而采用区块链技术的智能合约，可以让很多人将自己的闲置物品贡献出来，如车位、房间、仪器、工具等，在区块链上和需求方实现点对点的共享交易。

4. 供应链管理

目前，全球的制造业竞争已经从单纯的厂家竞争转变为整个供应链的竞争。供应链管理是上下游企业共享各自的产品信息数据，从而优化业务流程，提高协作效率。但是，在传统的供应链管理模式下，不同企业各自保存供应链信息，信息共享程度低且无法追溯，出现问题时难以追查和处理。

通过区块链技术，可以将整个供应链构建成制造产品的联盟链，在这个平台上，可以实时查看生产状态，追溯产品的生产和运送过程，使供应链的管理水平大大提高，可以有以下应用。

1）物流供应链

将物流的各环节数据全部上链，可以实现全程追溯。例如，运送方通过扫描二维码获得货物的地址，根据智能合约约定运输条件和费用，收货方签收产品后，智能合约根据约定的条件自动支付费用，可实现商品流与资金流的同步，避免了传统模式中的人为失误。

2）供应链金融

在整个供应链上，往往有很多的中小企业存在融资难、融资贵等问题，需要借助核心企业的信用来实现整个供应链的金融支持，如应收账款融资、存货融资等。区块链技术可以将这些交易细节上链，让银行等金融机构可以更加精细化地分析企业的财务状况，从而为其提供更加科学的投融资方案。

5. 数字资产交易

在传统的证券领域中，资产的各种服务都需要中间商。例如，IPO 需要券商作为保荐人，发行 ABS 也需要专门的金融机构做增信。其他服务，如资产所有者证明、真实性公证等，均需要第三方介入才可以完成。之所以需要这么复杂的流程，其根本原因在于信任，需要专业的金融机构来鉴别和做信用担保。

与传统的中心化系统相比，利用区块链技术进行数字资产交易的优势在于，资产一旦在区块链上发行，后续流通环节就可以不依赖于发行方，资金方可以直接与数字资产对接，而不是只能在某金融中介机构（如银行、券商、支付宝）购买。因此，区块链能极大地提高数字资产的流通效率，真正达到"多方发行、自由流通"的效果，其典型应用如下。

资产数字化发行，使得任何传统的资产借助区块链技术都可以实现高效发行，各种主体（个人、机构）均可以在平台上登记、发行自己的数字资产，盘活现存的实体资产，增加其流动性，提升微观经济的活力。

在数字资产流通中，区块链技术可以使资产流通由原来的单中心控制转变为社会化流通，独特的 UXTO 交易模式可以确保交易安全。同时，区块链"交易即结算"的基本特性使交易不再需要传统的基金会计，可以自由拆分数字资产，并在全球流通。

1.6.3　六大应用场景

随着区块链技术和其他技术的融合发展，未来区块链会发挥越来越大的作用。区块链的六大应用场景分别是区块链和实体经济的深度融合、区块链与数字经济模式创新、区块链+民生、区块链+智慧城市、区块链促进互联互通及区块链促进数据共享，如图 1-26 所示。

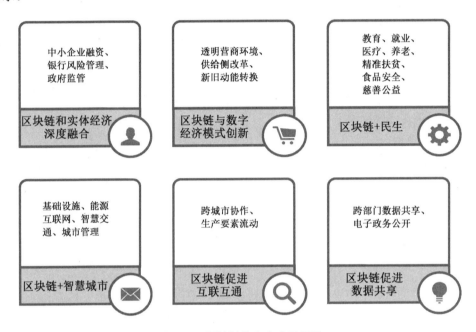

图 1-26　区块链的六大应用场景

1. 区块链与实体经济深度融合

2015 年以后，中国经济进入新常态发展阶段，从过去的数量优先转向高质量发展，中小企业的经营环境日趋严峻，特别是融资难、融资贵等问题，一直没有得到很好的解决。中小企业融资难的原因在于中小企业信用差，很难断定其是否能偿还贷款，即使提供了相应的证明文件，银行也很难查证这些文件的真假。如果将中小企业的各种业务数据上链，上下游企业之间的业务情况一目了然，银行等金融机构就可以清晰地了解企业的真实还款能力。这种信息的透明化有助于提高中小企业的信用等级，从而解决其融资难的问题。

同理，业务双方的信息不对称问题被消灭后，银行风控和部门监管的效率会大幅提高。银行最大的风险是信用风险，其中最容易出问题的是征信评级。小微金融等应用了区块链技术后，配合一定的线下运营管理，银行可以实时监控三方数据，优化风险管理。

在部门监管方面，可以把监管机构作为一个节点，企业和银行的业务流程数据在链上，监管部门可以实时发现异常交易，将监管意见同步写入区块，将事后监管变为事中监管或事前监管。

2. 区块链与数字经济模式创新

中国是制造大国，但是传统的制造业往往耗能高、污染严重、效率低。随着中国从制造大国迈向制造强国，数字经济模式创新将起重要作用，主要体现在以下几个方面。

（1）打造透明营商环境。打造透明营商环境主要依靠数字政务的进一步推进，目前各种政务服务中大量运用了人工智能、大数据等新兴技术，但数据孤岛、数据低质和数据泄露等问题普遍存在，大大限制了人工智能和大数据技术的发挥空间。采用区块链技术后，其"良币逐劣币"的特性可以有效提高数据质量，使真正有价值的数据上链，让数字政务更好地发挥作用。目前的具体应用有数字身份、产权登记与公证、工商注册、投票选举等。

（2）推动供给侧改革。供给侧改革是一种制度性的深层次改革，是一种生产关系的改变。在信息社会中，信息已经成为最重要的生产资料之一。目前中心化的数据平台模式让信息集中到了少数数据巨头手里，这种垄断严重干扰了生产力的发展。区块链的分布式机制在一定程度上打破了这个限制，将激发更多的创造力，从而让"信息"这种重要的生产资料实现平权化。

（3）促进新旧动能转换。区块链在新旧动能转换的过程中发挥的主要作用是"转换"，即通过"链改"重新塑造企业的组织架构和业务架构，将传统的"法人"层面的合作机制细化到"部门"层面，从而大大提升企业的活力，让基层员工有更多的自主能力。如果说以前的"股改"实现了所有权和经营权的分离，是一次巨大的创新，那么"链改"就是让经营权中的"管理权"和"业务权"分离，并且通过通证激励的模式，使基层员工和企业的发展深度绑定，从而更好地激发企业的创造力和竞争力。

3. 区块链+民生

民生问题是中国经济的重中之重，区块链的应用可以很好地解决民生领域的交易信任和安全问题。下面列举几个简单的例子。

（1）教育领域。区块链可以用于构建电子学历，甚至将整个交易生命周期的重要数据上链，如考试、校园活动、学术研究等，从而打造一个更加全面的教育考核体系。

（2）医疗领域。通过区块链可实现药品溯源，制药商和批发商所进行的交易都将上链，接触药品的每个人、药品的每个生产制作环节都将在链上清晰地展示，可以最大限度地保护患者的用药安全，减少相关医疗事故。

（3）养老领域。目前很多地区的养老金及各种老年人补贴的发放无法进行有效认证，将区块链和智能手表等物联网设备结合起来，可以实时监测老年人的健康状况，进行更精准的养老护理及管理。

（4）精准扶贫及救助。区块链的不可篡改和可追溯的特征，可以帮助政府做好扶贫资金的透明使用和管理工作，实现救助资金的精准投放和效果分析，真正做到"把钱花在刀刃上"。

除此之外，区块链在电子政务、食品安全等领域也有应用。总而言之，区块链技术在民生领域可以发挥重要作用。

4. 区块链+智慧城市

未来的世界经济竞争就是城市群的竞争。目前国际上竞争力较强的城市群主要有美国纽约城市群，日本东京城市群，中国长三角城市群等。将人工智能、大数据、5G 和区块链技术结合，打造智慧城市，构建城市群的核心竞争力已经成为目前全球化的重要趋势。目前，世界上已经有了一些试点应用，如维也纳将区块链技术用于公共交通线路、火车时刻表、社区投票结果等民生项目。总体来看，当前区块链技术在新型智慧城市建设中的应用场景可归纳为以下 4 个。

（1）基础设施。基础设施主要指信息化基础设施，将目前城市管理的中心化模式转变为分布式模式，对重要的城市节点（如税务、市政、能源、交通等）进行区块链改造，从而降低单点故障对城市运行的影响。

（2）智慧交通。随着低碳交通的流行和物联网技术的发展，未来城市的交通将形成以公共交通为主、私人交通为辅、无人驾驶和共享出行为重要形式的智慧交通格局。利用区块链技术，将各种交通工具和道路设施数据上链，通过"城市大脑"进行城市整体的交通调度协调，可以极大地减少交通事故和提高通行效率。

（3）分布式能源。近年来，分布式光伏发电、生物质能源、储能技术的发展，使城市的能源体系不再完全依赖于传统的集中式能源。基于区块链这种分布式技术，可以构建分布式能源的交易平台，将能源生产者、消费者和电网平台连接在一起，构建联盟链平台，使能源的交易透明、公开，从而优化能源生产和消费流程，打造智慧城市的稳健能源供应体系。

（4）智慧城市管理。传统的市政管理往往流程复杂、环节多、效率低，其根本原因在于各管理部门的系统之间没有打通。采用区块链技术可以构建一个共享的数据平台，使串行业务模式转变为并行业务模式。例如，基于区块链开发电子证照共享平台，尽可能将各种行政事项放到网上，实现从"最多跑一次"向"零跑腿"转变，从而大大降低行政管理成本，提高办事效率。

5. 区块链促进互联互通

互联网和大数据的发展对社会发展有巨大的推动作用，但是目前最大的问题是"数据孤岛"现象，很多重要的数据保存在某些部门的数据中心，很难实现数据分享和互联互通。传统的中心化机制使得实现互联互通的代价很大。

例如，当前不同医院的各种异构数据无法融合，病人换个医院看病就要重新检查一次，浪费了宝贵的医疗资源。借助区块链技术可实现跨地区、跨医院、不同厂商、多业务系统的医疗数据互联互通，可以缓解因医疗资源分布不均及信息传递不畅带来的"看病难、看病贵"问题。

传统的互联网在区块链技术的加持下，也可以从"信息"传递升级到"价值"传递，使人们能够方便、低成本地传递价值，这里的"价值"可以是资金、资产或其他形式。

在宏观层面上，互联网通过去中心化机构担保记录完成价值传递，区块链通过智能合约完成价值传递；智能合约由机器执行传递，中心化机构由人执行传递。毫无疑问，机器的效率更高，且更可信。

在微观层面上，互联网上传播的信息可以随意复制、粘贴；区块链会给每条信息都加上一个所有权，这样就可以进行所有权的传播，也就是价值传递。当价值在整个区块链网络中传递时，数据孤岛或价值孤岛就会彻底消除，信息流、资金流畅通无阻，真正实现互联互通。

6. 区块链促进数据共享

大数据是经济发展的新动能，也是社会发展的新引擎，如何共享数据并充分利用，成为不可忽视的问题，解决的难度很大。

从数据层面来讲，数据不共享的一个重要原因是"不愿意"。数据往往代表着利益或权利，如果把数据给你了，那我能得到什么？从安全层面来讲，很多数据涉及商业机密或个人隐私，一旦共享，可能无法控制最终的流向，带来不可预知的后果。

区块链技术可以完美地解决数据共享中的问题。第一，通过智能合约可以实现有条件共享，即只有满足条件的数据才会上链，不用担心数据泄露；第二，可以通过加密算法限定访问者的权限，避免数据扩散不可控，保护数据的控制权。

本节介绍了区块链的五大现有领域和六大应用场景，有些已经有成熟的应用，有些还只有理论探索。虽然区块链技术源自比特币这种虚拟货币，但其本身具有安全性、稳定性和不可篡改的特征，因此它在未来一定会得到广泛应用。

第 2 章

区块链与数字金融

在 5556 框架中，数字金融是区块链的重要领域。区块链源于比特币，除数字货币外，区块链独特的机制还会对整个传统金融体系进行重大的升级改造。本章将介绍区块链技术在数字金融中的作用，包括银行体系、证券体系、保险体系、国际金融及央行数字货币等内容。

2.1　区块链与商业银行

说到金融，大家最熟悉的就是银行了，存钱、取钱、转账，人们经常会和银行打交道。银行是金融体系中最重要的部门之一，是整个金融行业的基石，因为银行处理的是人类社会最重要的发明之一——货币。银行与保险、证券共同构成了金融体系，如图 2-1所示。

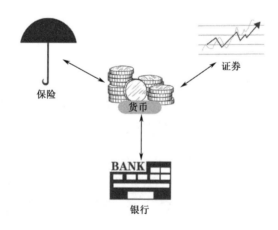

图 2-1　金融体系

银行体系由商业银行、中央银行和跨境机构 3 部分构成。本节讨论区块链在商业银行中的作用。

　　商业银行被称为金融中介机构，它主要承担资金中介业务，即我们通常说的存贷业务，这是银行最基础的功能。人们将钱存在银行中，银行除留一些准备金应付日常的取款业务外，将其余的钱拿去发放贷款。在这个过程中，储户不知道自己的钱被贷给了哪家公司，贷款的公司也不知道自己的贷款资金来自哪个储户，大家只需要与银行打交道，银行在其中充当了中介，这就是间接融资。

　　商业银行最重要的职责是"支付清算"服务，人们每天的消费都要与银行打交道，所以商业银行的支付清算系统需要承担海量的数据服务。比特币作为数字货币，其背后的区块链同样具有支付清算功能，但其在机制方面具有独特价值。

2.1.1　比特币机制与银行机制

　　为了说明比特币机制与银行机制的区别，我们来看一个例子。张三给李四转账 200 元人民币，在银行体系中，这笔转账流程如图 2-2 所示。

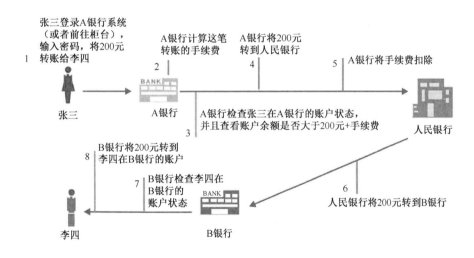

图 2-2　银行体系的转账流程

　　从业务参与者的角度来看，从张三到 A 银行，再到人民银行，然后到 B 银行，最后到李四，是一个串行机制，中间任何一个节点出问题都会使整个业务失败，这就是银行每天晚上都要对账的原因。

　　再来看看比特币机制，张三给李四转账 2 个比特币，比特币转账流程如图 2-3 所示。

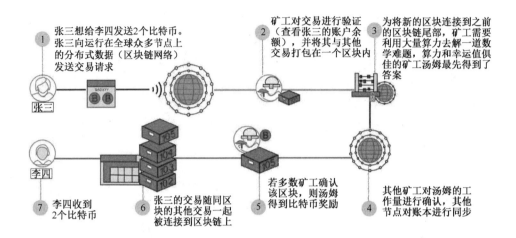

① 张三想给李四发送2个比特币。张三向运行在全球众多节点上的分布式数据（区块链网络）发送交易请求

② 矿工对交易进行验证（查看张三的账户余额），并将其与其他交易打包在一个区块内

③ 为将新的区块连接到之前的区块链尾部，矿工需要利用大量算力去解一道数学难题，算力和幸运值俱佳的矿工汤姆最先得到了答案

⑦ 李四收到2个比特币

⑥ 张三的交易随同区块的其他交易一起被连接到区块链上

⑤ 若多数矿工确认该区块，则汤姆得到比特币奖励

④ 其他矿工对汤姆的工作量进行确认，其他节点对账本进行同步

图 2-3   比特币转账流程示例

从业务参与者的角度来看，这个机制是并行的，业务的发起、验证和完成都在链上进行，张三、李四和其他矿工都可以在链上看到这笔交易，就算某个矿工出了问题，也不会影响整个业务流程的完成。此外，区块链中保存了每笔交易的具体数据，且保存在所有节点的存储中心，无法删除和篡改，无论怎么转账，都可以在区块中通过简单的查询操作追溯其历史。

银行转账与区块链转账的区别如表 2-1 所示。

表 2-1   银行转账与区块链转账的区别

转账方式	银行（中心化）	区块链（去中心化）
发起	必须登录到银行系统中	只要在网络中就可以
手续费	银行根据是否跨行或跨境收取一定的手续费，金额由银行规定	交易发起者自愿付，可以不付
验证	由银行完成	由矿工完成，并交给网络中心所有节点验证
记录	由银行完成	通过竞争，由竞争成功者完成并全网广播，由全网共同记录
转账	非跨境交易以人民银行为交易中枢；跨境交易则需通过各国央行和商业银行实现银行和银行的数据交换，由国家进行背书	在网络中广播，并被矿工放进区块中
确认	由银行进行	加到区块链中，并加入新的区块
奖励	银行赚取手续费和沉淀资金利益	按周期递减地奖励生成区块的矿工
账户	由银行记录	没有账户
余额	由银行记录	没有余额

由表 2-1 可知，中心化的交易和去中心化的交易区别很大，中心化的交易需要依托

可信第三方的背书，去中心化的交易则依靠矿工。

中心化的交易在系统内部的速度很快，但是跨系统会很慢；区块链模式虽然在系统内部不快，但跨系统的速度会快很多。例如，大家买基金，一般都需要 T+1 天确认，因为基金公司的 IT 系统和银行的 IT 系统之间对账需要时间；但是将比特币从中国的平台转到美国的平台，只需要 1 小时，而在以太坊这样的数字货币平台上只需要几分钟。因此，采用区块链技术可以对传统商业银行的基础设施进行改造升级。

2.1.2　借贷记账法和 UXTO 模式

在日常生活中，人们转账一般需要进行以下几个步骤。

第一步，得知道对方的账号、开户姓名和开户行。第二步，用手机银行（或到柜台）填写转账的表单（网上转账比柜台转账需要填写的信息少很多），其中包含转账金额、收款账户等信息。第三步，把填写好的表单提交给银行服务器（或营业员），等待处理完成后告知结果，打印凭证。

这样就完成了转账过程，其核心是基于账户的设计，主要依赖关系型数据库来保障数据的一致性，即原子性、一致性、隔离性、持久性。

银行后台的会计系统大多会采用"借贷记账法"，将账目分成借方和贷方，每发生一笔业务都要登记两个以上科目。

比特币使用 UXTO 模式代替了传统的借贷记账法。UXTO（Unspent Transaction Output）由中本聪设计。在本质上，UXTO 就是流水账，只记录交易本身，不记录交易结果。从金融系统设计的角度来看，这种方式有点"交易、清算分离"的意思，区块链系统只处理交易，而清算、查看余额等由区块链节点自行处理。

UXTO 模式和借贷记账法的区别到底在哪里呢？这里通过一个例子来说明。王五在山上挖矿，今天手气不错，挖到了价值 10000 元的稀有金属，为了感谢张三和李四将工具借给他，想分别给张三和李四转账 100 元和 400 元，以表示感谢。李四为了感谢张三告诉他王五想借工具这件事，给张三转账 150 元表示感谢。下面我们看看借贷记账法和 UXTO 模式是怎么处理的。

1）借贷记账法

首先需要有 3 个账户，账户状态 1 如表 2-2 所示。

表 2-2　账户状态 1

账户名称	余额（元）
张三	0
李四	0
王五	0

王五挖到一块价值 10000 元的稀有金属，此时的账户状态 2 如表 2-3 所示（只说明过程，不考虑其他）。

表 2-3　账户状态 2

账户名称	余额（元）
张三	0
李四	0
王五	10000

然后，王五分别给张三和李四转账 100 元和 400 元，此时的账户状态 3 如表 2-4 所示。

表 2-4　账户状态 3

账户名称	余额（元）
张三	100
李四	400
王五	9500

最后，李四给张三转账 150 元，此时的账户状态 4 如表 2-5 所示。

表 2-5　账户状态 4

账户名称	余额（元）
张三	250
李四	250
王五	9500

借贷记账法只对账户余额做加减法运算，账户状态就是最终状态。每次操作前都需要对账户余额进行判断，查看是否具有成立条件。例如，李四转给张三 150 元，此时如果李四的账户余额不够 150 元，则转账失败。这种记账体系与拍照类似，是静态的，只保留当前情况。

2）UXTO 模式

UTXO 交易类型中的一类是 CoinBase，即挖矿获得的奖励；另一类是我们日常所说的普通交易。其中，CoinBase 交易必须是区块记录的第一笔交易。

第一步，王五挖到价值 10000 元的稀有金属，UXTO 模式下的账户状态 1 如表 2-6 所示。

表 2-6　UXTO 模式下的账户状态 1

CoinBase 交易地址：#10000			
交易输入	交易输出（UTXO）		
来源	交易序号	余额（元）	地址
挖矿所得	#1	10000	王五

第二步，王五分别给张三和李四转账 100 元和 400 元，UXTO 模式下的账户状态 2 如表 2-7 所示。

表 2-7　UXTO 模式下的账户状态 2

普通交易 交易地址：#10001			
交易输入	交易输出（UTXO）		
来源	交易序号	余额（元）	地址
	#1	100	张三
#10000#1	#2	400	李四
	#3	9500	王五

第三步，李四给张三转账 150 元，UXTO 模式下的账户状态 3 如表 2-8 所示。

表 2-8　UXTO 模式下的账户状态 3

普通交易 交易地址：#10002			
交易输入	交易输出（UTXO）		
来源	交易序号	余额（元）	地址
#10000#2	#1	150	张三
	#2	250	李四

综上所述，可以得到以下结论。

（1）比特币的普通交易必须有一个输入。例如，李四给张三转账 150 元，交易输入中的来源就是交易#10001#2，往前追溯就是王五转账给李四 400 元所对应的交易地址及序号。

（2）输入与输出必须相等。以李四给张三转账 150 元为例，根据输入可知这笔交易的输入是 400 元，而输出有两个，一个是转账给张三的 150 元，另一个就是李四自己剩余的 250 元。

（3）比特币系统中的 "余额" 是所有 UTXO 中的总和。例如，张三应该有 250 元，由交易#10001#1 加上交易#10002#1 得到，这两个地址都是未花费的交易输出。李四也有 250 元，是由交易#10002#2 得到，因为交易#10001#2 已被花费。对于王五来说，交易#10000#1 是花费的，未花费的是交易#10001#3，所以王五的余额是 9500 元。

UXTO 模式记录了所有的交易数据，只要交易完成，就可以根据交易记录推导出余额，也就实现了"交易即清算"，不需要完成借贷记账法中的对账工作，极大地降低了管理成本。

另外，在 UXTO 模式下，所有交易记录都保留在案。在上面的例子中，从交易#10000#2#2，也就是李四 250 元余额这条交易记录开始，一直倒推，直到最初的交易#10000 的创世区块，就可以追溯到最初的王五挖矿获得 10000 元的交易。这就是区块链"可追溯"的基本原理。

2.1.3　区块链改变银行基础设施

银行基础设施一般包括交易与清算系统、中央证券存管系统、结算系统等。区块链技术的"交易即清算"模式实现了交易与清算的同步，颠覆了传统金融业中的集中式账务体系模式，有助于构建新的银行基础设施和流程。

商业银行应用区块链后，商家、银行、消费者同时使用区域链支付系统进行支付/清算，消费者的支付和商家的收款形成交易记录，类似前面案例中的张三、李四的交易，这笔交易以 UXTO 模式保存在银行的区块链上。系统各节点通过验证商家和消费者的数字签名来确认并记录，并写入区块，消费者的 App、商家的 App 和银行的后台系统可以根据 UXTO 模式实时清算。这种区块链商业银行支付架构如图 2-4 所示。

图 2-4　区块链商业银行支付架构

除了用于改造商业银行的支付与清算功能，区块链技术还有很多其他应用，这里简单介绍几个。

1. 数字票据

票据是供应链的一种重要金融工具，具有交易、支付、信用等多重属性。目前，无论是纸制票据还是电子票据，都有以下几个问题：一是票据不易拆分，不利于流转；二是纸制票据中一票多卖、电子票据中打款背书不同步等现象时有发生；三是小额纸制票据贴现困难。鉴于验票成本高、收益低，银行往往不愿意给中小企业融资足够的支持，小额纸制票据容易出现无银行贴现的情况。

在基于区块链的数字票据交易系统中，每个参与交易的企业都登记注册为区块链的用户，个别有条件的核心企业可以直接成为记账节点。票据一旦在区块链上发行，就成为支持拆分的数字资产，在后续流通环节中可以按照需求进行拆分、转让、贴现，并在票据交易市场中进行交易撮合。

同时，采用区块链去中心化的分布式结构，可以改变现有的系统存储和传输结构，解决一票多卖的问题。区块链的交易时间戳反映了票据从产生到消亡的完整过程，具有可追溯性，这种特殊的"背书"模式可以有效降低金融风险。

2. 机构间的清算和结算

不同金融机构的基础设施、业务流程不同，清算参与方多、体系复杂，现有的交易与清算系统只能通过服务器代码和交易数据报送的方式进行清算和结算，成本高、准确性和时效性差、监管难度大。

基于区块链的机构间清算模式，可以让清算各参与方加入联盟链，共同创建和维护一份大家都认可的共享账本，实现实时清算和结算，极大地提高了效率。

3. 跨境支付

世界银行的数据显示，全世界跨境支付成本居高不下，达到转账金额的 7.68%，原因在于传统跨境支付模式需要多个国家的央行和商业银行的接力处理，这种串行的业务模式效率低、成本高。

采用区块链技术构建跨境金融机构间的联盟链，可以实现支付双方的直接数据联通，监管机构也可以参与每笔交易的处理，所有数据透明公开、不可篡改，极大地提高了效率，降低了成本。

区块链对商业银行的改造是全方位的，目前业内已经开始进行初步尝试。

2.1.4 典型案例

1. 招商银行：直连清算系统

2017 年 2 月，招商银行将区块链技术应用于银行的核心系统，建成了基于区块链的跨境清算系统。通过该系统，招商银行可实现包括香港分行在内的 5 个分行和 1 个子行的跨境支付。原先的模式需要这些分行和子行通过总行直连中转，效率低且不够安全。

采用联盟链后，上述 5 个分行和 1 个子行成为联盟链的节点，跨境转账通过直接写入区块的方式进行，从而实现了跨境直连清算、全球账户统一及跨境资金归集三大功能。以前跨境交易中的 6 分钟报文转发时间被缩短到秒级，大大提高了交易效率。招商银行直连清算系统架构如图 2-5 所示。新的参与者不需要像以前那样和总行系统对接，只需要作为节点加入该联盟链，就可以实现快速部署，系统的可扩展性大大提高。

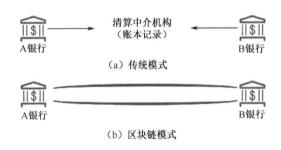

图 2-5 招商银行直连清算系统架构

2. 民生银行：信用证应用系统原型

信用证是银行信贷领域的重要金融工具，传统的纸质信用证可能存在交易数据造假、时间不匹配等问题。民生银行开发的基于区块链的信用证应用系统，实现了信用证电子开单、电子交单、电子收单等功能，解决了交易双方的互信性和纸质数据信息传递不畅等一系列问题。

该系统的区块链平台层提供了合约管理、链路管理、共识机制、账本维护等功能，支持上层应用，包括信用证、供应链金融、智慧零售等一系列需要跨平台合作的业务。

客户可以通过网银等渠道实时查询完整的业务链条进展情况，提高了业务透明度。根据规划，该系统未来会引入物流等相关机构作为联盟链的节点，打造一个闭环的信用证区块链平台。民生银行区块链技术平台如图 2-6 所示。

本节介绍了区块链给商业银行带来的改变，其中最主要的是交易与清算系统的升级改造。传统的商业银行的"借贷记账法"需要不同机构每天进行清算对账，效率低。在

UXTO 模式下，记录了每笔交易明细，并在多个节点的区块上分布式保存，将支付和清算合二为一，从而可以提高商业银行的基础设施工作能力。

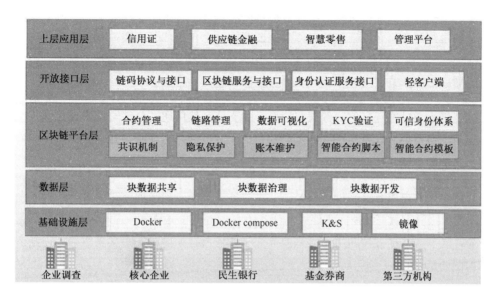

图 2-6　民生银行区块链技术平台

2.2　区块链与证券市场

证券市场是进行有价证券发行和交易的市场。所谓有价证券，就是有票面金额、用于证明持有人对特定财产拥有所有权或债权的凭证，通俗地讲，就是给投资人的一个权益证明，投资人凭此可以获取回报。有价证券按其所表明的财产权利的不同性质，可分为三类：货物证券、货币证券及资本证券。证券的分类如图 2-7 所示。

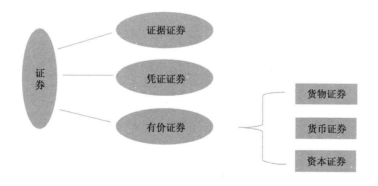

图 2-7　证券的分类

2.2.1　传统的证券体系

之所以叫资本证券，是因为这些有价证券是在资本市场发行和交易的。资本市场与它周边的组织结合起来，就是证券体系。证券体系由 5 个部分组成：有价证券、交易市场、投资人、交易中介和监管机构。目前，国内资本市场的有价证券主要有债券、股权、期货、期权 4 种。

融资机构通过发行有价证券来获得资金的支持，然后通过分红给投资人回馈。发行证券属于一级市场，只要通过了证监会的审核，就可以在交易所公开集中交易，提供这种交易功能的市场就是二级市场。

目前，国内主要有 2 个证券交易所（上海证券交易所和深圳证券交易所）和 4 个期货交易所（上海期货交易所、大连商品交易所、郑州商品交易所和中国金融交易所）。除此之外，还有一些地方性的用于大宗商品交易的场所，如渤海上海交易所等。证券市场结构如图 2-8 所示。

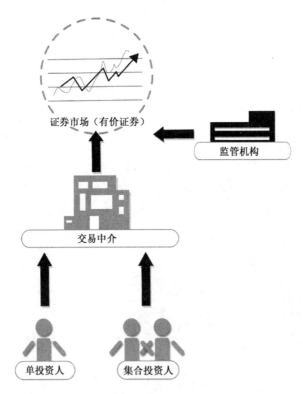

图 2-8　证券市场结构

去证券交易所参与有价证券交易的是投资人，根据资金组织模式，可以分为单投资人和集合投资人。单投资人是自然人或法人，如一家公司去证券公司开个股票账户，就可以进行交易了；集合投资人将多个投资人的资本集中在一起，交给某个持牌的金融机构进行交易。

根据监管机构的不同，可以将融资机构分为公募基金公司、私募基金公司、信托公司、券商资管、期货资管、银行资管，并将其称为管理人。之所以需要管理人，是因为单投资人无论是时间、精力还是专业能力都很有限，需要委托专业的投资机构来做专业化投资，这样可以分散投资、降低风险，获得更加稳健的收益。

投资人去证券交易所买卖股票、债券或期货，其实和在淘宝上买衣服有同样的原理，但是由于有价证券的专业性较强，不像买衣服人人都会，就需要专业的第三方交易中介来帮忙处理一系列事务，包括开户、投资咨询、场外撮合等，这就是证券公司和期货公司的职能。因此，大家无论是炒股，还是做期货，都需要去证券公司或期货公司开户，而不是直接和交易所打交道。

证券市场的专业性较强，为了防止这些专业机构对普通投资人造成伤害，就需要监管机构。目前，中国证券市场的监管机构是证监会。

银行体系属于间接融资机构，而证券体系的资本市场实现直接融资，因为投资人直接购买债券或股票，证券公司和期货公司只是起了中介的作用。与银行的间接融资相比，资本市场的直接融资对于投资人来说，风险更大，但是收益也较高，这就是大力发展多层次资本市场的原因。

传统的证券体系发展到今天出现了很多问题，如发行流程不透明、交易效率低、清算机制成本高等，区块链技术的出现有望给出重要的解决方案。

2.2.2　对交易流程的改造

从交易流程来看，区块链技术应用的范围大致包括交易前、交易中和交易后 3 个环节。交易前环节包括认识客户、反洗钱、信息披露等；交易中环节包括股票、债券、衍生品等；交易后环节包括登记、存管、清算、交收、股份拆分、股东投票、分红付息等。

1. 证券登记

区块链平台可以用于跟踪和记录证券的所有权，每份额股权的交易和所有权情况都准确地以数字形式记录在区块中，也就是将传统的中心化确权模式改为区块链的分布式确权模式。对于交易所交易的场内市场证券可能还看不出有太大作用，但是对于银行间债券、场外期权等不具备集中交易条件的有价证券，区块链确权登记有非常明显的优势。

目前的场外市场的证券确权往往由证券公司、基金公司这类商业机构担任，存在数据篡改的可能性，容易引起纠纷。构建证券登记的联盟链后，投资人、发行人、交易平台都可以在链上查看与场外证券有关的所有数据，并且不可篡改，也就不用担心参与各方违约。

但是，目前这种模式还存在法律问题，在证券账户开户实名制、使用实名制的监管要求下，如果区块链采取账户与交易过程匿名处理的方式，可能会与监管的要求相悖；而如果增加身份信息认证等环节，则可能出现信息安全和数据保护的风险问题。这些问题有待监管部门进行清晰指引。

2. 证券发行方面

我国传统的证券发行实行核准制，即证券必须经过一系列审批核准方可发行。这种发行方式在一定程度上防止了不良证券的危害，保护了投资者的资金财产，但从长远来看，存在过程复杂、耗费时间长、证券发行质量无法保障等问题。

构建区块链的发行平台后，募资人的身份信息、信用资料及资产情况等信息全部上链，在政府部门的监管下，符合条件的基础资产可以纳入区块链平台的资产池，并且向符合条件的投资人公开，节省了大量的调查成本。

目前的民间数字货币的发行平台是以太坊、EOS 等公有链系统，未来可以考虑在国家层面建设"国家公有链"，并通过一系列法律进行监管，让更多的创新型企业可以在数字资产市场中获得快速、高效的融资支持。

3. 交易方面

传统交易流程如图 2-9（a）所示，参与者有银行、投资者、相关中间机构、清算和结算机构等，在发生交易时，参与者需要协调整合才能完成配对，配对完成后还需要进行信息反馈等，非常复杂，耗费时间较长。

区块链技术支持下的交易流程如图 2-9（b）所示。交易信息在区块链上广播，任何人都可以直接参与交易，不需要集中撮合机制。区块链技术可以把交易双方的用户信息、交易信息、资产质量等相关重要信息传递到区块链上，不可随意篡改，保证信息准确有效，也让交易无法违约，确保了交易的完整执行。

区块链平台中的买卖双方进行点对点交易，可以免去代理行为，节省了交易费用，并且在交易完成的同时完成清算，实现 T+0 确认，大大增强了资产的流动性。

要做到这一步，关键不是技术问题，而是如何解决其与现行法律法规的矛盾。将区块链技术应用于场外证券交易，将直接影响区域性股权交易中心和地方政府的管理职权；

应用于场内证券交易时，主要涉及相关法律规定的证券交易权限。此外，区块链不可篡改的特征既是优点也是缺点，如万一发生了异常操作，需要回滚交易数据时，应如何处理等，都是需要深入讨论的问题。

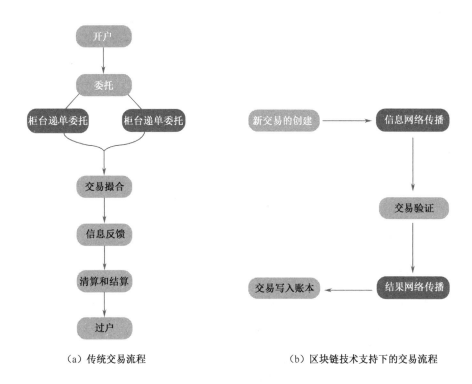

（a）传统交易流程　　　　　　　　　　（b）区块链技术支持下的交易流程

图 2-9　传统交易流程与区块链技术支持下的交易流程

2.2.3　对证券基础设施的改造

在传统的证券清算/交收中，商业银行承担第三方存管和最终资金划拨的职责，第三方存管是为了防止证券公司占用客户保证金。但是这种模式大大提高了交易成本，并且导致交易者相互隔绝。

此外，证券的清算/交收是通过中国证券登记结算有限责任公司（中登公司）来实现的。目前，中国的股票交易实行 T+1 制，这与中登公司的系统有很大关系，因为中登公司系统需要和证券交易所系统、证券公司系统及银行系统进行对接，效率自然不高。传统证券清算/交收流程如图 2-10 所示。

区块链技术的应用改变了传统证券的支付/清算业务架构。区块链证券清算/交收流程如图 2-11 所示，交易者 A 与交易者 B 直接展开支付/清算，并在区块链上进行记录。

在这一过程中，区块链成为两者之间的信用基础，不需要证券交易所、证券公司这样的传统中介机构，这是对目前中心化交易机制的巨大变革。

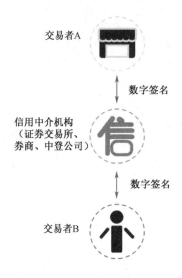

图 2-10　传统证券清算/交收流程

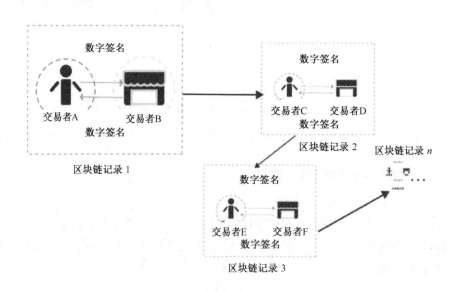

图 2-11　区块链证券清算/交收流程

目前，我国证券交易实行的是集中统一的登记制度，登记和托管一体化，清算和交收一体化。应用区块链技术后，将实现真正的点对点交易，交易在确认完成的同时也完成了交收。从交易到交收可以实现分级或秒级处理，不再需要第三方机构单独进行账簿记载与清算和结算。

这种架构的升级将使证券行业产生很大变化，一是券商不再参与证券交易的托管、结算，而是更多进行投资者客户管理、投资者行为监督；二是证券集中托管结算机构可以运用联盟链技术继续履行登记管理和结算职能，具体模式取决于所采用的区块链技术类型；三是实时过户后，第三方清算机构可以被取消。

当然，区块链应用模式与我国现行证券发行和交易、清算和结算制度存在冲突和挑战，但可以相信的是，技术进步一定会推动法律和制度的变革。未来区块链技术将大量应用于证券行业，特别是对金融基础设施的改造，将引发金融领域的重大变革。

本节讨论了在证券行业中如何运用区块链技术。区块链的一个重要价值是可以简化"确权"。未来在国家层面的公有链平台上，大量的传统资产可以通过数字资产市场完成融资和投资。同时，区块链技术也可以对传统的交易系统、清算系统进行升级和优化，重塑证券行业基础设施。

2.3　智能合约改造保险业

保险的作用主要是应对各种意外。俗话说"天有不测风云，人有旦夕祸福"。很多意外事件，虽然发生的概率很小，但是一旦发生，伤害就常常是巨大的。

2.3.1　保险业中的问题

大多数国家将保险产品按照被保险对象不同分为财产险和人身险两类，保险产品的种类如图 2-12 所示。

图 2-12　保险产品的种类

人身险是保险业的"重头戏"，以人的寿命和身体作为投保标的。在我国，人身险又分为社会强制保险和商业保险两类。

社会强制保险通常指企业和个人同时承担投保义务的社会保障，即我们通常说的社保，包括养老、医疗、工伤、生育和失业。

社保是国家提供的最低保障，只靠这个应对风险是十分有限的，因此很多人将目光转向了商业保险。人身商业险在商业保险中是占比最大，主要包括健康保险、意外伤害保险和人寿保险 3 类，如图 2-13 所示。

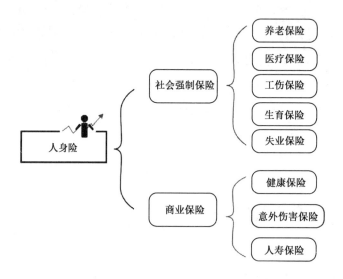

图 2-13　人身险的种类

目前，商业保险存在很多问题，其中最主要的就是理赔难。很多商业保险的条款很复杂，并且设定了很多不能理赔的条件，客户未必能完全理解这些条款的意思，出险的时候，需要核对理赔条件，流程也相当复杂。如果采用区块链技术，则可以在很大程度上解决这个问题，其中用到的就是智能合约。

2.3.2　财产险自动理赔

传统合约的签约流程如图 2-14 所示。从开始合作到签订协议，再到执行协议，流程相当复杂。传统的合同签约步骤有以下几个缺点。

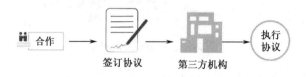

图 2-14　传统合约的签约流程

（1）费时：需要检查合同条款，审核批准等。

（2）资源消耗：执行传统合同需要人为干预。

（3）代价高昂：可能涉及第三方，尤其是存在争议时。合同越复杂，需要控制的条款越多，存在争议的风险越大。为了确保合同执行，要设定很多违约条款，有时还需要财务人员、法务人员等，成本巨大。

为什么传统的合约需要这么复杂的流程，还需要财务、律师、法官、警察等一系列第三方人员呢？因为有人会赖账。如果人人都遵纪守法，就不需要这么多人了。这些第三方人员就是强制执行机关，就是为了防止有人不守约的。区块链具有不可篡改的特征，能不能用来解决这个问题呢？这就是被称为区块链 2.0 的智能合约。

1994 年，智能合约（Smart Contract）的概念由 Nick Szabo 首次提出，它是以数字形式定义的一系列约定，该合约一旦开始运行，无须中介便可以自动执行。

现实世界中其实已经有了类似智能合约的事物，这就是自动售货机。在自动售货机前，你可以选择需要的饮料，按规定金额扫码支付相应费用，机器确认后便会执行交易，整个过程不需要售货员的参与，完全自动。

在自动售货机系统中，可以出售的商品和其特定金额存在一一对应的关系。如果你想购买的饮料缺货，机器会显示该饮料已售完并提示无法选择；如果有货，该饮料被选择后，缴纳所需费用，机器就会按程序规定自动出货，不会存在赖账的行为。

智能合约与该流程非常类似，它是一组计算机代码，设定了自动执行和验证的规则，如"如果 X 选择了某服务并付款，则 Y 会提供该服务"。智能合约代码一旦上传到区块链，并通过有效性检验后，就会自动执行，不需要第三方介入。智能合约的运作流程如图 2-15 所示。

签约　　　智能合约　　　执行

图 2-15　智能合约的运作流程

智能合约适用于财产保险理赔，相对于人身险，财产险往往金额小、事件小，人工流程太耗时间和精力。以车险为例，当人们发生微小的事故时，通常选择"私了"，因为通过保险公司理赔的流程复杂冗长。私了虽然能快速解决问题，但是责任方的违章情况没有被记录在案，也存在违约问题。

　　智能合约在车险理赔方面，可以有针对性地解决效率和违章记录方面的问题。投保人和保险公司在签约时，合同内容被编译成代码，形成智能合约。如图 2-16 所示，图中 A 是受损方，B 是责任方；B 在保险公司购买了车险后，一旦出现可理赔事件，保险公司就赔付给 A。

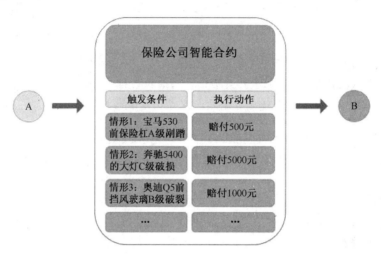

图 2-16　智能合约的理赔

　　"触发条件"和"执行动作"在智能合约里被编译成代码，可在无人干预的情况下自动执行。图 2-16 中对触发条件内容进行了简化，实际情形会更复杂，如还要考虑车龄、人员受伤情况、责任方是第几次肇事等。

　　一旦某个触发条件被满足，那么智能合约就会自动执行赔付，而不需要保险公司工作人员的介入。例如，图 2-16 中的"情形 1：宝马 530 前保险杠 A 级剐蹭"，一旦定损成功，智能合约就自动从保险公司的账户上将 500 元赔付金划拨到 A 的账户中，然后将赔付结果上链。在这个过程中需要人工处理的环节只有定损，一旦确定情形 1 成立，后面的一系列流程自动执行，实现秒级理赔，且公开透明、记录可追溯，没有人可以进行干扰。

　　利用区块链可以构建以保险公司、交管部门、征信部门等作为节点的联盟链，每个投保人的出险信息都在区块链上记录，不但可以让保险公司针对该投保人进行区别定价，还可以用于个人征信记录。区块链技术保证了记录不可篡改且永久在线。保险智能合约的区块链架构如图 2-17 所示。这样的流程将大大减少保险理赔的纠纷，优化流程，降低保险公司的成本，从而降低保险费用，有利于广大投保人。

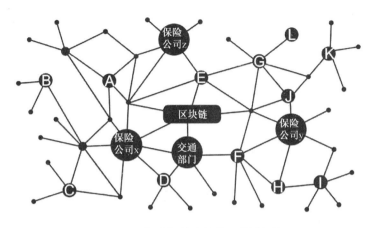

图 2-17　保险智能合约的区块链架构

2.3.3　健康保险的信任机制

对于保险公司来说，健康保险是很让人头疼的业务，因为它的权利和义务不像财产险那样清晰，健康保险存在双向不信任的问题，很多人对社会保险有误解，这也是水滴筹、相互保等互助机构反而能获得更多人认可的原因。健康保险中的不信任问题可以分为以下两方面。

一方面，在投保过程中，保险公司对被保险人不信任。客户医疗数据碎片化、分散化，并且独立存在，因此无法实现被保险人的信息完全共享，导致保险公司对被保险人真实医疗信息的获取存在严重障碍。于是在设计保险产品时，就只能按照最坏的情况考虑。与此同时，被保险人利用信息漏洞的骗保事件常常发生，严重破坏了保险扶危救困的社会保障属性。

另一方面，在理赔过程中，投保人对保险公司的信任缺失。由于保险合约比较专业和复杂，投保人易混淆条款概念及对条款产生误解，在购买保险时，有的保险业务员会做出各种不合规的承诺，到理赔的时候，保险合同的很多条款其实投保人都没有仔细看过，也缺乏耐心去解读条款内容，只能由中介、保险公司确定，难免会产生信任缺失。

采用区块链技术，可以在很大程度上解决健康保险中的不信任问题。

首先，采用共识机制，将购买、服务、理赔等过程简化，数据验证和审核都在链上进行，可保证进行实时交易，同时保险公司进行远程监控，投保人也可以验证相关的交易记录。

其次，利用区块链的不可篡改特性，可将每笔健康保险交易过程及医疗数据都记录在区块链的各节点中，将保险公司、医疗机构、卫生部门作为节点，可以在约定的范围内利用智能合约读取数据，让保险公司有更多、更详细的数据来确定保险产品价格。区块链的数据采用链式结构，保险公司可以追溯被保险人的健康数据，科学地预测其未来的出险概率。

最后，区块链中的数字签名技术可以让冒用保险、医疗数据造假等行为从技术上不可行，有效减少保险理赔中的欺诈行为。对于投保人来说，一旦出现保险欺诈，就成为终生的污点，会影响个人信用记录，这类似考试作弊对将来的求学、求职都有负面影响，从而在源头上震慑试图进行保险欺诈的投保人。这样就可以将单次交易与之后的交易联系在一起，使投保人不再注重单次利益，而选择长期利益，于是双方都获得最高信任效益。

可以说，区块链这把"保护伞"在投保人与保险公司实现互信方面具有一定的优势，有望为保险业发展提供新动力。区块链构建健康保险信任的机理如图 2-18 所示。

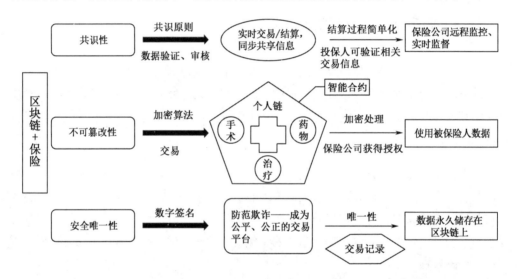

图 2-18　区块链构建健康保险信任的机理

本节探讨了区块链技术对保险业的颠覆。保险业的核心是保单，也就是一种合约。区块链 2.0 中的智能合约将传统的合约通过编程处理进行机器自动执行，有效降低了欺诈的可能性，也大幅提高了理赔效率。区块链的链式结构可以将个人健康数据形成历史记录，有助于保险公司精细化保费设计，提高双方的互信度。

2.4　区块链与跨境支付

目前，国际贸易中的跨境支付系统是基于 SWIFT 系统的。从 1944 年开始建立的布雷顿森林体系构建了以美元为基础的国际贸易体系，为了提高跨境支付的效率，美国在 1973 年牵头建设了 SWIFT 系统，用于国际清算。

2.4.1　当前跨境支付体系

中国银行体系的清算基础设施主要有 3 个，大额支付系统主要用于企业之间的大额交易；小额支付系统主要用于日常生活的小额支付，如刷卡消费，或者朋友之间转账；超级网银系统主要对接支付宝、微信支付等第三方支付机构。如果需要对境外机构进行跨境支付，就需要通过 SWIFT 系统。

SWIFT 又称环球同业银行金融电信协会，是国际银行间的合作组织，总部设在比利时布鲁塞尔，在荷兰阿姆斯特丹和美国纽约分别设有交换中心，并为各成员国开设集线中心，为国际金融业务提供服务。以全球化视角来看，SWIFT 系统架构如图 2-19 所示。

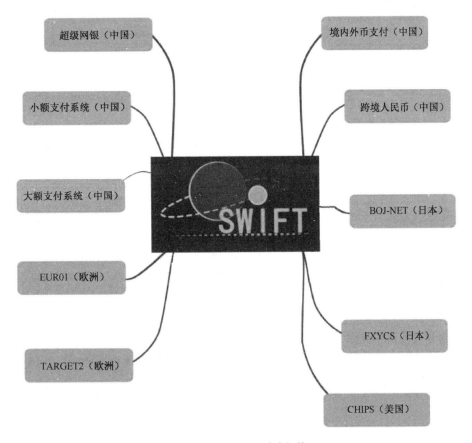

图 2-19　SWIFT 系统架构

目前，世界上的货币金融结算基本都要通过 SWIFT 系统进行，如果这个系统对哪个银行关闭，哪个银行就失去了国际清算的资格。

举例来说，SWIFT 系统类似全世界的"支付宝"，各国的银行就类似使用支付宝的商家，如果商家的支付宝被封号，就没有办法和客户交易了。

以 A 国 A 银行的客户通过跨境支付给 B 国 B 银行客户汇款为例，基于 SWIFT 系统的银行跨境支付流程如图 2-20 所示。

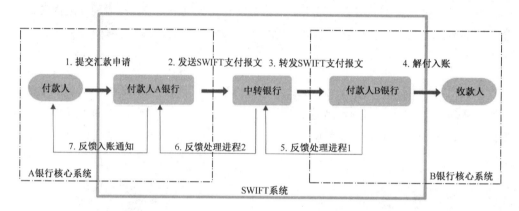

图 2-20　基于 SWIFT 系统的银行跨境支付流程

首先，付款人在 A 国 A 银行开设银行账户，提交汇款申请，这个申请中的目标账户就是 B 国 B 银行的收款人账户。

其次，支付报文转发，A 银行给中转银行发送 SWIFT 支付报文，中转银行收到该报文后将其转发给 B 银行。

再次，解付入账，B 银行收到支付报文后，更新收款人银行账号的余额，并反馈处理进程 1 给中转银行。

最后，反馈结果，中转银行将交易结果反馈给 A 银行，A 银行将该结果反馈给付款人。

在金融体系不发达的国家，可能需要多个中转银行，甚至代理银行，这个流程还会进一步加长。因此，传统的跨境支付是一种串行工作方式，需要多个银行的接力，一级一级地完成。

随着全球化的深度发展，跨境支付越来越频繁，SWIFT 系统的缺点也越发凸显，主要有以下两点。

（1）汇款速度慢。一笔跨境支付业务不仅需要经过至少两家银行，即付款银行和收款银行，还需要经过至少一家中转银行，每家银行均有独立的账务处理系统，支付过程需要在多家银行账户之间完成清算与记账，整个流程一般需要 2～3 天。

（2）汇款费用高。按照国内主要商业银行跨境汇款收费标准，汇款人需要支付手续费和电报费，手续费通常为汇款金额的 1%，如涉及中转银行，还需支付 10～20 美元的中转费用，此外，还可能涉及现钞兑换费等，整体费用较高。

构建基于区块链技术的跨境支付系统能够有效消除传统银行跨境支付中存在的问题。

2.4.2　区块链跨境支付系统

经授权进入区块链跨境支付系统的客户，在银行开立存款账户后，相互之间能够"点对点"进行交易，交易信息同步发送给监管部门，接受交易合规检查。基于区块链的银行跨境支付系统如图 2-21 所示。

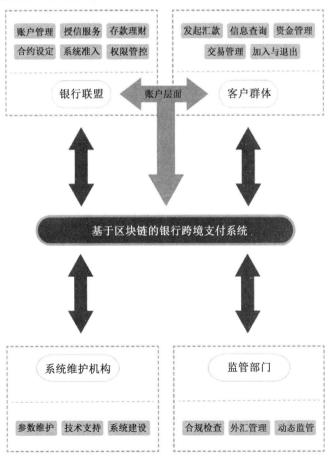

图 2-21　基于区块链的银行跨境支付系统

在区块链跨境支付系统中，每笔跨境支付交易会触发一条由汇款人、汇款人开户银行、汇出地监管部门、货币当局监管部门、汇入地监管部门、收款人开户银行、收款人等组成的联盟链。该系统以广播的形式将每个节点产生的区块数据同步发送至链上其他节点，实现交易信息在各参与节点之间的自由交互，且在各操作环节中，每个节点都被赋予不同权限，包括交易处理权限和信息调阅权限。

以由中国银行到德意志银行的美元跨境汇款业务为例，基于区块链的银行跨境支付系统工作流程如图 2-22 所示，其中涉及中国银行、德意志银行、中国人民银行及国家外汇管理局（以下简称"外管局"）和德国联邦金融监管局等节点。

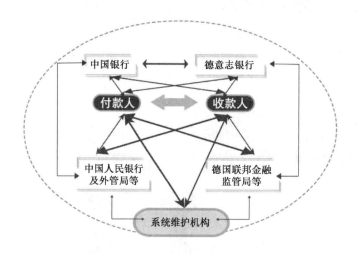

图 2-22　基于区块链的银行跨境支付系统工作流程

第一步：付款人发起交易。付款人发起交易时，产生加密的跨境支付原始区块数据，放入区块链中，系统将原始区块数据同步发送至付款人开户银行、收款人开户银行、中国人民银行及外管局、美联储及司法部、德国联邦金融监管局等。

第二步：汇出地监管部门合规检查。如果审核无误，则中国人民银行及外管局等在区块数据中增加审核记录，产生新的区块数据，放入区块链中，系统再次将区块数据同步发送至各参与节点，同时，中国人民银行及外管局根据我国外汇监管政策要求，自动收集该笔交易的信息。

第三步：货币当局监管部门合规检查。如果审核无误，则美联储及司法部等部门在区块数据中增加审核记录，产生新的区块数据，放入区块链中，系统将区块数据同步发送至各参与节点，并根据美国对全世界美元资金流向监测的要求，自动收集该笔交易的信息。

第四步：汇入地监管部门合规检查。如果审核无误，则德国联邦金融监管局等部门在区块数据中增加审核记录，产生新的区块数据，放入区块链中，系统将区块数据同步发送至各参与节点，并按照德国跨境支付交易政策要求，自动收集该笔交易的信息。

第五步：完成账务处理。德国联邦金融监管局等部门审核后，系统同步完成收款人的入账操作，收款人账户余额增加时，将自动触发收款人终端在区块数据中增加汇款已完成记录，产生新的区块数据，放入区块链中，系统将区块数据同步发送至各参与节点，各节点更新数据，保存最终的状态为"完成"的区块链。

与传统 SWIFT 银行跨境支付相比，区块链跨境支付系统摒弃了代理模式，实现了去中心化的点对点跨境支付，简化了流程；在信息流层面，通过广播方式发布交易区块数据，确保了数据准确及不可篡改；在资金流层面，在区块链上构建了一个虚拟核心系统，实现了账务实时处理及分布式记账。因此，区块链跨境支付系统在交易成本、效率、安全等方面具有显著优势。

2.4.3 典型应用

前面介绍的是理论模型，在实际的运作中，目前的区块链跨境支付应用有如下几种探索路径：①以 R3 为代表的去中心化交易与清算组织，在银行间建立联盟组织，实现不同国家间的货币传输；②以 Ripple 公司为代表，基于数字货币搭建跨境支付区块链网络；③以 SWIFT 为代表，基于原有中心化网络和成员基础进行区块链模式改造；④以支付宝区块链项目为代表的第三方支付模式；⑤以招商银行、VISA 为代表，自行搭建跨境支付区块链网络。鉴于篇幅限制，下面只介绍 Ripple 公司和支付宝的区块链应用。

1. Ripple 公司

Ripple 公司成立于 2012 年，该公司的跨境支付根据区块链去中心化的特点，以中心化清算的方式进行，跨境支付网络主要由做市商、银行等参与。做市商向 Ripple 公司申报交易价格，银行的收款端向 Ripple 公司提交交易价格、条款和周期等信息，Ripple 公司通过计算机自动为银行撮合价格最优的外汇做市商，做市商负责进行两种货币之间的兑换和算清。Ripple 公司发行数字货币 XRP，作为两种货币兑换的中介。例如，A 国的 A 先生在 A 银行将 A 币转换为数字钱包里的 XRP，然后将 XRP 在区块链网络上转入 B 国 B 先生的数字钱包，B 先生再从数字钱包中将 XRP 转换成 B 国 B 银行的 B 币。Ripple 公司的典型交易过程如图 2-23 所示。

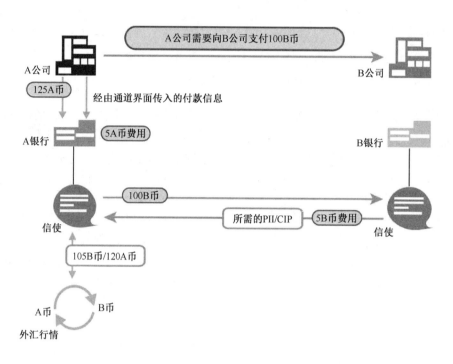

图 2-23　Ripple 公司的典型交易过程

2. 支付宝

第三方支付机构也是跨境支付的积极参与者。例如，中国香港版支付宝 AlipayHK 上线了基于电子钱包的区块链跨境汇款服务，其用户可以通过区块链技术给菲律宾 GCash 用户转账，流程是这样的：AlipayHK 用户通过手机 App 给菲律宾 GCash 用户转账，币种为菲律宾比索（目前最低限额为 500 元），并通过渣打银行在中国香港进行港币购汇，购汇成功后将转账指令登记到区块链节点，共识成功后同步到所有节点，支付宝区块链跨境支付基本逻辑如图 2-24 所示。

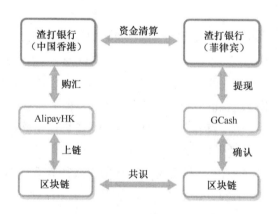

图 2-24　支付宝区块链跨境支付基本逻辑

　　不过第三方支付机构的跨境支付依然需要传统商业银行的支持，目前也只能在一个较小的范围内实行，其优点就是可以直接通过 App 完成，效率比传统的商业银行柜台提高了不少。

　　本节介绍了目前跨境支付中存在的 SWIFT 系统的低效和高成本问题。采用区块链技术可以实现不同国家银行之间的直接汇兑，可大大提高跨境支付的效率，也减少了对 SWIFT 系统的依赖。

第 3 章

区块链与智能制造

5556 框架"五大现有领域"中的第二个领域是智能制造。本章将阐述区块链对智能制造的作用，主要有 3 个方面，分别为工业物联网、智能化生产和工业供应链。构建制造业上下游的联盟链，可以解决传统制造业中信息共享困难、跨平台合作效率低等问题。

3.1 区块链与工业物联网

3.1.1 制造业的痛点

制造业目前最大的问题是企业的低利润率不利于国家整体竞争力的提高。除依靠科技进步和品牌建设外，还可以通过降低成本、提高生产效率来提高利润率。总的来说，制造业的痛点主要有以下两个。

（1）设备的停机时间长。设备停机就意味着生产停止，工人无事可做，产品供应暂停，与产品相关的整个链条上的人员和设备都处于等待状态，损失了大量人力资源和设备资源。

（2）产能利用率低。中国制造业目前面临的比较严重的问题就是所谓的"产能过剩"，但很多时候这种"产能过剩"是相对过剩，也就是产需双方无法精准匹配。对产能有需求的企业找不到合适的加工企业；产能有余的加工企业没有合适的生产任务，设备的利用率低。

解决这两个问题最有效的途径就是"智能化设备+工业物联网"，实施智能制造。给各种制造设备增加智能感知单元，如各种传感器、智能终端等，可以收集制造流程数据，提高生产效率；工业物联网可以实现跨企业的生产单元的集成，灵活利用产能。

例如，出租车业务在传统的"街头扬招"模式下，车辆和乘客的需求不匹配，经常出现出租车满大街跑找不到乘客，乘客在寒风中等待却没有出租车通过的情况。在"网络打车"这种出行平台上，乘客可以提前将用车需求通过网络发布，驾驶员在平台上接单，行车路线通过地图导航完全规划好，全程透明、安全。

这样的模式同样可以应用于"共享产能平台"。例如，某商家在 2 天内需要 10 万双袜子，可以将袜子的规格放到共享产能平台上，平台上的厂家就可以接单，单个厂家产能不够时，还可以联合多个厂家组成"临时合作联盟"来接单。这样就优化了供需匹配，提高了闲置产能的利用率。这就是典型的智能制造模式。

智能制造的重点任务就是实现制造企业内部系统的纵向集成，以及不同制造企业的横向集成。纵向集成相对容易一些，毕竟是在企业内部；问题往往出在横向集成方面，目前产业链上下游企业的信息共享程度还比较低，主要原因有以下几点。

（1）实时数据获取困难。做智能制造决策需要的数据是海量的，这些数据可能来自企业内部，可能来自供应链上的相关交易，也可能是行业数据、市场数据等。数据的时间跨度很广，除实时数据外，还需要大量的技术数据沉淀，用于人工智能模型训练、自主决策支持等。就拿前面的案例来说，当出现 10 万双袜子的需求时，厂家需要第一时间对当前的产能、存货、原料情况进行分析，确定自己到底有没有足够的能力去接单。商品制造的复杂程度远超打车这种简单需求，需要能快速获取自己内部制造单元的实时数据。但是，目前大多数制造企业的信息化还处于比较原始的状态，这种状态的改变需要传感器技术和 5G 的普及。

（2）外部数据采集困难。企业自有数据的采集相对容易，企业外部数据采集始终存在技术上和信任上的障碍。例如，在新产品开发中，不同企业出于自我保护等原因不愿意分享各自的市场数据，限制了更多隐性市场需求的挖掘，这就是很多时候在互联网平台上，"爆款"产品不够卖、滞销产品一大堆的重要原因。如果某厂家经过模型的实时计算，确定自己有 5 万双袜子的产能可以释放，那么它就有必要联合其他厂家构建"临时合作联盟"。但是，怎么获得其他厂家的数据呢？出于信任和竞争方面的原因，同行的厂家一般不愿意将自己的敏感数据拿出来分享。

（3）数据集成困难。智能制造追求的不仅是个体制造单元的高效率，还是对整个供应链的优化、上下游协同工作，以提高智能制造的整体水平和整体竞争力。要实现这个目标，上下游制造业单元的数据集成是重要的基础支撑。

制造设备和信息系统涉及多个厂家，所有的订单需求、产能情况、库存水平变化及突发故障等信息都存储在各自独立的系统中。而这些系统的技术架构、通信协议、数据存储格式等各不相同，严重影响了互联互通的效率，使数据互联互通非常困难。

3.1.2　区块链解决方案

解决上述问题最好的方式是采用"安全物联+区块链"技术，实现设备的安全互联互通，从而快速维护设备，远程解决设备的停机问题，节约设备的维护费用，提高设备的利用率，这就是"区块链+工业物联网"。区块链在工业物联网中的应用如图3-1所示。

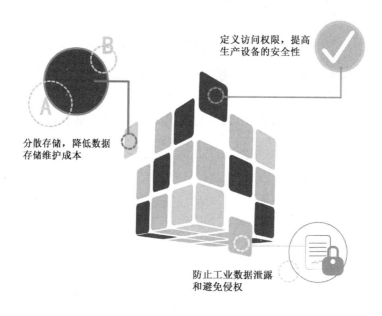

图 3-1　区块链在工业物联网中的应用

1. 信息处理方面

利用区块链技术，可将工业物联网单节点设备信息进行去中心化的分布式存储，实现计算和存储需求分散，可防止单一节点故障导致的网络崩溃，也降低了数据存储维护成本。

2. 安全技术方面

利用区块链技术，让生产设备相互验证，可以降低系统风险，并通过定义访问权限来提高生产设备的安全性，使链上的工作人员在各自的权限范围内互相协作。

3. 工业数据方面

利用智能合约技术灵活调整访问权限。例如，在生产过程中只有生产设备有访问权限，生产结束后自动停止设备访问权限并删除文件的功能，可以防止工业数据泄露和避免侵权行为。

区块链用于工业物联网的案例如图 3-2 所示。可以开发一个介器盒子硬件，安装在各智能制造设备上，打通传统的设备通信通道。运行时，使用区块链技术进行身份认证和数据存储，让工厂和设备制造商可以安全地对设备进行远程诊断和维护。

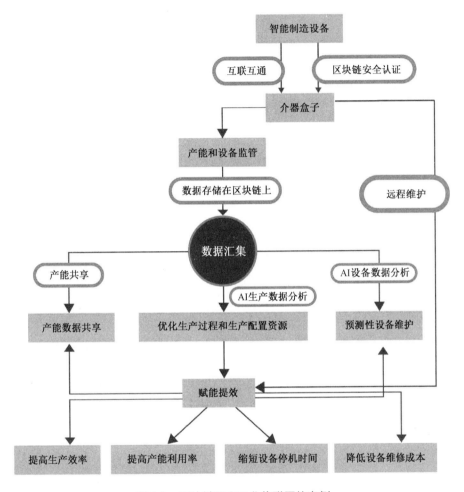

图 3-2　区块链用于工业物联网的案例

通过对产能状态的监控，工厂可以自主决定是否将产能数据共享，同时对生产过程和设备状态数据进行分析，从而优化生产过程，对设备进行预测性维护，在其出现故障前给出检修或维修提醒。

3.1.3　联盟链技术与应用

区块链应用于工业物联网构建属于联盟链技术。在区块链应用早期，只有公有链，也就是公开透明的"账本"。公有链有一个很大的问题,即虽然赋予不同的节点同等的权限,但是牺牲了效率。试想如果用微信支付付款用时 1 秒,用公有链系统需要几小时,你还会选择后者吗?

公有链还存在隐私保护问题,在某些场合公开数据能够带来公信力,但是更多时候,企业并不想"赤裸裸"地展现在大家面前。如果有一种技术,既能给大家需要的信息,又能保证自己的隐私不会泄露,就很完美了。于是,折中的方案被提出:牺牲部分去中心化,在权限上做出限制,以此换取效率的提高。依照这样的思路设计的链就是联盟链。传统架构和联盟链架构的对比如图 3-3 所示。

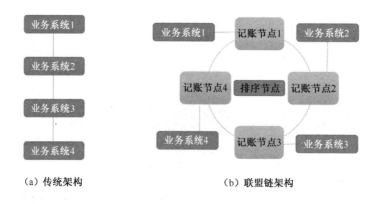

（a）传统架构　　　　　　　　（b）联盟链架构

图 3-3　传统架构与联盟链架构的对比

联盟链作为一个半开放的"账本",只针对某特定组织开放。例如,一个由 15 个金融机构组成的共同体,每个机构都运行 1 个节点,为了使区块生效,需要获得其中 10 个机构（15 的三分之二）的确认。

在这个联盟链中,可能允许所有人读取数据,也可能只允许联盟内部成员读取数据,这种方式就是"部分去中心化",是效率和公平的折中。联盟链具有以下特点。

（1）部分去中心化。与公有链不同,联盟链在某种程度上只属于联盟内部成员,且很容易达成共识,毕竟联盟链的节点数非常有限。

（2）可控性较强。在公有链中,一旦链形成,就不可修改,因为公有链的节点一般是海量的,想要篡改区块数据几乎不可能。这是好事,也是坏事,因为万一出现了重大的数据错误,需要修改,在公有链上是不可能的。在联盟链中,只要大部分参与者达成共识,就可以对区块数据进行更改。

（3）数据默认不公开。与公有链不同,联盟链的数据只有联盟里的机构及其用户才有权限读取。

（4）交易速度快。由于节点不多，达成共识较容易，交易速度也会快很多，这使得联盟链十分适用于那些需要上下游合作的领域，如制造、银行、保险、证券、物流等。

以上特性决定了联盟链技术特别适合于制造企业间的合作，上下游企业构建联盟链不仅可以共享信息，还可以共享产能，从而打造强大的工业物联网体系。区块链在智能制造中的应用如图 3-4 所示。

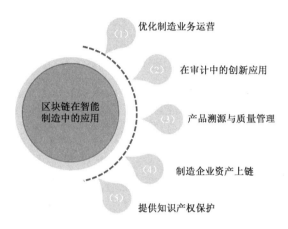

图 3-4　区块链在智能制造中的作用

1）优化制造业务运营

优化的核心技术是智能合约，智能合约由代码定义并强制执行，自动完成且无法人工干预，这样就确保了交易是可信的，且无须第三方机构辅助。

供应链上的交易金额巨大，交易双方存在彼此无法信任的问题，长期以来主要依赖各种协议和法律的支持。如果在区块链上注册交易数据，就可以通过智能合约预定义支付条件，如"付款金额 70%到账后自动执行零件运送业务，验收合格后自动支付剩余款项"。

有了这种机器自动执行的约定，占用供应商货款、延长账期等行为就无法出现，可大大提高交易效率，降低交易成本，规避交易风险。

2）在审计中的创新应用

通过区块链的智能合约，可以预定义数据及流程的审计条款，可以监控采购订单是否都经过审批及记账与付款权限是否分离等。所有违反审计规范的日常运营都会被记录在案，这样不仅能降低企业审核自身数据和流程的成本，还可以与审计员共享数据，公司对财务和法务人员的需求也减少了，企业可以将更多的资金投入到技术开发、市场营销上去。

3）产品溯源与质量管理

传统的产品溯源由供应链上的供应商自行维护、自行佐证，但供应商出于对自身利益的考虑，不一定会提供真实的产品溯源数据。不真实的产品溯源数也给追查假冒伪劣产品、产品召回制造了障碍。

在智能制造过程中，如果在区块链上共享原料、供应链产品的各种数据，下游企业和经销商就可以全程参与产品的质量控制，从源头上减小了产生假冒伪劣产品的可能，还可以增强消费者的信心，提升他们对品牌的信任度。

4）制造企业资产上链

区块链最开始成功应用于比特币，本质上是对数字资产的确权和交易。这种模式后来扩展到金融等领域的有形资产及无形资产交易，使任何资产都可以在区块链中注册和交易。

制造企业资产的确权和交易同样可以基于区块链实现。例如，将生产设备、独特的原材料或产能单元进行资产数字化后，在区块链上交易，利用交易市场的价格发现功能，给这些资产合理定价。

5）提供知识产权保护

智能制造区别于传统制造的关键在于知识的产生及应用。知识是作为核心生产要素参与企业运营的，作为一种高价值生产要素，适当的流通和交易有利于其发挥更大的价值。

但是知识产权保护一直是比较困难的，如网上经常可以看到各种抄袭的内容。在制造业同样如此，很多优秀的设计和工艺一旦被盗用，就会严重打击开发者的信心。

区块链上的非对称加密机制可以用于知识产权的传输。例如，A 企业的某产品需要B 企业的工艺数据，A 企业可以生成公钥和私钥，将公钥发给 B 企业，B 企业将工艺数据用公钥加密后发给 A 企业，A 企业收到工艺数据后用私钥解密即可。其他人就算获得了这段加密数据，没有私钥解密也无法使用。

本节讨论了区块链在工业物联网中的应用价值，主要体现在不同工业设备互联的安全性和实时产能利用监控等方面，可以有效解决智能制造中产能利用不充分的问题。

3.2　区块链与智能化生产

传统的生产模式是大批量的、刚性的，随着经济的发展和需求的多样化，柔性制造得到了越来越多的关注。可以说智能化生产的关键环节是柔性制造。

3.2.1　传统生产系统的问题

如果将人类生产商品的历史分成两个阶段，那么第一个阶段"生产不足"，第二个阶段"需求不足"。"生产不足"的阶段可以从农业社会算起，延续至第三次工业革命（对应信息化社会）。在这个阶段，每个人都清楚地知道自己需要什么，如需要更好的住房、更好的交通、更好的医疗等，只要不断扩大产能，就可以满足已知需求。但是整个人类社会越来越呈现一种"需求不足"的态势，当大多数人已经不用再为基本的生活所需发愁的时候，如何找到用户的有效需求，达到科学的生产匹配就成了生产商面临的难题。

随着移动互联网、人工智能等新技术、新零售模式的兴起，商品需求呈现"小批量、短周期、个性化"的特点，整个社会生产正在从品牌驱动的规模经济，向 IP（知识产权）驱动的范围经济迁移。

传统生产通常采用串行生产模式：生产商对目标市场进行调查研究→根据调研结果找出消费需求→进行产品和品牌的定位→根据需求设计研发新产品→将产品的设计稿进行工程化→通过工厂进行统一的批量化制造→通过多层经销渠道推向市场。传统生产流程如图 3-5 所示。

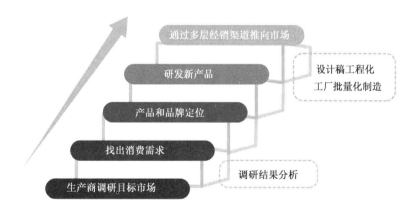

图 3-5　传统生产流程

这种生产方式有以下 3 个显而易见的缺点。

（1）产量和质量难以保证。由于是大批量生产，整个生产链条上的所需生产资料都要备货、安排人员，任何环节出现了问题，后面的所有环节便可能重来。如果产品销售火爆，可能会出现产能不足；如果产品滞销，又会浪费造成各种浪费，甚至有的厂家的产品积压而使资金链断裂，经营困难。

（2）制造柔性低。生产商大多会投入许多资源，以提高生产的自动化水平，但生产线的自动化水平越高，它的柔性往往越差。纯人工的生产线更换产品时只需要重新培训工人，而自动化生产线要更换产品时就需要更换或改变部分制造设备。这种模式只适合那种传统的大宗需求的商品，个性化商品很难通过这种模式生产。

（3）设计浪费。设计作品存在大量浪费，因为生产商难以准确把握市场的具体需求，而开模费用又很高，所以只得从众多设计作品中挑选少数作品投入生产，导致很多优秀的设计作品无法通过生产来实现价值。

在生产和流通环节也存在类似的浪费。在生产前，原材料要通过物流运送到工厂；在生产过程中，主要采取模具铸造和机械加工等方法；生产出产品后，需要将产品运送到各地，会占用能源、交通、仓储、人力等资源。

以上 3 个缺点让传统生产无法及时响应客户的需求，往往只能先生产出产品再进行营销，并时常打折促销，往往利润都送给媒体和经销商了，这也是许多制造企业利润率低下的重要原因之一。

智能化生产就是将研发、设计、生产、制造、销售等环节的数据打通并进行智能化管理，将传统生产模式转变为并行的智能化生产模式，如图 3-6 所示。

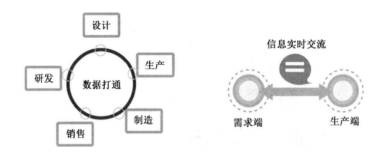

图 3-6　智能化生产模式

这种模式"以销定产"，即先确定市场有需求，快速生产出小批量的试用品，如果客户反应良好，则迅速扩大产能，销售、物流等链接随之跟进；如果客户反应平平，则由设计人员进行调整，重新尝试，"试错"成本也不高。这种"小步快跑"的模式让制造企业拥有了更多的生产柔性，可快速响应市场需求，产品竞争力大大提高。

3.2.2　分布式智能生产网络

智能化生产具有更高的柔性，也需要更多中小制造单元灵活参与，这就产生了分布式智能生产网络的概念。例如，在抖音上某个衣服款式忽然受到追捧，商家获得 100 万件的订单，现有厂家无法在短期内贡献如此大的产能，这时可由多个厂家联合起来，构建一个智能生产网络。

这种智能生产网络是临时性的，在某笔订单制造期间存在，订单结束即自动消除。网络中的生产节点可能是某个工厂，也可能是家庭工作室，甚至是自由职业者，只要能满足订单的品质控制要求，就可以灵活加入和离开这个智能生产网络，可以简单地将其理解为"制造单元群"。

既然是"群"，就应该可以灵活创建和注销，入群、退群方便，传统的中心化信息系统自然是做不到这点的，因此只能利用联盟链。商家和制造单元以平等节点的身份接入联盟链，信息实时交互，实现了研发、设计、生产、制造、销售等环节的数据互通和智能管理。订单信息、事务历史记录都保存在链上，交易流程由智能合约自动执行，无须人为干预。具体来说，分布式智能生产网络的运作流程如下。

1）接入流量

通过智能合约接入影视、娱乐、电商等流量端。这些流量端以特定的场景创造出多品种、小批量的碎片化需求，消费者根据自己的需求直接在流量端选择自己需要的商品。例如，很多网红的直播就是在激发消费者的个性化需求。

2）触发生产链条

当消费者付费后，虚拟制造联盟就自动建立起来，与该商品相关的生产链条的智能合约被触发。产品的原料提供商、零部件提供商、制造机构以智能合约为核心，临时组成一个快速响应的生产系统。在传统模式下，不同工厂的合作以法人为基本单位，通过传统协议方式进行合作，需要财务、法务部门的参与，效率较低。在联盟链模式下，单一制造单元，如某工厂的车间，甚至单独的某台机器，都可以在链上注册、登记，并确权为独立的"单元"。不同的单元执行链上智能合约的指令，调用内部的数字生产系统，完成生产过程。这样就可以将原本粗粒度的合作模式转变为细粒度的合作模式，并且可以柔性组合、合作、解散。

3）物流服务触发

物流企业也接入到联盟链中，可以实时获取产品状态，灵活调配运力。例如，1 万件衣服到了最后工序时，智能合约提示还有 2 小时可以完工，物流企业就可以提前安排车辆出发。当衣服离开生产线并完成质检时，运输车辆也恰好到达，无缝连接，既不耽误时间，又不浪费运力。

　　4）第三方服务触发

　　其他各类服务机构，如银行、担保机构、检测机构等，也通过各自的智能合约与生产单元相连，为其提供相应的清算、担保、检测等服务。例如，1 万件衣服还有 5 小时下线时，智能合约就提示检测机构人员在规定的时间内到达现场并做好检测准备。这样检测机构既不会因为去得太早而浪费时间，也不会因太迟而耽误了后续流程。分布式智能生产网络如图 3-7 所示。

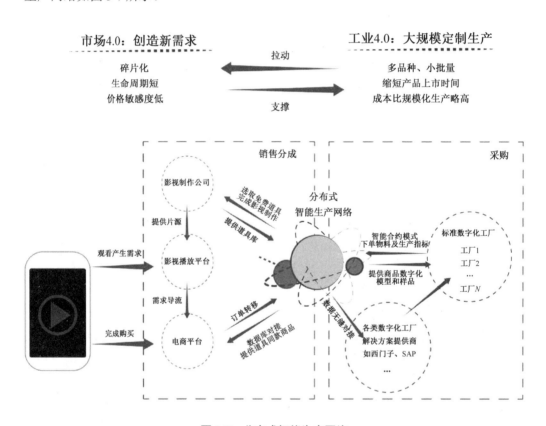

图 3-7　分布式智能生产网络

　　随着社交电商、直播电商等模式的兴起，未来的产品需求将越来越多地依赖于流量平台，特别是对于消费品而言，只有短平快的模式才能在残酷的市场竞争中拥有顽强的生命力，基于区块链构建的分布式智能生产网络前景可期。

3.2.3　智能化生产系统

分布式生产是一种柔性制造系统，它更多地考虑需求和生产之间的紧密结合，但是在具体的生产部门，则需要利用人工智能等技术进行智能化生产。

智能化生产通过自动化仓储、自动化搬运、自动化设备、自动化检测与信息化集成，对整个生产过程进行数据采集、过程监控、设备管理、生产调度及数据统计分析，从而实现全流程的智能化生产。

如果说分布式智能化生产网络是宏观层面的对外合作，那么智能化生产系统就是微观层面的内部协作，常见的生产管理系统有制造执行系统（MES）、产品生命周期管理软件（PLM）等。

智能化生产中同样存在合作问题，如数据共享、数据安全、责任确定等。区块链在智能化生产中的应用如图 3-8 所示。

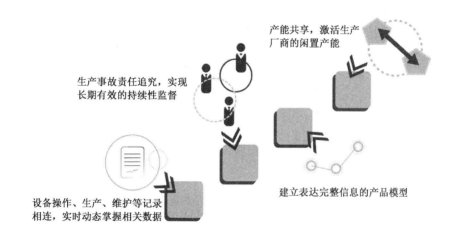

图 3-8　区块链在智能生产中的应用

（1）在安全和生产事故方面，通过区块链技术，可实现企业、设备厂商和安全生产监管部门之间的连接，确保记录的真实性与一致性，实现长期有效的持续性监督，有利于管理水平和审计水平的提升，便于开展安全和生产事故的责任追究。

（2）在数据存储方面，区块链将设备操作、生产、维护等记录连接起来，实时动态掌握相关数据，特别是对于品控部门来说，根据实时生产数据可以很容易地找出质量缺陷的原因。

（3）在产品全生命周期管理方面，利用产品的设计、生产、物流、销售和服务等数据，可以建立表达完整信息的产品模型，然后根据用户的需求多次迭代，灵活适应市场变化。而且，通过区块链加密，可以防止关键生产工艺数据外泄，保护知识产权。

（4）在产能共享方面，对于大型制造企业来说，将旗下各分支机构的零配件和生产设备的信息在联盟链上共享并及时更新，有助于实现产能内部共享，避免生产设备的浪费和产能的闲置。

本节探讨了智能化生产系统如何应用区块链技术，主要是可以增强生产链构成的柔性，实现按需生产，通过促进各种生产机器的数据共享，提高生产效率。

3.3　区块链与工业供应链

现代的工业供应链的复杂程度远远超过了传统的工业供应链，需要全球范围内的多方参与及合作。例如，生产一部手机，从芯片到显示屏，从操作系统到应用软件，从玻璃到摄像头，上下游的全产业链配套厂家超过数千个。为了保证产品质量和交货时间，需要整个工业供应链的支持，在跨企业合作的时候，需要满足材料和零部件全程质量控制的要求。

3.3.1　区块链升级工业供应链

在商业竞争中，客户体验的质量取决于服务提供者能否在正确的时间点以正确的方式将正确的服务提交给客户。如果某环节出了问题，那么服务提供者必须在第一时间找到问题节点并用最快的速度解决。

传统的流程管理主要依靠人工检查、事后审计和记录核对，不仅成本高、耗时长，而且特别容易出错，因此现代的工业供应链管理需要更好的解决方案。区块链在工业供应链运营中的作用如图 3-9 所示。

1. 预测货物到达时间

这个功能和目前物流的追踪功能类似，不过在工业供应链中对于时间的要求会更加精确。例如，某核心零件预计在下午 2:00 到达，则其他的辅助设备都需要在这个时刻之前准备完毕，如果耽误了几小时，就意味着整个生产线都要停下来等待。工业物流数据通过区块链共享，可以保证及时和准确。

图 3-9　区块链在工业供应链运营中的作用

2. 改善信任机制

对于一个核心企业来说，可能需要多个零部件供应商，供应商太多会导致选择困难；供应商太少会导致竞争不充分。将供应商的零部件数据（如规格、价格、数量等）上链，然后利用智能合约进行初步筛选，可减少人工干预，建立更好的上下游信任关系，并且这种信任关系是基于数据的，而不是人情，比较容易复制到其他供应商那里。

3. 降低金融风险

降低金融风险主要针对工业供应链上的资金流转。在传统模式下，需要财务、法务部门支持，流程冗长，也会有很多隐患。利用区块链进行资金流转，全程可以追溯，可降低人为操作带来的金融风险。

4. 实现溯源防伪

对于食品、药品这类质量要求很高的产品来说，原料非常关键，传统的中心化模式的防伪溯源存在系统对接困难、数据不可靠等问题。采用区块链将各节点的数据上链，全流程可追踪，可以从源头提高产品质量。

目前，区块链在少数行业的工业供应链中应用，主要包括原材料溯源、环境监测、争议解决等。

3.3.2　原材料溯源

原材料溯源可以使工业供应链上的参与者对上下游合作方的信任度大大提高。从技术上来说,溯源流程中的数据不可修改,这样才有可信的溯源,这就需要用到区块链技术。

以有机食品企业为例,从农场的原材料,到工厂生产和运输,再到零售环节,任何环节出现问题,都会带来食品安全问题。将区块链技术与物联网技术结合,企业可以从原材料产地到零售点跟踪产品。获得认证(如有机认证)的农场使用专门的包装,上面有标签和传感器,可以根据这些标签和传感器跟踪供应链的每个节点,防止非有机食品的侵入。农产品溯源流程如图 3-10 所示。

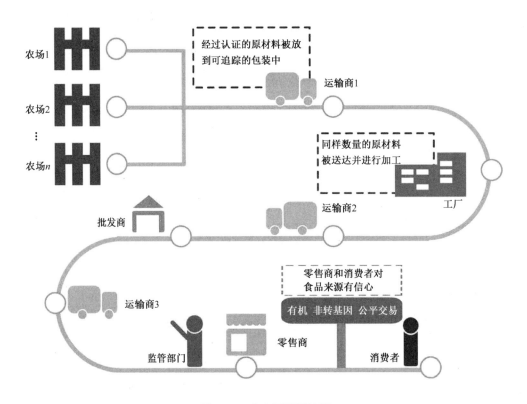

图 3-10 农产品溯源流程

在图 3-10 中的流程中,农场的原材料到达工厂后,区块链上的数据保证数量不会改变,从而杜绝了中间过程中假冒伪劣产品的混入。从运输商 2 到批发商,再到零售商及监管部门,都将在区块链上留下记录,任何问题都清晰地反映在链上,随时可以查到问题所在节点。

这种运作模式虽然增加了成本,但是对于供应商来说,产品溯源后得到认证,在供应链上就获得了更多需求方的信任,会给自己带来更多的竞争优势;对于零售商来说,由于能够准确证明产品来源,因此降低了出现假冒产品的风险,提高了消费者的品牌忠诚度;对于消费者来说,增强了对产品的信心,也会刺激消费,愿意支付更高的费用。

3.3.3　物流环境监测

以农产品企业为例,原材料溯源成功了,但是生产环节和运输环境中还是会出问题,怎么办呢?可以给产品安装传感器,这些传感器在供应链的各节点发送温度和湿度数据,这些数据被记录在区块链上,由工厂、批发商、零售商和监管部门查看。特别适合那些对运输要求较高的产品,如生鲜食品、工艺品等。区块链技术用于物流环境监测的流程如图 3-11 所示。

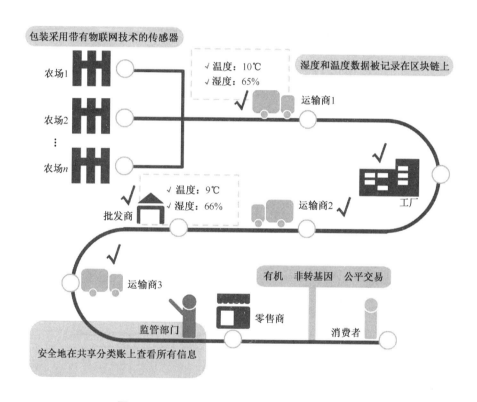

图 3-11　区块链技术用于物流环境监测的流程

在传统的物流模式中,只有到达终端后才能知道运输的产品是否有质量问题,例如,对于生鲜食品,运输中如果温度过高,可能会使失鲜率、死亡率增加。将这些运输环境中的数据上链后,全程可以追溯运输过程中的环境变化,发现问题时,可以及时通知运输商处理,将隐患消灭在萌芽状态。因此,使用区块链实时记录原材料来源和运输环境情况,可以有效消除各节点的不信任状况。

由于全程可见运输环境的数据,可以结合天气数据提前对运输环境设置预案。例如,某生鲜运输流程需要两天,根据天气预报,未来两天气温将上升 10℃。有了区块链上的历史温度数据的变化曲线,就可以构建模型,预测未来两天的运输环境的气温情况,提前做好准备，减少温度剧烈变化带来的损失。

此外，还可以使用区块链创建智能合约，对工业供应链上的参与者设置惩罚和补偿条件，一旦有参与者违反合作原则，造成其他参与者的损失，智能合约就根据预设条款自动触发补偿或罚款，这将使解决争端不再是个难题。

3.3.4　协作纠纷解决

解决纠纷具体来说就是编写一个智能合约，可以从传统的合同入手，提取出其中可以程序化的部分，率先上链，其他部分可以随业务流程的变化持续升级。可以预料的是，在不久的将来，智能合约的发展将使那些传统流程中复杂的、容易出错的过程变得简单便捷，从而使得跨组织协作的规模和效率再上一个台阶。

区块链技术用于协作纠纷解决的案例如图 3-12 所示，运输商 1 记录的是 60 吨，但是到了运输商 2 这里变成了 80 吨。在传统的溯源系统中，一般后续环节直接看到的是运输商 2 的数据，而无法知晓产生 20 吨差额的原因。应用区块链后，在区块上就可以看到数字从 60 变成了 80，自然就会发现其中的问题。

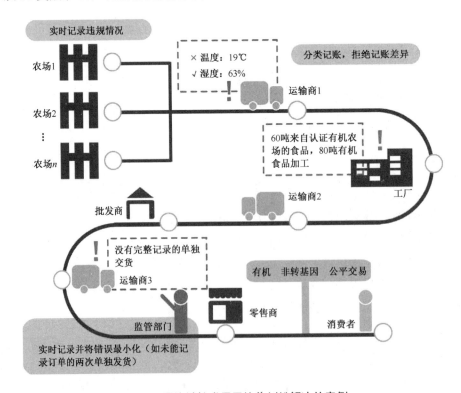

图 3-12　区块链技术用于协作纠纷解决的案例

到了运输商 3 这里，数据不完整，使得后续的操作可能出现问题，这样的情况在链上一目了然，运输商 3 无法抵赖。因此，一旦数据记录上链，就可以追溯到具体的失误环节，从而大大减小纠纷发生的概率。

再进一步发展，可以构建智能合约，将所有可能出现的错误及赔偿情况写在链上，无须人为干预就可以实现自动赔偿。例如，如果运输过程中气温超过了设定温度10℃，则从某运输商的账户中扣除一定金额作为风险补偿。可以构建一系列类似的赔偿标准，让工业供应链上的每个环节都严格遵守规则。

本节介绍了在工业供应链中利用区块链加强上下游间的信任，保证原材料质量、生产和运输环境符合要求，提高纠纷解决的效率。工业供应链比传统的快递物流复杂得多，采用区块链技术将数据上链后，可以大大提高供应链的透明度，流程中各节点的控制力也可以显著提高，有利于提高供应链的竞争力。

第 4 章

区块链与物联网

5556 框架"五大现有领域"中的第三个领域是物联网。本章将探讨区块链如何赋能物联网的话题。随着越来越多信息设备的加入,物联网将从技术驱动发展过渡到价值创造阶段,这其中会产生很多新兴商业模式,如新型共享经济、车联网、消费物联网等。区块链的跨平台协作能力、数据安全特性将给物联网带来巨大的提升空间。

4.1　区块链升级物联网架构

物联网是新一代信息技术的重要组成部分,也是信息化时代的重要发展阶段。物联网的英文名称是 Internet of Things(IoT),顾名思义,就是万物相联的互联网。物联网的核心和基础仍然是互联网,是在互联网基础上延伸和扩展的网络,其用户端延伸和扩展到了任意物品与物品之间,进行信息交换和通信。

4.1.1　区块链在物联网中的作用

近年来,物联网加快了从技术迈向应用的脚步,开始广泛应用于交通、物流、环保、医疗、零售等领域。与此同时,物联网硬件及物联网产品也逐步迈向市场,智能手环、智能手表等可穿戴设备和智能家居的市场规模逐步扩大。总体来说,物联网可以分为以智能可穿戴设备和智能家居为主的消费应用和具体的行业应用。

行业应用可以分为智慧城市、工业 4.0、商品溯源和农业信息化等。其中,工业 4.0 在政策与技术的双重推动下,产业规模迅速增长,占据了物联网行业 20%的市场规模。物联网应用的结构如图 4-1 所示。

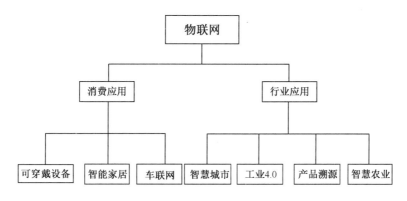

图 4-1　物联网应用的结构

物联网在长期演进过程中遇到了 5 个行业痛点：设备安全有问题、个人隐私得不到保护、架构僵化、多主体协同不畅和通信兼容不足，如图 4-2 所示。

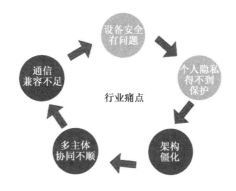

图 4-2　物联网的行业痛点

（1）设备安全有问题。

互联网的时代，很多人饱受计算机病毒之苦。到了物联网时代，如果入网的设备出现安全问题，或者本来就是恶意设备，给用户带来的伤害将是巨大的。例如，家庭的监控摄像头被人入侵，自己的家庭生活被暴露在黑客的眼皮底下。2017 年出现的"Mirai 僵尸网络"累计感染超过 200 万台摄像机等设备，并且控制这些设备发起 DDoS 攻击，致使 Twitter、Paypal 等多个巨型网站当时无法访问，这充分说明目前的物联网设备安全方面有很大问题。

（2）个人隐私得不到保护。

物联网在智慧城市、交通、金融、家居、医疗等方面都有具体的应用场景，基本都会收集大量的个人数据，如果没有可靠的技术保证，那么这些隐私数据泄露很容易给当事人带来很大的烦恼。

（3）架构僵化。

随着未来智能设备数量的爆发式增长，新设备的接入就是一个很难解决的问题。区块链的公有链模式让节点可以自由加入或退出，可以用来构建新一代物联网架构，设定标准的准入条件，任何物联网设备在满足该条件后都可以自由加入或退出某个物联网平台。

（4）通信兼容不足。

目前全球物联网的标准不统一，不同智能设备之间的通信没有统一的语言，兼容性不足。通信协议的差异、不同的应用场景需求导致需要建立远比互联网协议更加复杂的标准，如硬件协议、数据模型标准、网络协议、传感器标准、设备连接标准、平台兼容性、第三方应用接口、服务接口等。

各类标准不一致会导致网络传输出现问题及资源浪费。物联网终端设备的兼容性问题如图 4-3 所示，其中，在新设备注册、远程用户授权、能源交换、汽车安全等领域，都需要统一的信息共享机制。但是，目前物联网的标准众多，统一所有的标准有很多的障碍，包括利益机制、市场竞争及政治考量等。

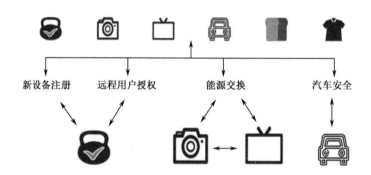

图 4-3　物联网终端设备的兼容性问题

（5）多主体协同不顺。

由于不同的物联网设备来自不同的厂家，有着不同的底层架构和不同的操作系统，所以多主体协同存在天然的壁垒，这极大地影响了物联网的发展和壮大。例如，在智能家居中，来自不同厂家的产品很难协同工作，大大提高了用户的使用成本，减弱了协同的效果。

随着设备数量的爆发式增长，传统的中心化机制限制了物联网的进一步发展，采用区块链这种分布式架构，并利用加密技术，是解决物联网痛点问题的可行方案。这主要运用在两方面：数据安全隐私保护和新商业模式探索。

1. 数据安全隐私保护

目前的物联网还有许多应用采用中心化的结构，大量的数据都汇总到物联网平台进行统一控制管理，平台一旦遇到安全攻击，信息就可能存在泄漏和被盗取的风险。

另外，运营商或平台也很有可能出于商业利益的考虑将用户的隐私数据出售给广告公司，或者自己直接用于商业目的，从而危害个人隐私。采用区块链技术可对物联网上的重要数据加密，处理过程如下。

（1）在数据发送前对其进行加密。

（2）在数据传输和授权的过程中，加入身份验证环节。

（3）涉及个人隐私数据的任何操作，都需要经过身份认证进行解密和确权。

（4）操作记录等信息记录到链上，同步到区块网络上。

如果有黑客发动攻击，则日志会记录在区块链上，很容易反向追踪找到攻击点。此外，目前的哈希算法不可解密，网上传输的重要监控数据也难以破解。通过以上操作，可以在一定程度上保护物联网数据的安全及隐私。

2. 新商业模式探索

早期的物联网仅仅是将设备连接在一起，完成数据采集和设备控制功能，这是物联网非常初级的应用。未来的物联网应是可以自主运行、以自组织方式维护的智能网络。可以用人类的大脑来类比物联网，现在的物联网终端就是一个个小的神经元，通过某种机制连接在一起后，形成了完整的、有智能的"大脑"。

这些物联网终端会依照预先设定的规则、逻辑进行自主协作，完成各种应用，从而产生新的商业模式。比如，通过智能合约控制家中的冰箱在食物不够时直接向附近超市下单进行采购；超市送货到家时，根据货物条码自动扫描确认订单和完成支付等操作。这些操作完全不需要人的干预，由智能家居物联网自动运行，效率大大提高。

采用区块链技术后，目前的物联网基础架构会发生改变。

4.1.2　区块链物联网架构

1. 传统物联网架构

与传统的计算机网络对比，物联网架构增加了一个处于最底部的感知层，这个感知层将获得更多的环境数据，如各种监控探头、传感器、微型雷达等的数据；基于感知层的传感技术和信息传递，可构建一个大面积覆盖设备的平台。传统物联网的基础架构一般分为感知层、网络层、平台层与应用层，如图 4-4 所示。

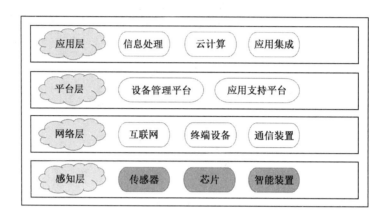

图 4-4   传统物联网的基础架构

感知层是物联网架构的基础，由各种传感器和传感器网关构成，主要功能是识别物体和采集信息。网络层由互联网、终端设备、通信装置构成，是物联网架构的前提，是信息传递的关键。平台层主要负责设备的管理与信息的整合，为应用层提供支持，由设备管理平台与应用支持平台构成。应用层是物联网与用户的接口，它与行业需求结合，实现智能应用。那么，区块链如何助力物联网的架构升级呢？

（1）分布式连接降低了数据传输成本。

分布式连接的特点使区块链可以形成一个具有庞大体量节点的 P2P 传输网络，节点的加入和退出由规则控制，不需要重新与中心服务器对接。物联网设备之间的通信也不需要通过中心节点中转，可以就近通信，点对点连接，节约了存储空间和传输流量费用。

（2）智能合约的调用降低了管理运营成本。

利用智能合约编程实现物联网信息传递、加工、处理的智能化操纵和交易，一方面节省了中心服务器的运维成本，另一方面实现了数以万计的终端设备的低成本互联。

例如，交管部门需要调用某个路口的监控数据时，只要确认电子身份，智能合约就在规则规定的范围内用加密方式发送数据，而不需要传统的审批确认流程。

（3）去中心化存储解决了信息安全问题。

区块链技术的应用使物联网实现了去中心化的运营，不存在掌握所有数据与用户信息的中心服务器，规避了信息泄露的风险。与此同时，通过非对称加密算法等安全加密技术可以最大限度地保护用户的隐私。例如，医疗机构需要某个病人的智能手表的健康监控数据，可以发送公钥给智能手表，智能手表用公钥将血压、脉搏等数据加密传送给医疗机构，医疗机构用私钥解密后获得明文数据，网络黑客就算截获了数据，也无法解密获得结果。

2. 区块链物联网架构

和传统物联网相比，区块链物联网将网络层和平台层分别升级成底层公有链和合约层。区块链物联网架构如图 4-5 所示。

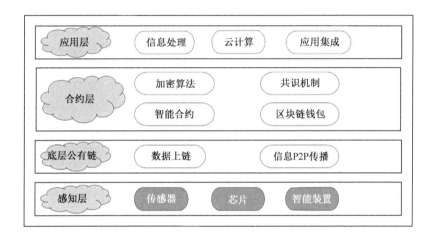

图 4-5　区块链物联网架构

底层公有链主要负责数据上链和数据 P2P 传播的任务。具体的实现方式，可以采用目前已经通过的公有链系统，如以太坊；也可以针对物联网的特性打造全新的公有链，代表产品就是 IOTA，它试图打造一个可以满足大量数据处理、高频实时通信的物联网平台，上线时间是 2016 年 7 月 11 日，目前运行良好。IOTA 的核心技术是其独特的分布式确认算法 Tangle。Tangle 基于有向无环图（DAG）设计了一种全新的分布式账本，可以解决交易效率和拓展性等的相关问题。DAG 原理图如图 4-6 所示。

合约层通过一系列智能合约实现系统的自动运行。和比特币这种公有链类似，合约层也包括加密算法、共识机制、智能合约与区块链钱包几个部分。物联网的设备众多，对信息共享的速度要求较高，不适合采用 PoW（工作证明）机制，DpoS（授权股权证明）机制应该是更好的选择。智能合约适合不同物联网设备之间的协作，如发行通证用于物联网内部结算。

感知层和应用层的功能与传统物联网类似，但是区块链技术的应用可以有效地降低信息共享的成本，建立不同设备之间的信任关系，优化业务流程，提高协同效率。

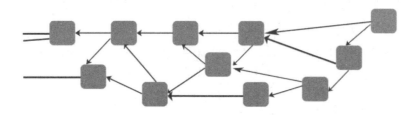

图 4-6　DAG 原理图

3. 区块链物联网标准框架

2017 年 3 月，中国联通联合众多公司和研究机构在 ITU-T SG20 构建了物联网区块链（BoT，Blockchain of Things）项目，定义了去中心化的可信物联网服务平台框架，区块链物联网标准框架如图 4-7 所示。

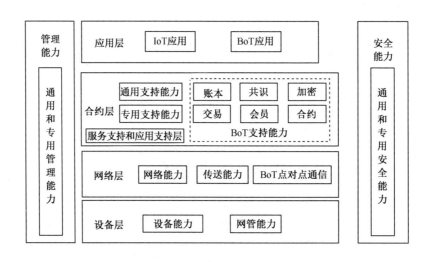

图 4-7　区块链物联网标准框架

这个框架与前面的区块链物联网架构相比，将应用层分为 IoT（物联网）应用和 BoT（物联链）应用两大类，进一步细化分类，有助于具体应用项目的开发。合约层分为通用支持能力和专用支持能力两大块，通用支持能力主要就是共识机制、加密算法、分布式账本这些区块链基础功能；专用支持能力与具体的需求应用相关，如智能合约、会员体制、数字交易等。

该框架最大的特点是以"能力"为核心，自上而下，通过 4 个层次的合作，打造区块链物联网的管理能力和安全能力，将区块链和物联网结合起来，应用到各种场景中，例如，在企业内部就可以构建可信物联网。

4.1.3 企业可信物联网

虽然智能家居等消费物联网得到了蓬勃的发展，但是目前物联网主要应用场景依然在工业领域中，其关键就是各种生产设备的互联互通，这需要构造企业可信物联网。

1. 区块链用于企业可信物联网

传统的信息化安全手段（加密和防火墙），对物联网系统的安全强化仍然有着重要的作用，传统企业物联网架构如图 4-8 所示。这个架构需要一个数据中心，各种设备通过 IoT 网关接入该中心，设备时间的通信与协作通过数据中心进行，具体业务中的分析、审计和控制功能也需要数据中心的支持，整个系统的可靠性完全依赖于数据中心的健壮性和效率。

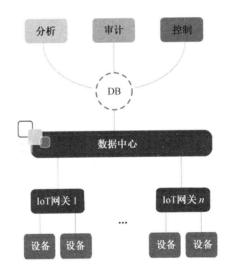

图 4-8 传统企业物联网架构

除效率外，还存在安全问题，这些加入物联网的设备来自各种微观业务环节，因此并不能保证每个设备的可靠性，如果其中出现了故障设备或恶意设备对数据中心发起攻击，就完全可能使整个网络瘫痪。

随着机器互联时代的到来，越来越多的设备需要灵活加入和退出网络，安全问题越发突出。物联网环境是类似的，无法保证网络中所有的设备都是可靠、可信的，所以有必要从根本上加强物联网系统的安全性，搭建企业可信物联网，具体包括以下内容。

（1）身份鉴权

利用区块链的转移特性实现物联网设备验证，这有助于避免非法节点接入物联网。

（2）可证可溯

物联网设备采集的数据一旦写入区块链，就很难被篡改，区块链的强时序数据记录机制为数据审计和数据溯源提供了极佳的解决方案。

（3）跨主体协作

区块链的分布式对等网络，为所有参与物联网应用的主体提供了一致的分布式共享账本，从而可打破数据孤岛，促进信息的横向流动和多方协作。

（4）机密信息保护

区块链上的所有数据都通过加密技术处理，只有得到授权的主体才可以访问相关数据。

（5）降低成本

区块链是分布式网络，无须中心服务器及为此配套的容灾系统，从而降低了数据中心的维护成本。

基于区块链的企业可信物联网架构如图4-9所示。

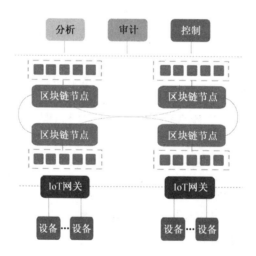

图4-9　基于区块链的企业可信物联网架构

2. 主要应用场景

企业可信区块链物联网可以让很多传统流程得以升级改造，主要场景如下。

（1）生产设备状态管理

通过物联网设备采集的数据，在可信区块链中存储，生产部门和物料部门可在第一时间获取到准确一致的设备状态信息，便于及时进行物料匹配和工作计划排期。

（2）设备全生命周期管理

区块链的链式结构可以将设备从最初上线到报废的全流程情况记录在案，技术部门可以根据这些生命周期数据分析设备健康情况，从而提前判断设备故障并制定设备维修计划。设备生产部门也可根据这些数据找到设备的缺点，为将来的升级设计打下基础。

（3）设备参数基线和 PLC 作业流程管理

设备管理中，基线参数管理是设备安全运行的重要基础。利用区块链将数量众多设备的基线参数存储起来，与物联网设备采集的参数进行比对，可帮助技术管理部门确定生产设备的安全状态。同时，基线参数和作业流程按照时序存储在区块链中，在出现意外情况时，可利用区块链系统实现快速数据审计。

（4）设备补丁管理

智能设备在运行一段时期后，往往需要打补丁，补丁本身的安全性和一致性是设备安全运行的重要基础。利用区块链的加密机制进行物联网设备补丁管理，可实现补丁的安全存储和可靠分发。

（5）业务财务一体化

区块链不仅可以为生产和技术部门提供数据支持，而且财务和资产采购部门也可加入区块链网络，通过对设备运行周期的分析，准确计算设备折旧，甚至安排采购计划等。基于区块链的企业可信物联网的运行流程如图 4-10 所示。

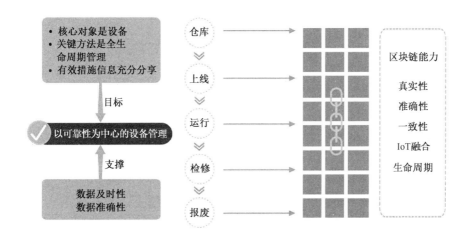

图 4-10　基于区块链的企业可信物联网的运行流程

在这样的结构中，将设备作为核心对象，进行全生命周期的管理，最关键的目标就是确保生产设备的可靠性。将设备从仓库到上线，再到运行，以及检修、报废的全流程数据均记录在区块链上，进行实时监控，从而确保了数据的真实性和一致性。

本节讨论了区块链改造物联网架构的话题，通过增加区块链层和合约层，给传统的物联网架构添加了链式结构数据，从而构造企业可信物联网，进行设备全生命周期管理，提升了全流程管理效果。

4.2 区块链物联网的应用场景

区块链与物联网结合的应用场景非常多，本节选择几个目前发展较好的领域进行分析，分别是通信、能源、民生和交通领域。

4.2.1 通信领域

1. 传感器数据溯源

传统的供应链运输需要经过多个主体，如发货人、承运人、货运代理、船运代理、货场、船运公司、陆运公司，还有做舱单抵押融资的银行等。基于区块链技术，对供应链上的各个主体部署区块链节点，通过实时和离线两种方式，将传感器收集的数据写入区块链，使其成为无法篡改的电子证据，可促进多方系统的互联互通，使得传感器数据溯源成为可能，如图 4-11 所示。

图 4-11 区块链传感器溯源

2. 无人机安全通信与群体智能

很多人已经熟悉无人机。实际上，随着无人机技术的发展，未来可能打造无人机的群体协作，如多架无人机联合勘探。多架无人机从不同角度拍摄照片，再将 5G 技术与区块链结合起来，可构建群体智能系统。

在图 4-12 所示的系统中，拍摄到的照片到底是杯子，还是人脸？可以将数据保存在区块链上，然后用智能合约协调各架无人机分别进行识别并投票表决，以少数服从多数的方式确定识别结果。此外，每架无人机都内置了硬件私钥，基于私钥可以构建无人机的电子证照，用于身份鉴权，用数字签名来保证通信安全交互。

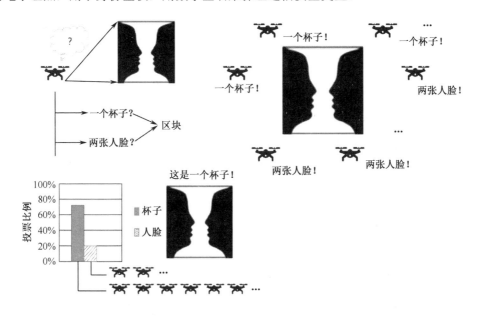

图 4-12　无人机安全通信与群体智能系统

4.2.2　能源领域

1. 基于智能电表的能源交易

未来随着分布式能源技术的发展，光伏发电、生物质发电、风力发电等将越来越成为能源供应的重要来源。在用电侧，除传统的工业和家庭外，电动汽车也正在成为电能消耗大户，同时也是重要的储能单位。传统的集中式电能传输和交易模式日益显出其局限性。通过区块链技术可以构建一个点对点、无中介的分布式能源交易平台。基于智能电表的能源交易如图 4-13 所示。

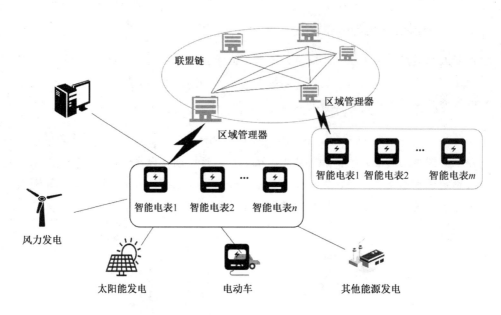

图 4-13   基于智能电表的能源交易

用户通过手机 App 在自家智能电表区块链节点上发布相应智能合约,基于合约规则,通过电网设备控制相应的链路连接,从而实现能源交易和能源供给。

不同的能源生产者通过联盟链注册后,都可以成为该联盟的供给者或消费者。具体的电量数据通过智能电表写入区块链,并利用智能合约完成能源生产者和消费者之间的交易。流程公开透明,自动结算,减少了纠纷的可能性。

2. 电动汽车充电

国内电动汽车的充电一直是一个大问题,充电站支付协议复杂、充电桩相对稀缺、充电费用计量不精准等行业"痛点"影响电动汽车的方便应用。基于区块链技术,可以将多家充电站的所属公司和拥有充电桩的个人构建联盟链。

需要充电时,用户从专门的 App 中找到附近可用的充电站,按照智能合约中的价格给充电站管理方付款,App 将与充电站的接口通信,后者执行电动汽车充电的指令,如图 4-14 所示。

4.2.3   民生领域

1. 智能家居物联网

在智能家居网络中,许多设备(如家用摄像机、智能照明灯、智能音箱等)容易被黑客劫持，从而被恶意软件控制，进行特定的非法操作，如偷偷录制视频，这将严重损害用户的权益。为了解决这类问题，可将区块链与智能家居网络结合，如图 4-15 所示，组成一个私有链。

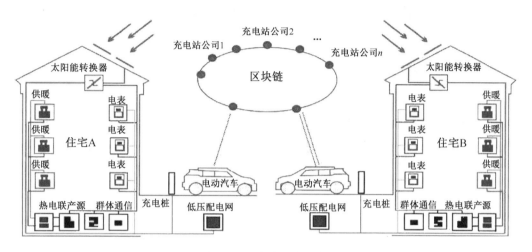

图 4-14　电动汽车充电

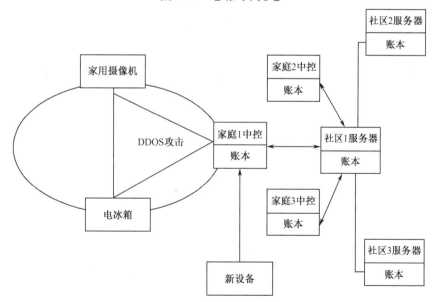

图 4-15　区块链与智能家居网络的结合

区块链在其中的应用及作用体现在以下几方面。

（1）在新设备初次接入时，进行证书验证，以保证设备的可信性。

（2）当发现有设备被劫持时，将设备被劫持的信息记入账本，执行智能合约，禁止被劫持的设备接入通信网络。

（3）排除被劫持设备安全隐患后，可通过私钥更新设备状态，恢复设备网络连接。此外，智能家居设备的数据，如认证信息、配置参数、交互日志等，可被加密存储于账本中，只有私钥持有者才可查看，这保障了数据的隐私性和安全性。

除智能家居的内部联网外，还可以以社区为单位构建联盟链，甚至多个社区构建更大范围的联盟链，实现老人、小孩的监护，防盗，防火等功能。

2. 环保物联网

环保是国家重点关注的民生问题，切实关系到每个人的身体健康。将环保监测设备联网，组建"环保物联网"，是环保监管向精细化、规范化发展的可行之路。基于利益冲突等原因，环保物联网的数据共享、安全性方面都有很多问题。为了解决这些问题，可将区块链与环保物联网相结合，组成联盟链，如图 4-16 所示，区块链在其中的应用及作用体现在以下方面。

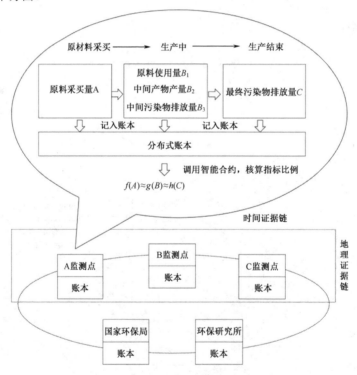

图 4-16　区块链与环保物联网结合的联盟链

（1）将生产过程中各流程数据存储为"时间证据链"，编写算法，实时核算各个环节的指标数据，验证数据的合理性。例如，记录制造型企业通过物联网设备采集到的原料供应量、实际使用量、中间产物产量、中间污染物排放量、最终污染物排放量，根据工厂使用的工艺，可以大致计算出这些指标值的比例，如果某个指标值异常，则这条链上的数据的真实性有待验证。

（2）将同一时刻各地区的数据存储为"空间证据链"，编写算法，实时核算各地区的指标数据，验证数据的合理性。例如，在 PM2.5 全面检测数据中，如果某个时点某地区周围的 PM2.5 值均较高，但是该地区的 PM2.5 数值很低，则该数据的真实性有待验证。

4.2.4　交通领域

交通领域中最重要的物联网就是车联网了。车联网被认为是物联网体系中最有产业潜力、市场需求最明确的领域之一，其面临的问题主要围绕以下两个方面。

（1）车辆的接入成本

车联网具有较强的外部性，如何降低车辆的接入成本，将直接关系到车联网的价值创造能力。

（2）数据的有效同步

在大规模的网络中，如何保证每辆车的数据都是完整同步的，是车联网面临的主要挑战之一。

为了解决以上问题，可将区块链与车联网结合，如图 4-17 所示，构成一个公有链。区块链在其中的应用及作用体现在以下两个方面。

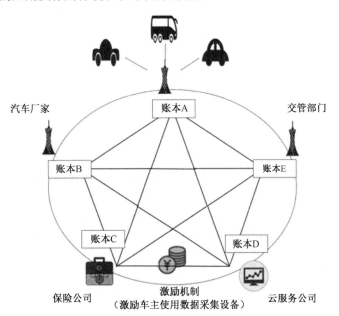

图 4-17　区块链与车联网的结合

（1）通过区块链的网络层在各基站间建立可信连接，车辆与就近基站通信。去中心化的架构可以有效降低新车辆的接入成本。

（2）通过区块链的网络层，在各基站间进行数据的传输，可保证各车辆状态数据的实时更新和完整性。

1. 智能车链数据平台

在车联网领域，有很多场景都非常适合区块链技术的数字化改造和创新运营模式的结合，具体有以下三个。

（1）解决车辆数据诚信问题。

利用区块链分布式存储不可篡改数据的特征，如以车辆识别号（VIN 码）作为唯一账号，接入区块链系统，违章信息、车辆故障、交通事故的现场信息将永久记录在区块链上，可以实现证据的固化，解决车辆数据诚信问题。

（2）记录车辆完整生命线。

区块链可接入汽修汽配、车辆管理、汽车制造商、汽车租赁、保险等节点，利用智能合约完成各种交易。智能合约能够实现交易的自动执行，提高了效率，也保证了安全性。

（3）保障数据信息安全。

车辆与车辆之间、车辆与人之间、车辆与服务商之间等，通过分享由区块链提供受保护的数据信息，从而提高驾驶的安全性和服务商管理的效率。

可以设计一个智能车链平台，通过"车联网+大数据+区块链"的模式，建立基于整个汽车行业的数据共享平台，通过 OBD 盒子等方式取得用户授权，形成多样化的汽车行业解决方案，如图 4-18 所示。

车主用户可以将有关自己汽车的数据（包括行驶数据、车况数据、消费数据等）分享，智能车链平台将这些数据处理后，保存在联盟链上。链上的其他节点，可以在智能合约的规则管理之下，访问自己需要的数据。例如，汽车生产厂家可以获得某个型号汽车行驶过程中的数据，从而可以开发出更好的产品；保险公司可以根据车况数据给车主提供定制化的保险产品；交管部门可以分析出哪些地段是事故容易发生的地方，然后有针对性地改善相关交通管理。

这样的智能车链平台还可以将社区管理和通证激励结合起来，让参与分享的车主和推广的会员从中获得收益，形成正反馈，促进平台的发展。

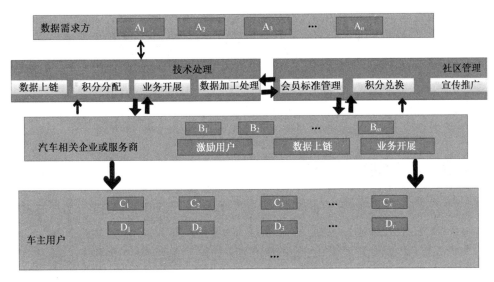

图 4-18 智能车链平台的主要构成

2. 电子车牌：打造智能交通平台

基于区块链技术，结合电子车牌，打造智能交通平台，将电子车牌作为汽车的唯一账号及标识，接入区块链系统；车主用户通过带有定制芯片的电子车牌，以及远距离扫描技术，实现车辆的各种日常扣费，使用手机 App 可以随时查询、缴费；同时，交管部门根据接入区块链的权限，查询及管理车辆的相应信息。

区块链技术可以简化缴费流程且保证费用清晰准确；通过多方整合缴费数据，可以发掘行驶习惯及发现城市特点和问题，有利于针对行使习惯优化城市规划。智能交通平台架构如图 4-19 所示。

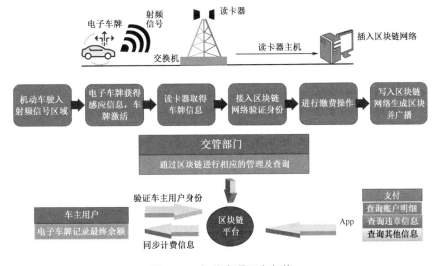

图 4-19 智能交通平台架构

本节介绍了区块链在物联网中的众多应用，包括通信领域、能源领域、民生领域和交通领域的几个案例。可以这么说，物联网这种节点数量巨大、需要灵活进出的系统特别适合应用区块链技术。除用于改造传统的通信和数据分享外，区块链和物联网结合，还能创造更多的商业模式，如新型共享经济。

4.3　新型共享经济

随着地球上的人口越来越多，资源压力日趋增大，但是同时又有大量资源处于闲置状态，如很多人的私家车一个月可能也使用不了几次，这是对资源的极大浪费。

将所有权和使用权分离，打造共享经济模式，是解决社会发展中资源约束问题的重要方法。共享经济可实现需求、供给和匹配机制的融合，实现长尾效应和规模效应，减少供给总量，推动可持续发展。目前的传统共享经济有以下问题。

（1）经济方面。

资源配置效率低下，浪费较严重。目前的共享模式，无论是共享单车、共享充电宝，还是共享雨伞等，资源的前期投入成本都过高。

（2）社会方面。

信用体系建设不健全，安全隐患较明显，近年来共享平台上人身安全及其他不良事件时有发生。

（3）企业方面。

企业管理能力有待加强，规模化加上共享应用场景范围宽广，很容易导致管理和运营上的困难。

（4）平台方面。

平台管理不规范，包括系统鲁棒性弱、数据泄露、安全隐患、缺乏透明机制等，信用体系建设有待完善。

其实，无论是资源配置效率、信用体系建设，还是资产安全保障、运营广度拓展等问题，其实本质都是缺乏技术支撑。共享经济、共享企业亟须以技术优势寻求产品和商业模式方面的创新和突破，这项技术就是区块链。

4.3.1　区块链改造共享经济

区块链具有去中心化、公开透明、可溯源、安全可靠等特性，且能解决信任问题，这与共享经济的理念非常契合，如图 4-20 所示。

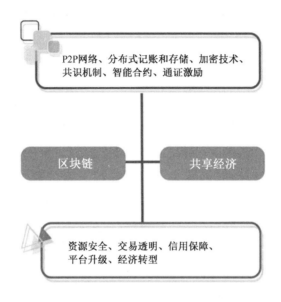

图 4-20　"区块链+共享经济"的结合

1. 资产上链确权

"区块链+共享经济"的核心是把所有权明确的、非标准化的闲置资源通过区块链的分布式账本、共识机制、通证系统及智能合约等技术进行确权并交易，从而实现资产的高效流通。资产的上链确权是基础，核心是资产定义、确权保证及流通转移。

2. 建立完善的区块链平台信任体系

共享经济一般发生在多方参与的复杂环境中，因供需双方互不相识，故非常依赖信任体系和共识机制。共享平台必须有一个强有力的信用机制，因此参与者的信用建设和行为数据的记录存证就成为了非常重要的因素。

数据上链会让平台的所有用户都成为平台资源的监督者，多节点共同验证和公开透明保证了共享平台资源的合格性，也就解决了交易双方的信任问题，充分提高了平台信息的可信度和平台本身的公信度，从而便于公众监督和审计。

3. "区块链+物联网"深入融合

区块链是一个分布式数据库，物联网通过为区块链提供数据基础设施来获取节点数据，区块链则为这些数据确权，解决物联网数据中心化严重、隐私保护难度较大、物联网数据协同较困难等问题。

"区块链+物联网"使得物联网产生的数据更加真实可靠，也让区块链的去中心化更加彻底。加上互联网和区块链技术，物联网终端设备之间将不再孤立，终端和终端之间可以实现资源交互，依托去中心化的区块链技术将闲置资源和数据共享，从而更好地实现资源本身的价值。

4. 通证激励共享行为

共享模式中人人共享、人人参与的前提是资产真实可靠、人人可信及人人可激励。基于区块链的通证系统驱动，共享生态的成员更愿意到平台上参与通证的发行、流通和交易；通证可以用来解决融资、打通上下游生态链、绑定利益相关者、解决人与人之间的信任问题。

例如，在某个共享经济体中，分享者获得的不是货币，而是各种通证，分享者可以用通证来支付其他的服务，这样可以大大减少平台的前期投入。

4.3.2　新型共享经济的架构

目前火热的共享单车只是共享经济的简单模式，以"分享使用权"为核心标志的共享经济，一定会在未来的经济生活中起着重要的作用。像共享单车一样，各种物联网设备都可以以共享经济的形式出现。图 4-21 所示就是这种共享经济形式的构架，其中的关键有两个，一个是智能合约运营，另一个是区块链网关。

图 4-21　区块链网关的共享经济架构

1. 智能合约运营

在目前的房屋租赁中，一般都会签订租赁合同，租期往往至少 1 年，那么，如果只租赁几天呢？类似地，临时租用车位呢？对于这样的行为，传统的签约方式效率很低。

智能合约可以很好地完成这类工作。资产拥有者通过发布某个共享物品的智能合约，约定使用条件和费率，符合条件的客户在智能合约上签约即可，然后绑定的数字货币账户自动将约定的租金通过智能合约转账到物品拥有者的账户上，智能合约释放共享物品的锁的控制权。

2. 区块链网关

共享经济体中各种物品的锁，如车锁、门锁、挂锁、地锁等，都通过区块链网关和智能合约连接。当获得智能合约的指令后，这些锁的控制权就转移给租用者，具体的租用时间、使用限制等都在智能合约中事先设定好。租用者可以通过多种方式开锁，如二维码、短信、NFC（近场无线通信）技术等。

由于区块链具有不可篡改的特性，所以一旦这些使用权通过智能合约释放，就不再需要工作人员的干预，大大降低了共享经济行业的管理成本和运维成本。

3. 新型共享经济的生态

针对共享经济业务特点，以平台型共享模式为基础，利用区块链技术特性，可以打造去中心化生态服务系统，其核心包括智能物联网数据服务系统、资产上链确权系统、信用系统、激励系统和业务协同系统等，如图 4-22 所示。

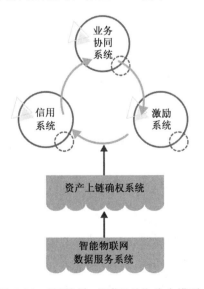

图 4-22　"区块链+共享经济"生态模型

其中，智能物联网数据服务系统和资产上链确权系统是生态资源的供给者，为生态注入能量；业务协同系统是生态资源的消耗者，通过业务协同支撑资源供需的有效匹配和协同消费。在共享经济中，协同消费被认为是共享经济发展的需求基础，它使用户的个性化消费需求通过共享平台形成集聚效应，促进资源的有效转移和流通。

信用系统和激励系统是生态可持续发展的重要机制，信用系统确保参与共享经济生态的节点是可信的，激励系统让参与者从中获得通证，然后用这些通证来购买共享服务，从而推动生态的整体稳定运行。

4.3.3 价值互联网

传统的互联网提供了信息的转移平台，新型共享经济提供的则是"使用权"的转移平台，从经济学角度看，其实就是"价值"的转移，因此区块链对共享经济模型的改变，就是将传统的互联网的信息流模式转变为区块链网络的价值流模式，这也造就了另一个名词"价值互联网"。新型共享经济其实就是"价值互联网"的一个典型应用场景，是一种弱中心化的商业模式。

1. 构建弱中心化商业模式

从前面的阐述可知，区块链不仅仅是一项技术，而且是一种全新的组织模式。

区块链的核心在于"链"，即把人类社会中的生产力（劳动者、生产工具、生产对象）有机地联系在一起，这种"联系"是基于机器规则的，而不是传统的基于人的管理，因此更加可信，效率也更高。

在物联网实现人、物和平台等万物互联的基础上，区块链将帮助成千上万的节点建立一种依托程序规则自动形成商业联系的生产关系，这是对传统中心化平台商业模式的颠覆。

比特币这种公有链采用完全去中心化的合作机制，目前还缺乏更大规模的应用，但是这种"弱中心化"的模式在实际应用中得到了很多关注，前文介绍的智能制造、数字金融，以及后文将要阐述的数字政务、教育、医疗等领域，都可以基于区块链技术构建弱中心化的商业模式。

目前在技术层面，物联网可以实现对等节点的去中心化的通信，但是各节点间的商业关系的建立仍依靠第三方平台实现，如各种资金的流通，依然需要商业银行、券商或第三方支付公司来支持，商业成本也因为中介佣金的存在而相应提高。

　　应用区块链技术后，基于通证经济模型，在物联网的内部完全可以利用通证进行资源的交换和分配，只有需要和外界进行交换的时候才会和传统的金融机构对接，因此，未来商业模式将可能构建一种"弱中心化"的模式——第三方服务商对整个平台生态的影响力下降，平台各参与方在整个平台生态中的主导能力将不断提升，演变为不同的微型综合服务商。

　　在这种"弱中心化"的商业模式中，关键的技术就是智能合约。商业规则条款可以用编程语言进行表达，形成软定义的规则，链上各参与方按照智能合约中的规则开展经济活动，所有争议的解决方法都写在智能合约中，因此不用担心合作方不守约，极大地减少了对现有司法体系的需求。

2. 从信息网络到价值网络

　　互联网技术实现了数据信息在全世界范围内的高效流通，而区块链实现了价值互联网的建立。物联网让资产的所属权、使用权、享有权和开发权分离，于是凝结在权利中的价值就相应分离了，这样构建的网络就是价值互联网。与传统互联网产品相比，区块链产品的特征有很大的不同，具体如图 4-23 所示。

项目	传统互联网产品（中心化）	区块链产品（去中心化）
业务模式	平台+产品（Platform+App）	公有链+应用（Chain+DApp）
融资模式	A/B/C/IPO	Token+ICO
估值模式	PE=p/e	MV=PQ
平台/协议层	中心化平台：一家独大	去中心化：分叉
应用层	流量思维：资源竞争	分布式思维：开放协同
数据	中心化存储	链上存储
组织形态	公司→巨头	社区→生态
用户体验	无须思考	无须信任他人
用户增长	强依赖于平台拉动	强依赖于社区共识
用户价值	ARPU（付费者）	Work-in Price-in（贡献者）
用户留存	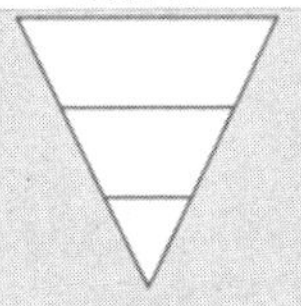 漏斗转化	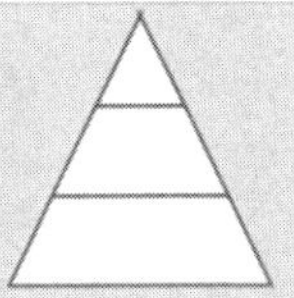 螺旋扩散

图 4-23　传统互联网产品与价值互联网产品的特征比较

从数据存储模式来看，传统互联网是中心化模式，数据巨头一家独大，赢家通吃。在区块链模式下，数据保存在链上，没有任何人可以修改链上数据，哪怕是超级巨头，也必须根据共识机制来运行。于是所有的节点，无论资金实力大小，都处于平等状态，就给了更多中小机构以新的机会。

从组织形态来看，传统互联网是以巨头为核心的，用户和上下游的供应链围绕巨头进行，互联网巨头享受超额垄断利润，链条上的中小玩家只能获得微薄的利润。在区块链模式下，用户和商家共同构成了合作的社区，游戏规则和利润分配模式都通过共识机制和智能合约进行，没有人可以利用自己的独特地位谋求超额利润。

从用户留存来看，传统互联网模式是漏斗状的，平台花费巨大的成本获得流量，如各种补贴，一旦后续资金缺乏，用户就会慢慢流失。区块链这种社区是螺旋扩散状的。例如，比特币社区的管理者从未在流量方面做大的投入，但是比特币的创新方案成为比特币的"自来水"，不断地推动社区的发展，影响更多的用户，是一种螺旋扩散的模式。

其根本原因就在于，传统互联网的用户是服务购买者，需要支付费用才能获得服务，一旦觉得服务的性价比不高，就会失去对平台的信任；而在区块链社区中，每个用户既是消费者，也是贡献者，贡献得越多，就可以获得越多利益，因此用户黏性就会高。

总而言之，价值互联网和区块链技术的结合，将创造出比传统互联网更强的规模效应、更复杂的应用生态和更高效的商业模式，这必将重构人类信息化社会。

本节介绍了利用区块链构建新型共享经济模式，在智能技术和物联网技术的支持下，可以让普通人的商品进入共享领域，降低了"所有权"的比例，提升了商品利用率，降低了人们对地球资源的依赖。在实现大规模的物品共享后，传统的信息交互的互联网模式也会升级到价值转移的价值互联网模式，这将给信息化社会带来一次重大升级。

第 5 章

区块链与供应链管理

5556 框架"五大现有领域"中的第四个领域是供应链管理，传统供应链中的可信问题、溯源问题、数据共享问题都是痛点。基于区块链技术打造供应链参与者作为节点的联盟链，可以大大提高供应链上下游之间的信任关系，并将真实数据上链后，提供给金融机构做数据分析，有助于给中小企业融资支持。

5.1 区块链解决供应链溯源问题

5.1.1 联盟链应用于供应链

《2016 年国务院政府工作报告》中，提及"重塑产业链、供应链、价值链"，国际产业竞争已经从单一的厂家升级到了供应链的竞争，传统供应链模式如图 5-1 所示。从供应链上下游来看，物流、信息流、资金流都存在难以解决的顽疾，究其本质可以归为以下 5 个方面的挑战。

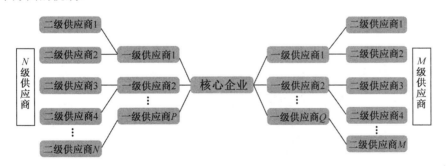

图 5-1 供应链传统模式

（1）供应链跨度较大，企业交互成本高。

企业的物流系统都是中心化的，为了实现物流供应链上下游企业之间的数据共享与流转，企业之间不得不通过接口对接，而整个供应链的信息流存在诸多信用交接环节，系统的对接工作十分繁重。

（2）供应链全网数据难以获取，存在数据孤岛。

供应链所涉企业的信息分散在不同的供应商处，企业之间的 ERP 系统并不互通，导致企业间信息割裂，全链条信息难以融会贯通，信息交互不畅，需要人工重复对账，增加了交易支付和账期的审计成本。

（3）商品的真实性无法完全保障。

商品，特别是食品和药品，无论是国家鼓励还是企业努力，都没能充分解决商品溯源防伪这个难题，无法保障商品供应链中的某一方能够提供绝对真实可靠的商品信息。

（4）小微企业融资难。

数据孤岛导致上游供应商与核心企业的间接贸易信息不能得到证明，而传统的供应链金融工具传递核心企业信用能力有限，供应链中的中小微企业很难令投资者或银行信服，无法获得贷款和融资服务。

（5）征信评级无标准。

社会物流生态中存在大量的信用主体，包括个人、企业、物流设备，这 3 种不同类型的主体构成了整个物流生态，而如何安全、有效地在三者之间构建高信任度的生产关系是目前诸多物流核心企业所面临的痛点。

在联盟链平台上，数据只在许可的节点之间共享，这既保证了安全性，也可充分分享必要的数据。用联盟链技术，可以从 3 个方面解决供应链的问题，分别是联盟内信息安全共享、电子存证验证和供应链金融 ABS，如图 5-2 所示。

图 5-2　区块链解决供应链问题

（1）联盟内信息安全共享。

利用区块链并不意味着要取代现有行之有效的供应链互动形式（如能够实现公认业务价值的 EDI），以及集成到企业应用系统的形式（如 ERP）。相反，当企业实施新的供应链技术，如利用物联网（IoT）技术改进物流过程监控时，可以使用区块链提供信息流的合成记录，从而提高数据安全性。

例如，某核心企业可以作为发起人，构建一个以供应链上下游厂家作为节点的联盟链系统，各企业根据业务需要将与之有关的信息上链分享，不用担心敏感信息泄露，也可以让链上的合作机构更加信任自己。

（2）电子存证验证。

产业供应链上涉及多方主体，每个环节的数据孤立存在于各自的系统中，导致取证、解决矛盾变得尤其艰难。区块链的特性让电子数据的生成、存储、传播和使用全流程可信，用户可以直接通过程序将操作行为全流程记录于区块链，如可在线提交电子合同、维权过程、服务流程明细等电子存证。

区块链电子运单、电子仓单、电子提单、电子合同等应用可以使存证验证的效率大幅度提高，此外还提供实名认证、电子签名、时间戳等技术支持，让每个参与者都成为链上的节点，构建信任体系。

（3）供应链金融 ABS。

供应链上的中小企业由于实力弱小、信用缺乏，往往很难获得银行等金融机构的资金支持，区块链的可信机制可以有效地解决这个问题。例如，在应收账款方面，传统的应收账款的合约往往存在违约风险，区块链技术使此过程更易于确权，如果利用智能合约，则可以确保合约的履行。区块链技术支持供应链金融大多以联盟链或私有链的形式进行，利用信息不可篡改性、一定程度的透明化，以及信用的分割流转为整个供应链金融体系赋能。

此外，作为打通供应链金融多方主体的工具，区块链推动了各主体间的协作，更有利于对底层资产穿透式的监管，同时可建立新的信用、资产评级体系，促进供应链金融 ABS 产品的发行。

5.1.2　区块链供应链溯源模式

供应链管理中一个重要的应用环节就是溯源，因为只有根据真实的信息才能做出正确的决策，才能保障最终的产品、服务质量。传统的溯源流程有很多问题，例如，机器激光打码并非每个制程都有，程序人为可改，打上的码也可以被擦除，这就为溯源造成了一定的困扰。

结合区块链技术，将每个产品的原物料供应商、整个加工工艺流程、品质信息、加工设备编号、制程负责人的信息全部上链，可使整个供应链上的各个单位都可以清楚明晰地了解生产的真实状况。

由于产品的全生命周期数据真实明晰，技术人员和维修人员可以迅速找到问题所在，然后进行改善和优化调整，在运行良好的情况下，基本可以防止不良品、残次品流转到下一制程。即便有不良品、残次品，后续制程也可以溯源到责任方进行快速有效的沟通，拿出解决方案或要求索赔。

此外，在联盟链上还可以将监管和消费者都纳入监督体系，保证了供应链流程透明，增强了消费者信心，降低了监管成本。图 5-3 所示就是区块链供应链溯源的基本流程。

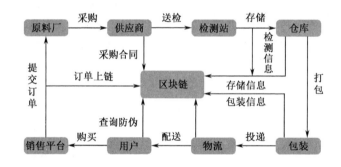

图 5-3   区块链供应链溯源的基本流程

具体来说，在实际应用中，需要用到供应链溯源的主要都是对质量非常敏感的领域，如食品和药品，目前国内在这两个领域已有一部分应用系统投入运行。

5.1.3   食品区块链溯源

传统的食品溯源系统架构如图 5-4 所示，从产地、加工、包装、运输到零售，数据都保存在云服务器上，这是一种串行的溯源系统。上下游的各个子系统必须互相连接，打通接口。这个过程将消耗较多的时间和精力，特别是众多串行系统在数据结构、通信标准等方面不完全兼容，因此还必须开发相应的共享模块。

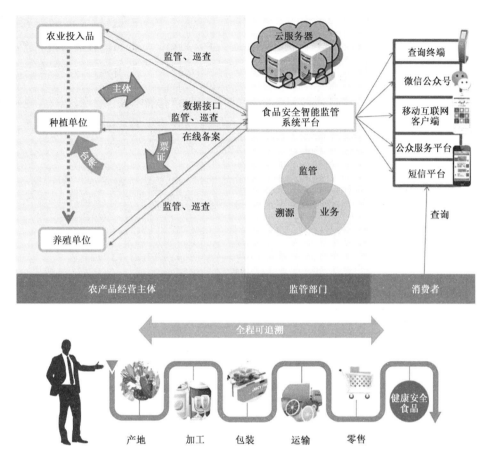

图 5-4 传统的食品溯源系统架构

此外，不同系统的互联互通还存在数据共享范围、访问权限等问题，以及不同企业之间的利益纠葛，这就使得传统的溯源流程达不到预期的效果。区块链技术应用于食品的溯源，可以打造更加可信、效率更高的区块链食品溯源平台。这里来看一个案例，中信信息的食品区块链管理系统，如图 5-5 所示。

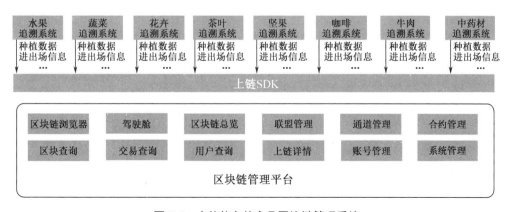

图 5-5 中信信息的食品区块链管理系统

该系统通过联盟链的方式连接产业链上下游企业（生产、流通、消费）、政府监管部门（商委、农牧、食药监）、第三方机构，加强了生态组织间的信息流转，实现了产业链资源整合。

该平台包括八种食品类产品追溯系统，主要针对云南省的水果、蔬菜、花卉、茶叶、坚果、咖啡、牛肉、中药材八种产品，通过物联网技术采集供应链数据，并将数据上链存证，全面实现溯源数据的可靠管理。

该平台是一个上链 SDK，将八大产业的数据通过标准接口上链管理，整个供应链上的各重要业务伙伴成为联盟链的节点，可以进行各种信息分享，包括交易查询、用户查询、上链情况、合约管理等。

5.1.4　药品区块链溯源

与食品相比，药品对供应链的要求更加严格。例如，疫苗产品产业链的管理要求就很严格。疫苗产品物流是集生产、储存、销售、运输配送为一体的系统工程，整个运输过程都需要保持低温环境，以防止疫苗产品失效甚至变质。疫苗产品只是医药流通体系内的一种特殊品类，此外还有中成药、血液生物制品等医用品，且药品的流通环节相当复杂，与普通日用消费品相比，需要更多的专业技能和管理技术。目前国内药品流通的经营模式如图 5-6 所示。

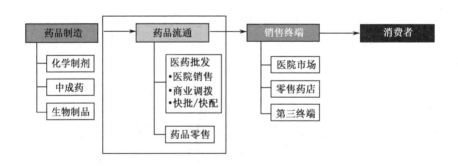

图 5-6　目前国内药品流通的经营模式

在传统医药行业中，大量的业务场景采用人工的方式，缺少全面的信息化管理，而且药品生产、流通、销售的数据散落在各个流通环节，缺乏统一的管控，这就形成了一个个数据孤岛，无法做到全流程数据溯源，导致对药品的监督管理不到位。

作为消费者，需要安全靠谱的药品和疫苗产品；作为生产企业，很难跟踪各个批次药品的去向和运营分析，且运营成本高昂；作为监管机构，缺乏从生产到流通，再到消费的全流程的完整数据，很难制定有针对性的管理办法，监管成本高昂。

顺丰公司利用区块链和物联网技术，打造了医药溯源平台和医药冷链运输系统"丰溯"，为疫苗产品提供全流程端到端的溯源应用。在生产环节，每瓶疫苗产品都赋有溯源标签（RFID、GS1 二维码）；在运输环节，有专门的温度、湿度监控体系，包括温控箱、传感器、冷链车；在存储环节，通过 WMS 平台对仓库内的作业管理进行监控和调度；到了疾控中心，有对接种数据的监控和预警，利用大数据分析技术对疫苗流向进行分析，对用量进行预测。

这个流程中每个环节的数据都实时上链，从而可以跟踪每瓶疫苗产品的出厂数据、仓储和运输数据、疾控中心的出入库和仓储数据、接种站的接种数据，构成立体的疫苗产品全流程质量监管数据。"丰溯"系统的架构如图 5-7 所示。

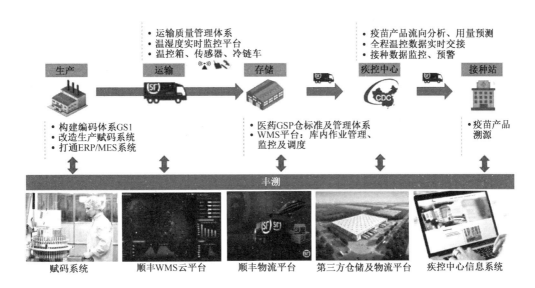

图 5-7　"丰溯"系统的架构

一般来说，为了让联盟链上不同成员之间能够相互查询数据，各成员需要将自己的数据公开存储在区块链上，然而联盟链上各成员的数据可能因存在敏感信息而并不希望这部分信息公开存储在区块链上。

针对联盟链上的数据隐私泄露问题，"丰溯"采用基于指纹的可验证的隐私保护方法，只将用户数据的指纹公开存储在区块链上。当用户申请查询数据时，查询过程和返回查询结果的过程均在链下进行。用户收到查询结果后，通过将返回数据的指纹与链上的数据指纹进行比对，可以确定查询结果的正确性。这种方法可以有效地保护用户的数据隐私，同时提供可靠的查询服务。

本节介绍了联盟链技术应用于解决供应链溯源问题，对于食品、药品这类对安全性要求较高的商品来说，将原材料、生产、物流、终端的各节点连接起来，构建联盟链平台，实现全流程的数据共享，从而实现精准溯源，有效地解决了信息安全和产品质量问题。

5.2　区块链提升物流效率

现阶段，我国物流行业整体运行效率有较大提升空间。随着新零售、移动互联网时代的到来，消费者需求从单一化、标准化向差异化、个性化转变。

5.2.1　区块链对物流的优化

区块链+物联网的技术结合为物流行业创造了新的模式，一方面通过区块链登记参与方节点数据来保障数据的真实性，另一方面利用智能合约对操作节点进行把控。

区块链使整个业务的过程清晰透明，从而达到智能高效、真实可靠的仓库控货目的。图5-8所示是区块链优化物流的案例。

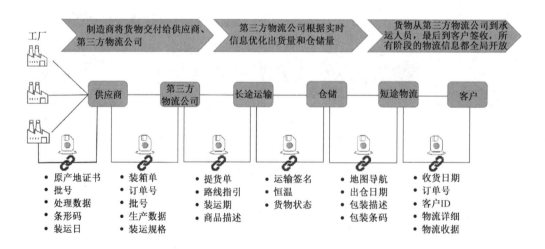

图5-8　区块链优化物流的案例

从最初的供应商开始，将原产地证书、批号等数据，以及装箱单、生产数据、装运规格数据等写入区块链；然后第三方物流公司将提货单、路线指引等也写入区块链；在运输过程中，相应的货物状态、地图导航、包装描述等也会在区块链节点上登记；最后商品到达客户手中时，"最后 1 千米"的短途物流业会将收货日期、物流数据等上链。这样，全程数据都呈现在公开透明的联盟链区块上，所有节点都可以根据权限访问，从而整个流程安全可控。

在传统的物流链条中，供应商、第三方物流、运输、仓储等环节往往由多个公司承担，这些公司之间的合作往往都需要通过纸质的合同来确认彼此的权利和义务，涉及资金的环节还需要财务和法务人员的参与。这些环节中的很多流程都是固定合作模式，完全可以采用智能合约来提升效率，即各个环节的合作模式通过智能合约确定，并将信息系统和智能合约对接，让其调控运作细节。

例如，当供应商下单后，智能合约通过数据接口自动给运输公司发布指令；运输公司到达仓库后，智能合约启动仓库的管理系统，自动卸货和上架。整个链条由传统的人工管理和确认模式变为智能合约模式，可以大大减少因人的干预而出错的概率，从而提升效率。

在物流行业中，有一个容易出错的地方就是快递环节。很多快递公司是采用加盟的方式运行的，为了防止派件员出错或有意损害物品，可以采用加密机制来保证数据安全。例如，从寄件人开始，在收件员、始发站、终点站等流程节点上，用公钥对数据加密，对寄送情况进行全程追踪，实现责任到人，如图 5-9 所示。

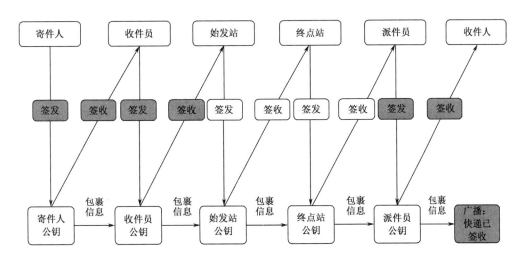

图 5-9　区块链上的快递物流追踪

在整个物流链条上，仓库环节是一个难点，因为很多具体的操作在仓库中进行，如上托、下托、进库、出库等，形成仓库系统。在这个领域，区块链可以对传统的仓库系统进行改造，以提升效率和安全性。

5.2.2   区块链升级仓库系统

区块链和仓库系统的结合，就是通过区块链登记参与方关键节点数据，达到仓库安全智能控货的目的，保障数据的真实性。

传统的仓库系统包括货物上托、成品库入库及出库，在途运输、前置仓入库和出库、开箱提货等功能，如图 5-10 所示。

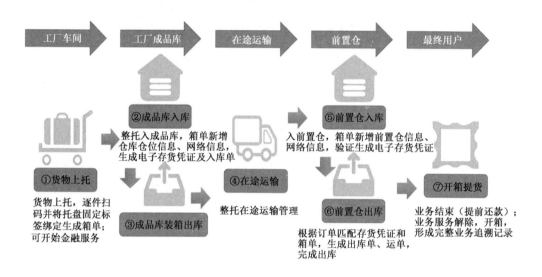

图 5-10　传统的仓库系统

区块链在仓库系统中，可以和 RFID、雷达、电子围栏、视频监控等多种技术结合起来，对仓库操作流程进行合理规划，对风险进行实时分析预警，将关键节点业务上链。

区块链登记关键操作节点信息，参与方可通过区块链进行操作过程溯源；采用物联网手段加上区块链特性，叠加大数据分析控制，可增强仓库内货物的金融属性；采用智能合约可提升仓库操作自动化程度，通过后台智能数据分析，对货物是否需要控制及如何控制给出指令。

由于物流涉及众多环节，流程中会存在节点不可信或恶意节点等风险，基于"物联网+区块链"的黄金组合方式，能更好地将信息流、资金流、商流、物流进行整合分析，相对传统的仓库系统具有明显优势，特别适用于参与方众多、流程复杂的控货场景。

与传统的仓库系统相比，区块链的分布式架构让各方在弱信任状态下依然能进行交易，降低了信用建设成本；可以更容易地连接各参与方，在降低系统建设改造成本的同时还可以提高效率。区块链物流风控核心逻辑如图 5-11 所示。

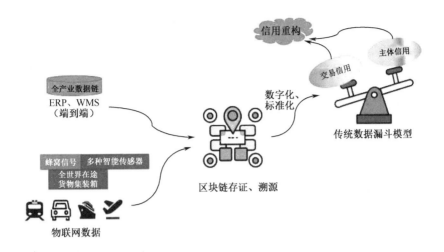

图 5-11　区块链物流风控核心逻辑

在整个物流系统中，涉及众多资产，如运力值、货品等，且整个物流过程时间较长，从业者众多，可以构建一个物流金融链来提供金融服务支持。

5.2.3　物流金融链

对于物流供应链上的中小企业来说，运力值就是一种资产，和传统的土地、房产一样，都可以产生现金流。从金融学基础理论可以知道，任何在未来可以产生现金流的资产，都可以经过确权后进行资产证券化。但是运力值这样的资产在传统金融系统内无法得到认可，利用区块链技术，可以将其金融化，从而让中小企业更容易获得资金支持，这就是物流金融链的概念。

物流金融链通过 KYC 机制，为链上用户确认唯一数字身份并分配 CA 证书。物流金融链可保证贸易背景数据真实有效、链上数据不可篡改及业务数据可追溯。

在物流金融链中，运力值可以锚定确权后的应收账款，并由平台方提供担保。在应收账款账期内，运力值可以在参与者之间进行流转、交易及清/结算。在基于运力值的物流金融活动中，资金方和平台方根据链上数据可进行信用评级和联合授信，具体操作流程如图 5-12 所示。

物流金融链将核心企业应收账款转化为运力值，从而将原先分散的应收账款及时转化为有效的数据价值凭证，中小微物流企业据此可以快速获得金融机构融资。借助运力值，运力主体可以享受包括运力贷、运力消费、加油贷、贷款买车等在内的众多高效、灵活的金融服务。

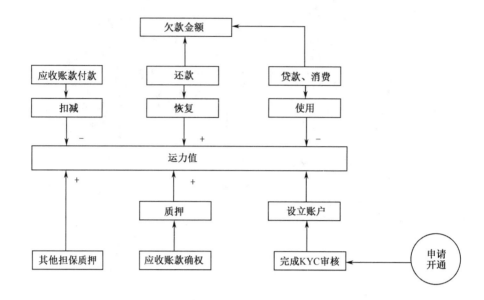

图 5-12   金融物流链操作流程

物流金融链首次实现了"链权"在物流金融领域的应用，参与者可以通过资金、技术、资源及激励等方式投入获取并持有链权，链权在参与者之间可以进行交易和流转。

对于金融机构，物流金融链可以扩大贷款规模，在提升贷款效率的同时降低风险；对于贸易企业，基于物流金融链，可解决基础贸易真实性证据链的问题，使之享受更便捷的金融服务；对于物流企业，物流金融链有助于解决融资难、融资成本高的问题。

物流金融链的模式将物流行业相关的消费场景、服务商户引入链上，共同打造以可信区块链技术为根基的数字资产化平台，可切实解决中小微物流企业的众多经营问题。

本节介绍了区块链技术在优化物流、仓储系统、物流金融链等方面的应用。区块链可以打造可信的、高效的联盟链系统，大大提升传统物流系统的效率，不但可降低成本，还可以将运力值作为一种数字资产，在上链确权后进行金融化，从而让中小企业获得融资支持。除物流金融链外，在整个供应链体系中，还有一个重要的方面就是供应链金融，那么，区块链在供应链金融领域可以发挥什么样的作用呢？

5.3   区块链提升供应链金融服务

近年来，随着社会化生产方式的不断深入，市场竞争已经从客户之间的竞争转变为供应链与供应链之间的竞争。维护所在供应链的生存，提高供应链资金运作的效率，降低供应链整体的管理成本，成了大家共同追求的目标。在这样的背景下，供应链金融应运而生。

5.3.1　供应链金融

在一般供应链中，原材料的采购、加工、销售等环节都涉及各企业的资金支出和收入，而支出和收入的发生存在时间差，于是形成了资金缺口。供应链金融通过运用金融产品实现多样化的融资，将供应链运作环节中流动性差的资产及资产所产生的未来现金流作为还款来源，借助核心企业的信用优势提供全面的金融服务。供应链金融架构如图 5-13 所示。

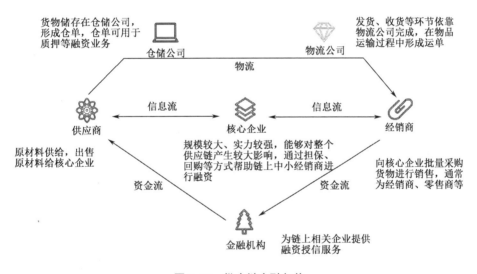

图 5-13　供应链金融架构

供应链金融的 3 种传统表现形态为应收账款融资、库存融资及预付款融资，如图 5-14 所示。目前，国内商业银行是供应链金融业务的主要参与者，对整个供应链提供金融支持，大幅度缩短现金流量周期并降低企业运营成本。但供应链金融是一把"双刃剑"，在提高供应链运营效率的同时会使其经营产生一定的风险，其中一个很重要的方面就是供应链上各中小企业的信用问题。

5.3.2　供应链金融的区块链解决方案

目前，供应链金融在国内飞速发展，但是传统的供应链金融模式存在很多的问题，主要有以下几个。

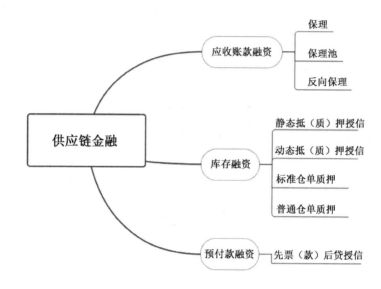

图 5-14   供应链金融主要融资模式

（1）信用难以传递，中小企业依然融资难、融资贵。供应链金融的重要作用是依托核心企业的信用，服务上下游中小企业。在多级供应商模式中，一级供应商之后的其他供应商难以获得核心企业的信用支持，导致此类中小企业仅靠自身的信用难以融资。

（2）贸易背景真实性审核难度大。虽然供应链金融基于核心企业的信用，但为了核实贸易背景的真实性，金融机构仍会投入大量的人力、物力，多维度验证上述信息的真伪，降低了供应链金融的业务效率。

（3）供应链平台数据的有效性问题。为了确保原始交易记录的全生命周期可追溯，需保证原始交易数据未被篡改。平台为提高数据的权威性，通常需要借助公证处这类第三方机构进行见证，这必然会增加交易成本、降低效率。

利用区块链技术，可以在很大程度上解决供应链金融的以上问题，如图 5-15 所示。

首先，区块链可构建"技术信任"。联盟链技术将供应链上的合同、单据、发票等多种信息分享给具有权限的企业，利用分布式网络将核心企业及其上下游企业、金融机构等连在一起，解决了供应链金融信息无法传递、数据无法存证鉴权、问题。

其次，区块链可解决票据难以分割、流转的问题。中小微企业之所以出现融资难、融资贵的问题，重要的原因之一就是上游供应商及核心企业之间的合同和债权难以拆分，供应商没有得到应收账款凭据且自身又缺少可用于抵押融资的资产，导致来自核心企业的信任无法沿供应链传递到末端。

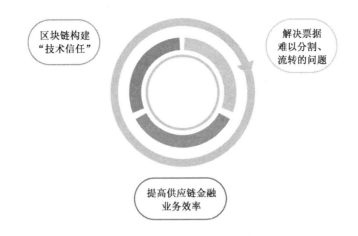

图 5-15 区块链解决供应链金融中的问题

区块链的引入可以让核心企业产生的债权凭据在区块链上按不同的应收账款额度灵活拆分，任何拆分行为都会通过有效的共识全网广播后记录在链上且不可篡改，银行可以完全信任链上业务数据。

最后，区块链可提高供应链金融业务效率。供应链金融的线下审核机制严格、流程复杂，且手续费昂贵。可以将联盟链看作"跨企业的业务协同办公系统"，它采用智能合约，将流程中大量的手工环节替换成机器模式，改变了传统业务中线上申请、线下审批的烦琐流程，可以以较高的效率处理业务。

在整个供应链金融系统中，不仅包括核心企业及其供应商，还包括经销商、银行、保理公司、券商、担保机构和鉴定机构等金融、背书、鉴定机构。将这些机构作为联盟链的节点，供应链金融所形成的订单、合同、发票、税票、仓单及债券都能够通过区块链账本进行共享、存储，有权限的企业、机构能够查阅并办理相关数据及业务。"区块链+供应链金融"架构如图 5-16 所示。

链上数据可以被联盟链内的节点根据某个约定的机制分享，不用担心敏感数据外泄。有了这些可信数据后，可以实现供应链金融的主要服务，包括单据保全和交易溯源、债务确权和资产保存、业务流转和资金锁定。

5.3.3　区块链在供应链金融场景中的应用

将区块链应用到供应链金融，有众多场景，这里选择几个有代表性的进行介绍。

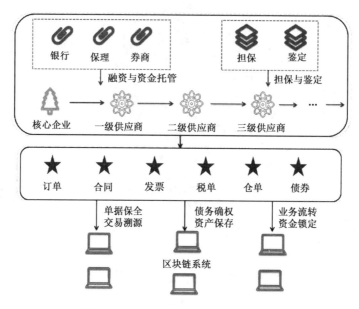

图 5-16   "区块链+供应链金融"架构

1. 信用协作

供应链上企业之间的贸易信息、授信融资信息，以及贸易过程中涉及的仓储、物流信息均登记在区块链上，信息不可篡改。跨机构信息通过区块链的共识机制和分布式账本保持同步，消除了数据孤岛。

金融机构的授信信息、买家/卖家的贸易信息、仓储机构的仓储信息、物流企业的物流信息都共享在链上。这些数据可以作为信用分析的基础，通过大数据模型确定供应链上企业的信用等级，增强企业间的信用协作。区块链应用于信用协作的业务架构如图 5-17 所示。

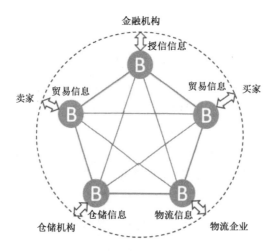

图 5-17   区块链应用于信用协作的业务架构

2. 提高效率

传统的供应链流程都是由人工处理的，采用智能合约后，可以将大部分的流程放在链上进行，减少人工的参与，既可以降低成本，也避免了人为的错误和争议。例如，在图 5-18 中，从卖家确认订单开始，到仓储机构确认出库、物流企业确认发货、买家确认收货、金融机构确认融资，全程都在链上控制，过程透明，不可篡改，提高了上下游的信任度，提高了效率。

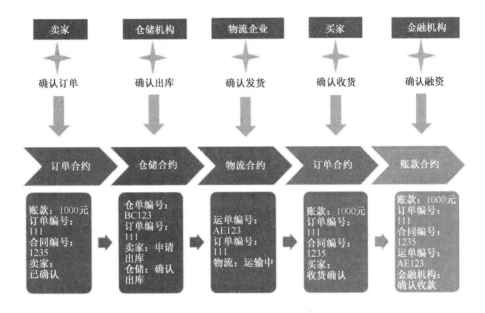

图 5-18　智能合约提升效率

此外，将资金的流转也写入智能合约中，可以有效地避免供应链上下游的欠账还款问题，只要货物到达，智能合约会自动流转相应的资金，避免了各种"老赖"的诞生。

3. 合同签约

在传统的模式中，上下游企业的合作都是通过纸质合同的方式进行的，采用电子合同会存在篡改问题。构建了联盟链平台后，供应链中的上下游企业通过节点认证后参与到联盟链中进行公示和业务交易。

在合同签订过程中，上下游企业通过节点应用程序上传合同原件（如采购合同）或在线签署电子合同，经双方认定无误后进行电子签名认证，合同即生效，同时将合同进行广播，得到全网共识后写到区块链上，提高了合同签订的效率，并利用区块链技术进行了合同存证。基于区块链的供应链金融合同签订流程如图 5-19 所示。

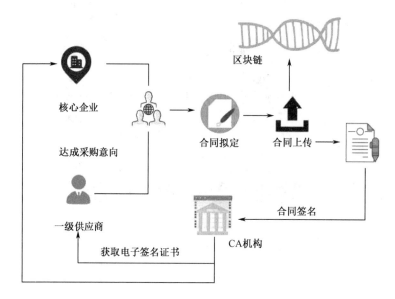

图 5-19　基于区块链的供应链金融合同签订流程

4. 企业融资

在传统的供应链金融中，基于债券的金融产品无法拆分，流动性不足，资金成本高昂。区块链技术可以通过私钥确权，这样企业融资就不一定非要以法人为基本单位，而可以细化到具体的部门，甚至个人。

例如，某个生产厂家以部门名义在区块链上确权，将部门订单的应收账款作为债务凭据，以发行通证的方式进行融资。资金方在链上可以看到该部门的订单实际数据和资金流水，自然就增加了对它的信任，也就敢于提供资金支持。而且，区块链技术可以让债务进行更加细粒度的拆分。例如，某资金方由于临时需要周转，可以将申购的债务凭据在区块链上拆分转让给其他资金提供者。

区块链建立了基于技术的信任体系，联盟链中的金融机构可以通过区块链中的数据进行合理可控的信贷业务，解决了中小微企业信任度低、融资难、融资贵的问题。基于区块链的供应链金融融资流程如图 5-20 所示。

5.3.4　解决方案：SmartChain

SmartChain 是由笔者团队开发的，专门用于中小企业供应链金融服务的区块链平台，是一个基于 Fabric 联盟链的解决方案。

SmartChain 的参与方涵盖了供应链金融链条上的主要业务节点，包括核心企业（供应链中占据主导的企业、龙头企业）、核心企业上游供应商、核心企业下游经销商、资金方（保理公司、商业银行）、平台运营方、外部投资基金、律所（负责合规性评审和智能合约开发）、审计事务所，其应用架构如图 5-21 所示。

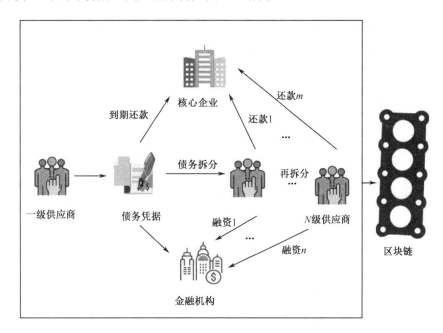

图 5-20　基于区块链的供应链金融融资流程

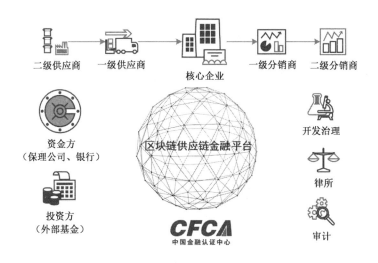

图 5-21　SmartChain 应用架构

　　所有的参与方通过一个统一的区块链供应链金融平台连接起来，区块链技术保证了上链数据的安全性和可信共享，参与节点可以根据这些数据来挖掘自己的业务需求和进行合作。

SmartChain 基于 Hyperledger Fabric 联盟链 1.0 技术开发，其中的共识服务从 Peer 节点中分离，这样比传统的 PoW 机制具有更高的效率，因此实际应用中可以达到较高的 TPS，目前每秒可以支持 1000~2000 次交易。

企业的 ERP 数据存在结构复杂、接口不统一的情况，SmartChain 可以做到支持 ERP 数据上链存证，同时支持多通道技术，可灵活支持多家核心企业生态，其技术架构如图 5-22 所示。

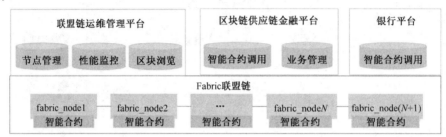

图 5-22   SmartChain 技术架构

SmartChain 支持多种票据机制，支持票据流转和票据的灵活拆分。此外，根据业务需求，还可以开发智能合约来支持数字资产流转规则、票据转让规则、票据计息规则和票据贴现规则。

本节介绍了区块链如何应用于供应链金融。区块链可有效提升小微企业的信用，智能合约可以实现自动化签约，提高供应链金融服务的效率。可以说，区块链在供应链金融中有着天然的重要作用，未来的发展空间巨大。

第 6 章

区块链与数字资产交易

5556 框架中的第五个领域是数字资产交易,本章介绍区块链如何应用于数字资产交易。采用区块链进行资产确权,是一种比传统的使用有价证券更高效的方式。采用 UXTO 机制的原子交易模式,可以将资金和资产的流转同步进行,具有"钱货两讫"的效果。基于区块链的通证化资产的投资和分析也需要理论上的价值分析、定价模型和资产配置方法。未来随着更多数字资产的发行,分析与投资及资产配置也会成为重要的研究方向。

6.1 数字资产和资产数字化

股份制是人类进入工业革命后的一种重要组织模式,可以将传统小农经济中的小范围合作模式变为大规模的协作关系,基于股份制的各种资产权益证明是现代金融体系的基石。随着区块链技术的发展,未来更多权益证明可以在区块链上进行,从而将传统的有价证券升级为通证资产,这就是资产数字化。

6.1.1 现代金融的核心——有价证券

有限责任公司的发明,让人类社会出现了与以往完全不一样的组织,叫作"法人"。法人和自然人类似,也有各种权利,如所有权、收益权、使用权等。股票就是这种权益的一种票据证明,可以看作是一种以所有权为核心的多重权利的组合体,可以通过金融市场来交换。股票是一种重要的有价证券。

有价证券是指标有票面金额,证明持有人有权取得收入,并可自由转让和买卖的所有权或债权凭证。有价证券按证券发行主体,可分为政府证券、金融证券、公司证券;按是否在证券交易所挂牌交易,可分为上市证券与非上市证券;按募集方式,可分为公募证券和私募证券；按证券的经济性质分类，可分为债券、股票、票据、提单、仓单，如图 6-1 所示。

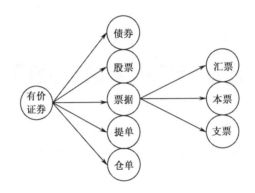

图 6-1   有价证券的分类

票据、提单、仓单属于与实体经济有关的有价证券，代表的是各种商品；股票和债券是资本市场的有价证券，代表的是各种权益。例如，持有债券，就有权在到期日收回本金，并且获得利息；持有股票，就有权参加股东大会、投票表决重要事项、获得分红等。一般来说，有价证券有四大特征，分别是收益性、流动性、风险性和期限性，如图 6-2 所示。

图 6-2   有价证券的四大特征

（1）收益性

收益性是指持有有价证券本身可以获得一定的收益，这是投资者转让资本所有权或使用权的回报。有价证券代表的是对一定数额的某种特定资产的所有权或债权，投资者持有有价证券也就同时拥有取得这部分资产增值收益的权利，因而有价证券本身具有收益性。

（2）流动性

流动性是指有价证券变现的难易程度。流动性好的有价证券必须满足 3 个条件：容易变现、变现的交易成本低、本金保持相对稳定。流动性可通过到期兑付、承兑、贴现、转让等方式实现。

（3）风险性

风险性是指实际收益与预期收益的背离，或者说是有价证券收益的不确定性。从整体上说，有价证券的风险与其收益成正比。在通常情况下，风险越大的有价证券，投资者要求的预期收益越高；风险越小的有价证券，投资者要求的预期收益越低。

（4）期限性

期限性就是到了约定的时间后，有价证券持有者有权利获得相应的收益，具体的期限在发行初期明确约定。例如，债券一般有明确的还本付息期限，以满足不同筹资者和投资者对融资期限及相关收益率的需求。债券的期限具有法律约束力，是对融资双方权益的保护。股票没有期限，可以视为无期证券，不存在到底兑付机制，但是可以通过股票市场进行转让，从这个角度来说，股票的期限性更加灵活。

有价证券的流通离不开证券交易，到目前为止，主要的证券市场有票据市场、债券市场、股票市场、期货市场、外汇市场，其中与普通投资者关系最大的是债券市场和股票市场。

（1）债券市场

我国债券市场主要分为银行间市场和交易所市场两大类，不同的债券品种分别由财政部、国家发改委、人民银行、银保监会、证监会等多个部门监管。例如，国债由财政部发行，主要在银行间债券市场交易；公司债由公司自主发行，在交易所市场交易。目前，中国 95% 以上的债券交易都在银行间进行。

（2）股票市场

股票交易所是专门经营股票交易的场所，目前国内有两大股票交易所，分别是上海证券交易所和深圳证券交易所。当然，这两个交易所除买卖股票外，还可以交易少量的债券和基金。

进入交易的股票必须是在证券交易所登记并获准上市的股票，股票市场的直接主管机构是证监会，其他的很多部委也在股票市场拥有一定的管理权限。参与股票的交易者必须在证券公司开户，在证券交易所交易，在中登公司结算。

以上是传统的证券体系，随着区块链技术的发展，产生了另一种资本市场模式，就是数字资产，或者叫作通证资产。

6.1.2 区块链与数字资产

为了让读者更容易理解数字资产的概念，我们先来回顾一下区块链发展的几个阶段。区块链技术从 2008 年比特币诞生为起点，一般认为可以分为 3 个阶段，分别是区块链 1.0 的数字货币、区块链 2.0 的智能合约和区块链 3.0 的"区块链+"，如图 6-3 所示。

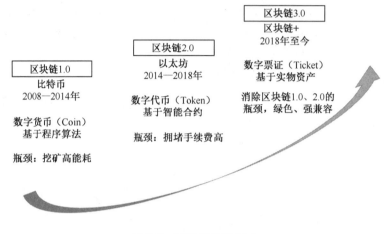

图 6-3 区块链发展历史

（1）区块链 1.0：数字货币（2008—2014 年）

区块链 1.0 的特征是以比特币为代表的数字货币。区块链是比特币的底层技术和基础架构，而比特币是区块链的成功应用。区块链 1.0 更多地起到分布式记账的作用，除比特币外，还有瑞波币、比特币现金、莱特币、狗狗币等。该阶段的发展并不完美，有很多问题需要解决，如扩容、闪电支付、硬分叉等。

区块链 1.0 架构主要围绕支持虚拟货币的实现，虽然它有一定的灵活性，但用来支撑虚拟货币以外的应用场景时显得非常局限，很多基于区块链原理做的数字货币并没有像比特币那样得到广大用户的认可，在市场的发展中慢慢消亡。

（2）区块链 2.0：智能合约（2014—2018 年）

区块链 2.0 的核心理念是把区块链作为一个可编程的分布式信用基础设施，支撑智能合约应用，把区块链的应用范围扩展到支撑一个去中心化的市场，交易内容可以包括房产的契约、权益及债务凭证、知识产权，甚至汽车、艺术品等。

区块链 2.0 的"撒手锏"是智能合约，即区块链系统中自动执行的合同程序，具备了智能合约的区块链 2.0 才真正做到了去信任中介，不需要第三方作担保。

区块链 2.0 的代表是以太坊，可以将以太坊理解为一个分布式计算平台，不仅可以记账，还可以运行程序。以太坊这样的系统被称为公有链，也就是公众的区块链，任何人注册后都可以利用以太坊平台构建自己的智能合约。

以太坊提供了一套完备的脚本语言，在以太坊上发行自己的数字货币是智能合约的一个典型应用，也是目前最广泛的应用。以太坊的出现让发行数字货币的成本大大降低，这也是空气币、传销币盛行的技术原因。

（3）区块链 3.0："区块链+"（2018 年至今）

从 2018 年开始，区块链产业进入 3.0 时代，区块链技术被广泛应用于赋能实体经济。简单来说，区块链 3.0 技术就是基于"数字权益账本"的技术集合。它以高速并行的分布式智能网络计算技术为基础，通过构建安全、高效、可扩展的技术生态体系，实现各种资产权益在"真实世界"与"数字世界"两个平行时空之间的映射和转移，并推动全球数字经济的跨越式发展。

区块链 3.0 的代表是 EOS，这是由 Block.one 公司主导开发的高性能区块链底层操作系统。除性能优于以太坊外，EOS 网络在可扩展性方面更胜一筹。这就意味着，可以在 EOS 网络上开发功能更多的小程序。

比特币、以太坊和 EOS 都是区块链公有链，简单来说，类似操作系统。如果拿手机来类比，比特币就是"大哥大"，只有打电话这个基本功能，底层的操作系统也只能完成简单的通信服务；以太坊就是诺基亚功能机，除电话功能外，还有短信、彩信和一些图文小游戏，底层的操作系统采用的是数字通信技术；EOS 就是 iPhone 这样的智能手机，增加了电子邮件、办公等商业用途，底层是 iOS 这种功能强大的全服务操作系统。

由于涉及国家对区块链的监管问题，公有链一直没有得到更加广泛的应用。但是公有链这种可以发行数字货币的模式，在实际应用中具有广泛的需求，可以期待未来国家牵头建设国家级的基础公有链，然后制定监管标准，让实体企业可以将传统资产在链上发行和交易，这就是资产数字化。

6.1.3　通证与资产数字化

不管是区块链 2.0 的以太坊还是区块链 3.0 的 EOS，一个重要功能就是基于它们可以发行自己的 Token，也叫通证。如图 6-4 所示，传统的存量资产，如房产、林产、地方债等，都是一种权益证明，可以在区块链网络上发行，然后进入数字资产网络流通。此外，还可以发行传统金融领域中无法确权的资产，如商家的积分、商品提货单（如大闸蟹券）、慈善公益的劳动时间等。

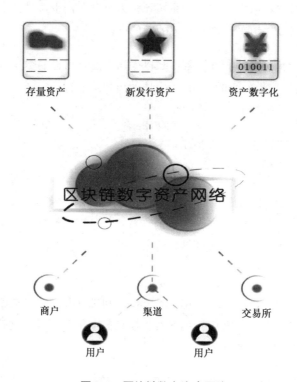

图 6-4   区块链数字资产网络

这样，现实世界中的各种有价值的东西都可以通过资产数字化成为区块链上的数字资产，利用市场的价格发现机制，获得真正的合理定价。当初股份制带来了有价证券，推动了现代金融的发展和繁荣；现在区块链技术带来了通证，也必将引发一轮数字资产的爆发式增长。简单来说，通证就是区块链上的"有价证券"。

1. 通证的基本要素

资产通证化后，无论是标准还是非标的商品或服务，都能够数字化、通证化，并上传到区块链上，进行低摩擦甚至零成本的交易、切割，资产和价值将完全被激活。

事实上，通证可以代表一切权益证明，从身份证到学历文凭，从货币到票据，从钥匙、门票到积分、卡券，从股票到债券，人类社会的全部权益证明，都可以用通证来代表。总的来说，通证有以下 3 个基本要素。

第一是数字权益证明，即通证必须是以数字形式存在的权益凭证，它必须代表一种权利，一种固有和内在的价值。传统的有价证券是通过中心化机构确权的，如股权在工商局，债券在中债公司。通证的确权在区块链上，采用分布式确权模式，更加透明和公开公正。

第二是加密，通证的真实性、防篡改性、保护隐私等由密码予以保障，任何机构都没有办法销毁和篡改。传统的有价证券的确权数据保存在中心化机构中，如果机构出了问题，就意味着投资人的有价证券可能突然一钱不值。区块链上的数据采用了最严格的加密机制，只要投资人自己不将私钥弄丢，别人就无法获得他的通证。

第三是可流通，即通证必须能够在网络中流动，从而随时随地可以验证、交易、兑换。目前，比特币的交易已经形成了数百家交易所，可 24 小时交易，流动性远远大于股票。区块链独特的 UXTO 机制实现了"交易即清算"，并且所有的交易都可追溯，使得通证的流通效率超过了传统的有价证券。

有了通证以后，围绕它设计的整套经济体系就有机会彻底改变以往的激励机制，并且持有人同时成为用户/投资人或消费者/投资人，生态逻辑被完全颠覆。

正是基于通证的巨大价值，未来以区块链技术为基础，众多的现实世界的资产可以在区块链上进行通证化，这也就是业内所说的"链改"。

2. 什么是链改

中国改革开放以后，曾经广泛地进行过一次"股改"，就是"股份制改造"，将以前政企不分的企业改造成以股份制为基础的、所有权和经营权分离的、具有现代治理结构的公司。应该说，股改大大释放了中国传统经济的活力，推动了经济的高速发展。

但是股份制自身也有很多问题，其中最关键的就是公司的所有者和员工、员工和用户的利益不趋同，所以需要一次更大范围的制度改革，这就是"区块链改造"。通俗地讲，链改就是对传统股份制企业进行区块链经济化改造，让其上链经营，成为区块链经济组织。

链改可以分为无币链改和有币链改。前者的参与者大多是银行、机构，存在的形式也是联盟链或私有链；而后者的参与者就更加多样化，更适合小微业务。

从本质上来说，链改就是要把价值创造者创造出来的价值合理地分配给他，关键是其背后的生产关系改良，即应用通证经济模型来改造传统行业。现阶段，依靠区块链技术和通证经济模型能够降低企业运营成本、提升效率、创新商业模式等，都可以称为链改。

链改为传统公司制企业赋能，是一种供给侧结构性改革。一个标准的区块链经济组织是分布式自治组织，通过发行 Token，凝聚共识，替代传统股份制协作模式，提高了生产力水平，让参与创造财富的各种利益相关者都具有组织的长期利益共治和共享权利，其协作效率会远高于公司制组织。

举个例子，某广告公司为了激励员工，根据员工的贡献发放通证，即员工除薪酬和绩效工资外，还能获得一份通证奖励。这些通证可以购买公司的内部福利，或者年底分红，或者兑换将来公司的股权。随着公司日益强大，公司的价值将提升，其通证价值也将提高，员工陪伴公司一起成长，收获更多的利益。这种方式可以对员工产生正向激励，持续刺激公司的成长。

3. 通证经济模型

在链改的激励作用下，传统的股份制组织方式将升级为通证经济模式，有效地设计通证模型，可激励和治理整个产业生态。通证经济的通用模型如图 6-5 所示。

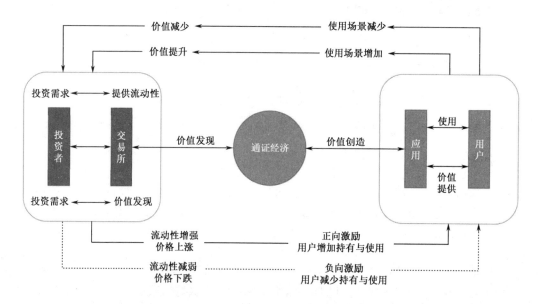

图 6-5　通证经济的通用模型

对于企业的客户来说，因为经常购买企业的产品，所以可以获得更多通证，企业发展得越好，其通证就越值钱，老客户或 VIP 客户也就可以享受到企业持续增长的收益。对于企业来说，利用通证可以增强客户黏性，打造一种共进退的经济模型。

这样的通证可以在交易所挂牌上市交易，利用交易市场的价格机制，在投资者的推动之下，给通证一个合理的市场定价，也有利于企业对自己的估值和未来发展定位。

那些竞争力强、盈利手段多的企业，它的通证就会比较值钱，也会获得员工的支持和更多客户的认可，从而使用场景也会变多，正向激励有效；反之，如果企业做得不好，其通证的价值降低，客户持有量变少，市场对其可以快速出清，避免僵尸企业占用太多资源。

借助区块链技术和经济手段,创建通证经济新应用,打造基于通证经济的产业生态,将对数字内容、共享经济、新零售、资产通证化等领域产生重大影响。

6.2 分布式交易模式

和有价证券一样,通证资产的流动性需要在交易所体现,不过区块链技术可以提供另一种交易模式,就是分布式交易。这种模式相对于传统的中心化交易模式更加安全和可信。

6.2.1 区块链交易模式

自货币诞生以来,"一手交钱,一手交货"就成了人们公认的对买卖双方最公平、最安全的交易方式。在没有相互信任的前提下,钱货两讫是比较安全的交易方式。在传统的商务交易中,实现钱货两讫的前提是当面交易,究其根本在于物品转移和资金转移是完全独立的,只有当面交易,把买卖双方放在同一个时空里,才能够确保资金转移和物品转移同步完成。

在互联网时代,电子商务逐渐成为主流的交易方式,有效地降低了成本,使买卖双方能够在不见面的情况下就完成交易。然而,物流和资金流分离的特性使安全的交易需要引入第三方才能进行。

例如,淘宝最初的成功就是因为采用了支付宝作为交易的第三方,来保障交易的安全。买家确定购物后,先将货款汇到支付宝,支付宝确认收款后通知卖家发货,买家收货并确认满意后,支付宝再打款给卖家完成交易,如图 6-6 所示。当交易产生纠纷时,支付宝作为第三方通过直接介入的方式来解决。这样就解决了无法"一手交钱,一手交货"的问题。

对于实体商品的交易,物流确实没有办法和资金流合并,因此,为确保交易双方的安全,支付宝这种第三方公证的模式是现有条件下的最佳解决方案。那么,对于虚拟资产,尤其是数字资产,是否有更好的解决方案呢?

数字资产本质上就是一段数字化的信息,在互联网时代,资金也是一串数字信息。信息流和资金流是否可以合二为一,实现"一手交钱,一手交货"的安全数字资产交易呢？在传统的"借贷记账"模式下，这较难实现。例如，你去买二手房，给卖家付款需要通过银行系统进行，但是房产证的相关手续在房管局办理，而且需要卖家和买家同时到场，才能完成权属的变更，这就带来了很多问题，如"一房多卖"等。

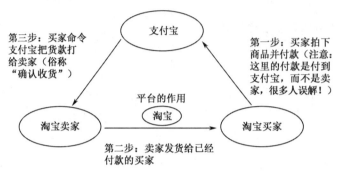

图 6-6　支付宝模式

其实，问题的根本原因就在于银行系统和房产登记系统的分裂。因此，只要构建一个联盟链，将银行数据和房产登记数据上链，资金和资产的权属登记在一个平台上，就可以在一笔交易中实现权属变更和资金流转。

在这种联盟链上，记账模式从"借贷记账"改变为 UXTO 模式，也就是记录的是交易本身，而不是交易结果，这样就避免了银行系统和房产登记系统不匹配的问题。在这种模式中，可以轻易地把资产权属的转移和资金转移放在同一个记录中。

前面说的"一房多卖"，从区块链的角度来看，就是"双花"，也就是一笔钱花了两次。比特币没有中心化的权威账本，达成共识需要经过大多数节点的确认，如果信息传递有时间差，就不能同时确认所有账户余额，必然面临"双花"问题。UTXO 的方案简单到极致——只确认交易本身，至于账户余额，只需扫描一遍同一房址的所有信息，等候 6 个区块的确认时间，就能确保没有双重支付，因为这笔交易得到了全网的确认。

下面通过一个案例来说明 UXTO 机制是如何保证"钱货两讫"的。

6.2.2　UXTO 模式案例

仍以张三和李四的交易为例，假设张三要从李四手中购买一笔数字资产——二手房 X。

在区块链上，二手房的登记确权通过加密机制实现，房产的拥有者通过私钥确定房产证和自己的关系，当然，为了确保安全，还可以和生物特征绑定，如指纹、脸容等。李四在该区块链平台上登记有房产X，该平台可以用比特币进行支付，就可以实现"钱货两讫"。

第一步，张三和李四协商，确定房产 X 的交易价格是 10BTC。

第二步，张三和李四共同提交一个交易到该区块链平台上，交易内容是：张三转账给李四 10BTC，房产 X 的所有权从李四转移到张三。

第三步，区块链平台根据双方的私钥签名确认后，完成操作。

该交易的资产流转如图 6-7 所示。

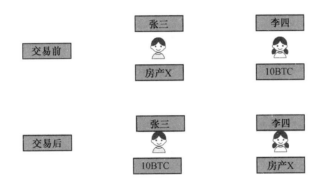

图 6-7　交易的资产流转

区块链平台上的操作流程是这样的：区块链的节点接收到交易信息后，检查交易，张三的钱来自上一个转账交易 A，张三利用私钥 KA1 解锁交易 A，取出 10BTC 支付给李四；而房产 X 的权属登记是来自于登记交易 B，用李四的私钥 KB1 进行签名，李四使用 KB1 解锁权属登记交易，把 X 的权属转移给张三。

这个完整的交易被 KA2 和 KB2 两个私钥分别签名后就确保了整个交易的安全性和完整性。整个交易体和签名信息共同作为一个完整的交易保存在区块链上，同时，附带的脚本描述了未来可以使用 KB2 解锁交易取出 10BTC，使用 KA2 解锁交易取出房产 X（也就是将房产 A 的所有者从"张三"改为"李四"）。

这笔交易在区块链上广播后，矿工们进行检查，确认无问题后就打包到区块里，这样钱的转移和数字资产的转移同时完成，不会发生只转移其中一项的问题，这被称为"原子交易"，也就是钱的转移和数字资产的转移发生在同一个交易中，从而实现"钱货两讫"，如图 6-8 所示。

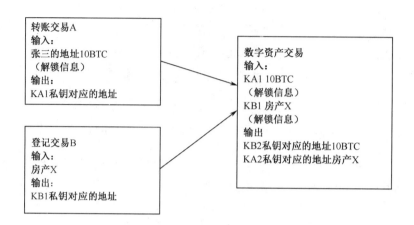

图 6-8　基于 UXTO 的房产交易

　　这里需要提醒的是，实现"钱货两讫"的条件是这个区块链平台必须是数字资产确权平台，同时是资金记账平台。目前的比特币系统只是一个记账平台，因此在比特币区块链系统中，只有比特币，没有其他内容。而一般的数字资产平台，只能实现数字资产的确权登记和转移记录，而资金转移则需要在银行系统中完成。

　　在现实生活中，这种分裂比比皆是，除了房地产，还有其他的资产登记，如股权登记、债券登记、基金份额等。例如，在股权合作中，开公司需要几个股东共同到场，变更股东也需要其他股东到场确认。对于股东人数较多、地址分散的合作来说，每次股权变更都是特别麻烦的事情，并且其中也存在太多的不确定性。

　　房地产也好，股权也好，基金份额也好，之所以权属的确定和流转如此烦琐，其根本原因就在于中心化确权机制，且这些中心化机构的系统互不相通。未来如果央行的 DCEP 上线，就完全可以将房管局的职能在央行区块链上作为一个侧链实现，买家只要将足够的钱款以 DCEP 方式转账给卖家，房产的权属转换就可在区块链上自动完成，时间可以缩短到"秒级"，从而彻底避免房产交易中的各种风险，实现"钱货两讫"。同时，这种机制中记录的是交易过程，可以根据历史时间追溯，可以大大减少各种金融犯罪的行为。

　　和传统的中心化确权和交易模式相比，这种模式是一种分布式交易，下面进一步讨论这种模式的优缺点。

6.2.3　分布式交易模式

　　与传统交易模式一样，区块链上的数字资产交易也有中心化模式，目前的很多数字货币交易所都采用中心化交易模式。除此之外，还有一种去中心化的交易模式。

在传统中心化的交易所，交易高效，能为项目方带来流量与用户，也为投资者降低交易门槛，提高投资效率，但存在安全性差、运营方信息不透明等问题，如图 6-9 所示。区块链上的数字资产是去中心化的，但交易时需要通过充值的方式在中心化交易平台上进行撮合交易，需要将资产兑现时，通过提现的方式转账到数字钱包中。

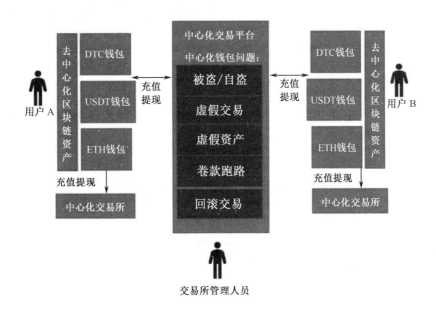

图 6-9　传统中心化交易模式及其问题

在这样的模式中，存在风险，如故意侵吞客户资产，或者监守自盗等，特别是目前的主流数字货币交易所都是私人机构，很多工作人员在境外，存在太多道德风险和法律风险。

在这种情况下，很多人在思考是否有更好的交易方式，来避免中心化交易所的种种弊端，于是去中心化交易所，也就是用分布式交易模式来解决问题，越来越受到人们的关注。

去中心化交易所追求的本质是在信任层面去中心化，资金的释放是由用户通过数字签名直接授权的，可确保用户和交易指令不受中心化机构操纵，资产托管的安全性和运营可信度有很大提高，原则上是不可能被盗的。

但是，由于资金的流动性受限，在交易撮合速度、交易成本等方面难以满足交易者的需求，限制了交易者的机会；用户需要支付更高的交易手续费，并且用户体验也较差。对于那些愿意长期持有数字资产，并对交易安全性要求更高的用户来说，去中心化交易所是非常好的选择。具体如图 6-10 所示。

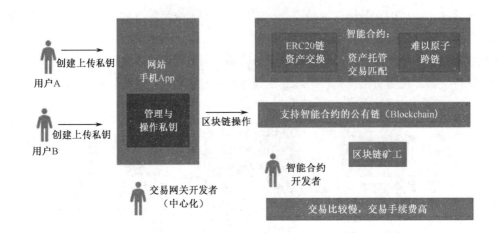

图 6-10　去中心化交易的特点及其问题

在去中心化交易所中，用户 A 和用户 B，需要分别创建并上传私钥，然后通过智能合约的方式进行撮合交易。这个交易在链上进行，避免了中心化交易所被人篡改数据。

对比一下中心化和去中心化的交易机制，在中心化交易所，从用户将资产从自己的钱包转入中心化交易所那一刻开始，这笔资产的实际控制权就已易主，掌握在平台手中，提币、交易都得通过平台，平台具有绝对话语权和操控权。

而在去中心化交易所，由于平台分配的地址私钥同时归用户所有，所以在平台账户上的资产始终都是由用户掌握的，交易是依靠智能合约来保证实施的。两种机制的资产安全等级有天差地别。

对于那些对交易效率要求不高的数字资产，如房地产、股权、基金等，未来可以采用分布式交易模式进行，可确保资产绝对安全。对于需要较高交易效率的数字资产，如通证、通证衍生品，中心化交易所是较好的选择，但是目前私人中心化交易所存在太多的隐患和风险，未来由政府或具有公信力的组织来监管，打造国家级的数字资产交易平台，应该是大势所趋。

本节介绍了基于区块链技术的分布式交易模式，比特币的 UXTO 方式，可以让数字资产实现"一手交钱，一手交货"这种最安全的模式。去中心化的交易得到了多人的关注，但是交易效率低的问题使得这种交易所一直没有成为数字资产交易的主流。未来，如果政府出面组织建立中心化的数字资产交易平台，那么数字资产市场一定会得到更大的发展。

6.3　数字资产分析与投资

数字资产和股票资产一样，最重要的是其背后的价值。例如，区块链世界有一个"共识率"的说法，比特币价值之所以涨得多，是因为大家达成了共识，认可比特币的价值，其实从经济学角度看，共识率代表了对数字资产背后价值的认可，这类似传统股票投资中的 PE。

6.3.1　价值分析

前文提到，通证是一种可流通的加密数字权益证明，这就意味着现实世界中的各种权益证明（股权、债券、积分、票据等）都可以通证化，在区块链上进行确权和流通。和股票是股份这种所有权的证明一样，通证也是其背后资产权益的一种证明，因此通证的价格应该由其背后的资产价值决定。例如，一个房产衍生品通证的价格，应该和相应房产的内在价值成正相关关系。

与股票相比，通证对应的权益更加多元化，可能是所有权，可能是债券，也可能是使用权等。因此，对于通证的分析，除需要了解底层资产的价值外，还需要搞清楚通证的权益组合逻辑。总的来说，一个有价值的通证，应该是三性合一的，具体如下所述。

● 物权属性，代表了使用权，可交付产品或服务。

● 货币属性，可流通，至少在生态系统内是硬通货。

● 股权属性，可增值，长期收益可期，升值空间较大。

根据这 3 个属性，区块链时代的各种通证经济体大致可以分成 3 种类型：底层技术生态、中间层商业生态和应用层社群生态。这 3 个生态都有诞生生态型组织的潜力，也意味着这 3 类组织发行的通证都具有较强的成长性。

（1）底层技术生态通证

这种通证对应目前的各种公有链技术，如比特币、以太坊。公有链是区块链的基础设施，类似 PC 中的 Windows 或苹果手机中的 iOS，各种应用层的服务都需要在底层的操作系统上进行。与 Windows 和 iOS 不同的是，比特币、以太坊是分布式的，需要同步运行在多个节点上，所以需要更高的性能和安全性。

除比特币和以太坊外，还有很多其他的类似的系统，如 EOS、NEO、Qtum、IOTA 等，目前只有民间开发的公有链平台，未来更加需要的是国家层面的公有链，因为这样的公有链的主权信用和安全等级更高。

（2）中间层商业生态通证

这种通证是专门为了解决某个业务痛点问题而产生的。在传统的业务模式中，最具代表性的就是支付宝，是专门为了解决电商平台的信用而开发的，但目前围绕支付宝已经发展出多种业务模式的生态。

在区块链上与此类似的就是 Ripple，即跨境支付的数字货币系统，前文已经做过简单的介绍。Ripple 系统发行的通证叫作 XRP，凡是需要跨境支付的用户，都可以将各自的货币转换为 XRP，在 Ripple 系统中进行转账。例如，欧洲的客户将欧元转换为 XRP，然后通过 Ripple 系统转账到美国，再从美国的 XRP 数字钱包中取出，将 XRP 转换为美元。

可以这么说，对于传统的商业模式生态，未来都可以开发区块链版本。

（3）应用层社群生态通证

传统的社群中最典型的就是腾讯生态体系了。例如，QQ 使用专门的 Q 币，可以用来购买腾讯的各种服务，但 Q 币并不是通证，只是一种支付模式。未来的社群生态通证，除可以支付社群内部的服务外，还可以大大提高用户黏性，支持社群垂直生态的发展。

通证是非常好的社群商业连接器和润滑剂，传统的社群没能运转的很大原因是机制问题，而通证恰好完美地解决了这个问题。例如，天涯社区已经开始利用"天涯钻"这样的通证来激励社区内的内容贡献者，有积极贡献的作者将获得通证。虽然目前通证还没有价值，但是未来如果国家层面制度放开，则这些通证完全可以货币化，成为最有价值的激励作者的手段。

以上三大类未来比较有价值的通证，是价值投资的主要目标。当然，目前的通证都是民间发行的，存在很多政策和法律的风险。未来随着各种制度的完善，相信越来越多的有真实资产支撑的通证，将成为数字资产市场的基础性交易品种，类似今天传统金融市场中的各种有价证券。

6.3.2　定价模型

除定性分析外，还需要定量分析，这就是数字资产的定价模型，是用专门的量化方法来定性分析通证的理论价值。

1. 交易价值模型

在通证模式中，影响力决定组织的价值，所以在交易场景下影响力直观的衡量参数是价值，可以通过交易规模和交易频次计算，即

当前价值=当前交易规模÷1 单位通证当前的交易频次

比如，当前基于此通证的交易规模为 100 万元；交易了 1 万次，每次 1 单位通证，则 1 单位通证在当前的交易频次就是 1 万次，当前价值就是 100 万元÷1 万=100 元。

极限价值=最大交易规模÷1 单位通证的交易频次

比如，通证的最大交易规模为 1 亿元；交易了 100 万次，每次 0.01 通证，那么 1 单位通证在当前的交易频次就是 1 万次（100 万次×0.01），极限价值就是 1 亿元÷1 万=1 万元。

当前预期价值是极限价值回溯到当前的价值。假设从当前价值到极限价值需要 n 年，每年经济增长率为 R，根据传统金融学中的折现模型，可以得到

当前预期价值=极限价值÷R^n

从价值投资的角度看，通证的价格是围绕当前预期价值上下波动的，如图6-11所示。与传统的股票类似，通证投资也遵循价值导向的原则，只不过衡量价值的标准不一样，一个基于利润体现赚钱能力，另一个基于交易价值体现影响力。

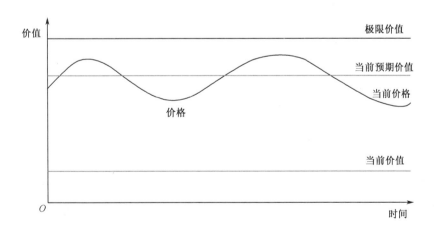

图 6-11　通证价值模型中的价格和价值波动

2. 费雪方程模型

费雪方程模型的原理是将数字资产看作货币，也就是商品交换的媒介，于是可以利用货币数量理论来做分析。这个模型用来衡量货币数量和经济产量之间的关系，具体如下：

$$MV = PQ$$

式中，M 为货币数量（以经济货币为单位）；V 为周转速率，表示一定时期内单位货币的周转次数；Q 为经济产量（以产出为单位）；P 为价格，用单位经济产量的货币单位来衡量。

如果某数字货币的使用率很高，周转速率 V 就很快，它的价格 P 也就很高。这个模型有一些问题，将上述公式变形可得 $P=MV/Q$，而 Q（商品和劳务的交易数量）很难确定，毕竟现在数字货币还没有和现实世界产生商品或劳务的匹配关系，因此很难得到具体的值，所以在用数字货币估算价格时，这个公式不一定有效。费雪方程模型比较适合用于交换的数字资产，如比特币、莱特币。

3. 净现值模型

净现值模型就是将项目在整个寿命期内的净现金流量按预定的目标收益率全部换算为等值的现值之和。这个模型的经济学原理就是将数字资产看作一种股票，它的价格和它可以获得的收益正相关，类似股票中的分红。净现值之和等于所有流入现金的现值与所有流出现金的现值的代数和，即

$$\text{NPV} = \sum_{t=1}^{n} \frac{\text{NFC}(t)}{(1+K)^t} - I$$

式中，NPV 为净现值；NFC(t)为第 t 年的现金净流量；K 为折现率；I 为初始投资额；n 为项目预计年限。

该模型利用净现金效益量的总现值与净现金投资量算出净现值，然后根据净现值的大小来评价投资方案。若净现值为正值，则投资方案是可以接受的；若净现值是负值，则投资方案是不可接受的；净现值越大，投资方案越优。

这个模型比较适合于股权类的数字资产，关注的是其良好的盈利模式和分红能力。

4. 梅特卡夫模型

梅特卡夫定律是互联网公司常用的一个估值模型，也就是网络的价值与该网络用户数的平方呈正比。由基于梅特卡夫定律可以得到一个数字货币估值的模型，即

$$P=KVn^2$$

式中，P 为数字资产价值；V 为数字资产在平均单个地址的活跃交易量；n 为数字资产活跃用户数；K 为系数。

这种模型比较适合节点众多、用户认可度较高的数字资产，如比特币。事实上，这个模型可以拟合比特币过去 4 年内 94% 的价格波动，它并不需要像费雪方程模型那样需要劳务和商品的交易数量，而只和用户数和平均单个地址的交易量有关。

6.3.3　资产配置

完成了数字资产定价后，就可以构建资产配置组合，然后采用传统金融中的资产配置模型计算具体的配置比例。目前，传统的资产配置模型主要有 3 个，分别是均值-方差模型、B-L 模型和风险平价模型，下面分别做简单的介绍。

1. 均值-方差模型

1952 年，马科维茨开创性地引入了均值和方差这两个统计学概念，用来定量描述投资者在投资组合上获得的收益和承担的风险。

均值-方差模型将资产分为风险资产与无风险资产两部分，无风险资产用国债利率这一无风险利率度量。度量风险资产的指标是一个指标对 (μ, σ)，其中，μ 代表资产的预期收益率，σ 代表资产的预期波动率，即每个风险资产都对应一个随机标量。随机性表示未来的收益并不确定，具有概率分布。

在马科维茨的模型中，所有风险资产的收益都假定是正态分布，可以完全由 (μ, σ) 描述；无风险资产也可以看作一种特殊的风险资产，即波动率为 0 的资产。

具体来看，如果有 n 个风险资产 A_i（$1 < i < n$）对应的预期收益率、预期波动率为 (μ_i, σ_i)，那么投资组合 P 的预期收益率和波动率可以非常方便地获得，即

$$\mu_P = \sum_{i=1}^{n} w_i \mu_i$$

$$\sigma_P^2 = w_i w_j \sigma_i \sigma_j r_{ij}$$

式中，r_{ij} 是资产 A_i 与资产 A_j 的相关系数。

投资组合 P 的方差可以写成简洁矩阵的形式，即

$$\sigma_P^2 = w^T \text{Cov} w$$

式中，$w = (w_1, w_2, \cdots, w_n)^T$ 为投资组合 P 在各类资产上的权重；$\text{Cov} w$ 为 n 类资产的协方差矩阵。

由以上分析可以看出，在给定权重 w 的情况下，要获得投资组合 P 的预期收益率、预期波动率，需要输入 n 个资产的预期收益率 $\boldsymbol{\mu}=(\mu_1, \mu_2, \cdots, \mu_n)^{\mathrm{T}}$，及其协方差矩阵 $\mathrm{Cov}\boldsymbol{w}$。

2. B-L 模型

B-L 模型是在均值-方差模型基础上的优化模型，主要有两个直接的切入点。一是假设市场中有一个均衡组合，市场包含了所有可以获得的有效信息，因此投资者可以按照市场权重来分配资产，这是根据市场自身特点均衡达成的，也就是没有所谓的模型估计误差；二是引入了投资者对资产的观点，将先验观点与历史均衡收益相结合，模型构建的投资组合是历史规律的总结，同时也反映了投资者结合宏观政策、市场环境、基本面分析后的主观观点。B-L 模型的逻辑如图 6-12。

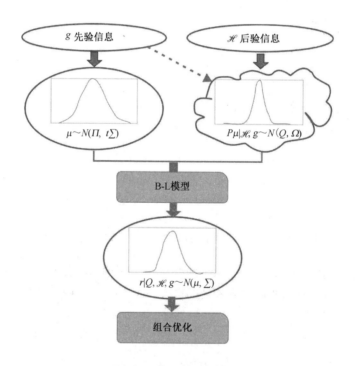

图 6-12　B-L 模型的逻辑

B-L 模型是对均值-方差模型的扩展，其主要贡献是提供了一个理论框架，能够将市场均衡收益和个人观点整合，以重新估计更可靠的预期收益率，然后将预期收益率带入均值-方差模型，得出最优资产配置。

B-L 模型使用贝叶斯方法，将投资者对于一或多项资产的预期收益的主观观点与先验分布下预期收益的市场均衡向量相结合，形成关于预期收益的新的估计。这个基于后验分布的新的收益向量，可以看成是投资者观点和市场均衡收益的加权平均。

3. 风险平价模型

风险平价思想是指将不同风险的资产，通过权重设置使每种资产的风险贡献基本相等，从而达到风险均衡分散的目的，以解决传统的资产组合中风险过度集中在一种资产上的问题。风险平价模型将传统的资产配置的标的从资产转变为风险，重点是保证资产组合中的绝对风险相同。

此外，风险平价理论的贡献还在于明晰了主要的风险因子和风险溢价，以及对部分资产的风险属性进行了纠正，比如高收益债更多地体现了股权风险溢价，这对资产组合理论具有重要的意义。

风险平价策略虽然提高了夏普比率，但其代价是放弃了更高的预期收益率。如果要达到目标更高的预期收益率，则风险平价策略需要运用杠杆。风险平价策略的具体算法如下。

由 N 个资产组成的资产组合的总风险可以分解为各项资产的边际风险，即

$$\text{RISK}(r_p) = \text{CTR}_1 + \text{CTR}_2 + \cdots + \text{CTR}_N$$

$$\text{CTR}_i = w_i + \text{Cov}(r_i, r_p)/\sigma_p$$

而风险平价可以表示为

$$\text{CTR}_i = \text{CTR}_j, \quad i \neq j$$

也可以表示为

$$\sum_{i=1}^{N} \sum_{j=1}^{N} (\text{CTR}_i - \text{CTR}_j)^2 = 0$$

那么，我们可以通过将其转化为一个优化问题来获取各项资产的权重，即

$$\min_w \sum_{i=1}^{N} \sum_{j=1}^{N} \left[w_i \text{Cov}(r_i, r_j) - w_j \text{Cov}(r_j, r_p) \right]^2$$

$$\sum_{j=1}^{N} w_i = 1, w_i > 0$$

从大类资产角度看，数字资产可以看成是大类资产的一个类别，所以采用基于资产类别的风险平价模型就不一定适用，而采用基于风险因子的模型更加有效。例如，可以将数字资产的主要策略分成高风险、中风险和低风险三大类，然后再用风险平价模型计算资产比例。

本节介绍了数字资产的分析和投资方法，价值是驱动数字资产价格的核心因素，量化的定价模型可以用来判断当前的价格是否被低估，风险平价模型比较适用于数字资产市场。

第 7 章

区块链和实体经济深度融合

5556 框架中有六大应用场景讨论的是如何将区块链技术与未来的国民经济的方方面面结合起来。本章介绍第一个应用场景，即区块链与实体经济深度融合，重点有 3 个：一是利用区块链技术解决中小企业融资难问题，二是解决银行风控难问题，三是解决金融监管难问题。

7.1　解决中小企业融资难问题

银行、机构信贷供给倾向于大城市、大企业、大项目，因此大量中小型企业难以从正规金融领域获得资金，面临前所未有的融资难问题。

7.1.1　中小企业的信用

从银行流动性机制来看，中央银行释放资金给商业银行，叫作狭义流动性创造；商业银行拿到钱后通过信贷的模式给实体企业支持，叫作广义流动性创造。银行流动性创造机制如图 7-1 所示。

怎么才能提升中小企业的信用等级呢？从经济学的角度看，信用的好坏取决于能支付的成本，不仅包括资产、金钱，还包括时间、精力、名声、地位等。

1. 什么是信用成本

在一个有关招聘的电视节目中，一个青年学生说自己活动能力很强，但是学历不行，不是 985 高校毕业生，在人才市场上投了很多简历都没有效果，质疑嘉宾这是不是歧视。一位嘉宾是某大企业的招聘员，他给出的答案很直接，也很残酷。她说："我们是世界 500 强企业，招聘员每天收到数百份简历，不可能让每个人都来面试，只能通过某个机制筛选。你说你很优秀，是因为你的活动能力很强，你的动手能力呢？你的科研能力呢？那些名校的学生除学习成绩好外，还会什么？他们很早就和导师一起做课题，有的已经在国际高水平刊物上发表论文，有这样的经历的优秀学生，我们自然优先选择。"

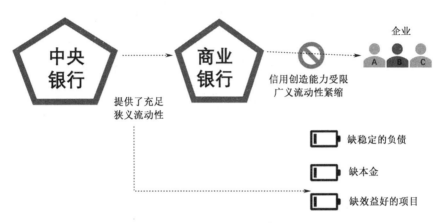

图 7-1　银行流动性创造机制

从经济学的角度看，这种名校资历的本质就是"信用成本"，因为名校的培养机制、科研机制、教育资源就是为培养学生支付的成本。有名校经历的学生，其整体的素质和能力大概率是优秀的，对公司来说，自然选择相信这样的学生，可以降低自己的用人风险。

人类之所以能够离开原始森林，站到地球食物链的顶端，关键是学会了分工协作，而分工协作的基石是信任。信用和成本是息息相关的，总的来说，支付的成本越多，信用就越高，也就越值得信任。按不同的组织机构，信用可以分为国家信用、实体企业信用、金融行业信用和个人信用四大类，如图 7-2 所示。其中，企业信用的主要指标就是收益能力。

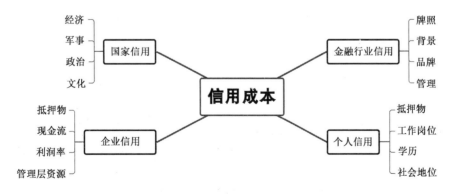

图 7-2　信用的类别

2. 中小企业收益能力不足

企业去银行贷款的时候，银行关键看两个指标，第一是抵押物，第二是现金流。这两个指标是"收益能力"维度上最重要的两个因子。中小企业在这方面有着天然的劣势。很多大企业有房产、土地、生产线等硬件资源，可以用来给银行做抵押，而很多中小企业往往只有一些职工，在银行的眼中，没有足够的可抵押资产，信用等级肯定不能和大企业相比。

至于现金流，在经济下行的时候，很多中小企业业务不稳定，缺乏收入来源，再加上各种数据不健全，财务报表也不够亮眼，自然让银行等金融机构不重视。部分小企业的耍赖行为也助长了整个中小企业群体的信用危机。从技术上来看，其实就是数据真实性不够，银行无法鉴别出真正的好企业，所以只能通通拒绝。

采用区块链技术后，中小企业可以将尽可能多的数据上链，如业务合同、资金流水、纳税情况等，在加密机制的保护下，供银行等特定机构调阅，同时保护了企业的商业机密，双方可以互相信任，从而提升了企业的信用等级。并且，将更多数据上链后，对于征信机构来说，可以进行更加详细的信用分析，以增强征信效果。

7.1.2　区块链增强征信效果

征信系统的建设对信用风险的防范和信用交易的扩大有着重要作用，提高了整个社会的经济运行效率。

1. 征信系统的问题

目前国内的征信市场主要有政府背景的信用信息服务机构和社会征信机构两大类。国家级的征信主要是央行牵头的信用等级报告，调集的数据主要是商业银行体系内的借款、还款信息。民间征信体系包括考拉征信、芝麻信用等，主要依托第三方机构的支付数据和网络信贷数据。我国征信体系概况如图 7-3 所示。

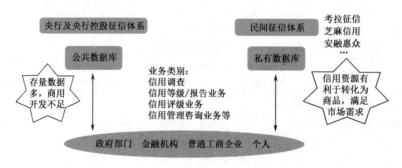

图 7-3　我国征信体系概况

目前的征信体系有以下两个严重问题，影响着金融机构的信用分析，这也是出现很多"老赖"的原因之一。

（1）数据融合不足

随着数据量和征信维度的增加，各征信机构只能在某领域做到专业。

（2）缺乏多维数据

目前的信用模型是建立在历史数据之上的，个人也好，企业也好，如果历史上及时还款，就比较容易得到较高的信用等级。但这只代表了用户过去有还款能力，并不代表未来也有还款能力。事实上，很多"老赖"都是曾经的明星企业，历史信用很好，从而能从银行获得较好的流动性支持。但是，外部经济形势变化时，企业可能会出现严重的经营困难，过去信用等级好并不能代表未来依然有还款能力。例如，乐视股份就曾经是资本市场中的明星，谁想到它有一天居然也成了"老赖"呢？

所以，完整的征信数据不仅需要历史信贷数据，更需要借款人的多维数据，如名下资产、关联合作、社保、税务、公安、社交等完整数据，并基于这些大数据构建模型，才能完整描述借款人未来的还款能力。

2. 区块链征信促进共享、数据确权

借助区块链技术，通过系统各节点的信息共享，可以将多维数据整合上链，从而打造一个完整的区块链征信体系，根据个人或企业行为对信用的影响程度高低（如信贷数据影响较高、非信贷数据影响较低）来评估整体信用水平。系统的参与者可以包括央行、商业银行、民间征信等机构，这些机构成为联盟链的节点，并将各自的数据贡献出来，上链分享。

在需要使用数据的时候，可设计智能合约来约束节点的查询行为，根据联盟机构对信用评价的贡献，来分配查询数据产生的收益。区块链助力打造征信闭环系统如图 7-4 所示。

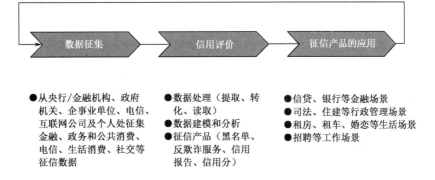

图 7-4　区块链助力打造征信闭环系统

这种利用联盟链技术构建的信贷经济模型，除用于查询信用外，还可以打造联盟链节点的服务平台。联盟成员在借贷行为发生前的查询、与借款人达成的协议文本、还款情况，以及失信行为等，都可以在平台上公示，构建失信人黑名单。这个名单不仅可用于金融机构，还可用于其他商业机构，例如，合作单位可以在规则的约束下查询数据，避免商业信用的损失。

区块链技术的应用有助于进一步厘清征信数据的归属问题。在当前的征信系统中，信用数据全部掌握在机构手中，用户很担心征信机构对这些数据的滥用，甚至可能有篡改数据的行为。

在区块链模式下，个人所产生的信用行为记录由机构向区块链进行反馈，并在个人的账户上进行记录，向全网广播，通过共识机制进行记录。在信用查询时，需要经用户许可才能查询个人信息，这样就可以解决数据归属错位问题，如图 7-5 所示。

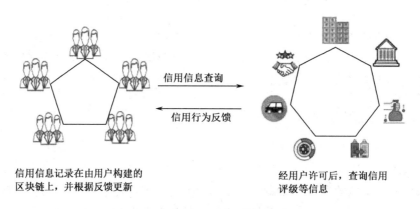

信用信息记录在由用户构建的
区块链上，并根据反馈更新

经用户许可后，查询信用
评级等信息

图 7-5   区块链解决数据归属错位问题

例如，张先生准备向金融机构申请消费贷款，金融机构需要查询他的信用数据，为了防止数据的泄露，金融机构给张先生发送公钥，张先生在征信平台上通过公钥加密后，将数据发给金融机构，金融机构利用私钥解密获得张先生的信用数据。这样处理后的数据，就算被黑客截获也不可能解密，金融机构也不可能将数据篡改，从而保证了信用数据被正确有效地使用。

7.1.3   区块链征信方案的架构

区块链征信方案的架构如图 7-6 所示，最下面是信用链层，主要将各种与信用有关的机构整合在一起，成为联盟链的节点，包括银行、保险公司、证券公司、公安部门、征信机构、运营商等。征信并不仅仅是金融领域的事务，而是社会事务。在目前的征信系统中，各管理部门的数据不同，这就给了骗子很多机会。例如，某人在某个银行借钱不还，然后拿这些钱去做股票、买保险、高额消费。在构建联盟链后，他在任何节点上出现信用污点，都会在整个链上遭到封杀，从而让他得到实实在在的惩罚。

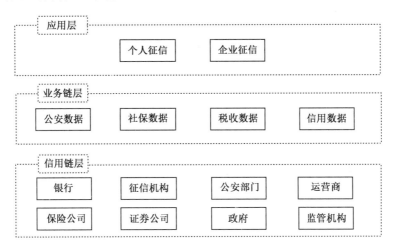

图 7-6　区块链征信方案的架构

中间层是业务链层，包括公安数据、社保数据、税收数据和信用数据。与传统征信体系相比，这种模架构真正实现了对征信主体的数据全覆盖。在传统的征信数据中，只有静态的借贷数据，这只能证明该主体曾经的信用比较好，并不代表未来依然有还款能力。例如，在 2019 年的互联网金融危机中，大量曾经信用很好的机构，甚至是金融大咖，突然无法兑付产品，不得不跑路或向警方自首。这充分说明，真正能判断还款能力的，并不是曾经的信用，而是资产情况，如是否有房产、股权、股票或消费能力。

最上面是应用层，主要包括个人征信和企业征信两大类。有了完整的区块链上的大数据，就可以将个人征信和企业征信结合起来。例如，某人开公司破产了，虽然根据有限责任的原则，公司债务并不会转移到个人身上，但是在区块链征信平台上，这种数据有必要纳入个人征信的考量，以决定个人信用贷款的额度。从经济学逻辑上来说，一个开公司破产的人，可能有潜在的问题和法律纠纷，显然要比那种安稳打工的人具有更高的信用风险。

从信息安全角度来说，这种架构可以有效保护用户的隐私。例如，张三去银行申请一笔消费贷款，在传统的模式下，银行会从多方面去调查张三的信用情况，甚至有可能通过电话询问的方法，显然，这对张三的个人隐私很不友好。

而有了完整的区块链信用数据后，银行发送公钥给平台，申请读取张三的信用数据，平台给张三发送确认要求，张三用自己的数字签名进行确认后，平台将征信数据通过公钥加密发送给银行，银行用私钥解密后，获得张三的完整信用数据。

在这个流程中，平台发送张三的信用数据必须得到张三的数字签名确认，这就避免了个人信用数据的滥用。发送的数据通过非对称加密模式传输给银行，就算有黑客获得了数据，也无法解密。这样就不用担心个人隐私的泄露问题，除了数据共享交易参与的各方，不会有任何第三方可以获得数据。

个人的信用最主要的是持有资产情况和变现能力。对于企业来说，除传统的资产，如厂房、土地外，还可以将更多的优质资产上链，从而提升自己的信用等级，如图 7-7 所示。

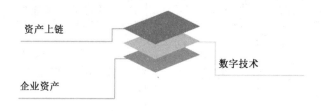

图 7-7   企业链改流程

区块链的分布式账本技术为资产建立了一个新的账户体系，可以方便地记录各种数据资产。例如，企业的生产设备、应收账款、专利情况、品牌估值等都可以通过区块链进行数字化，变成通证。这些通证还可以在交易平台上流通，让市场给予合理的估值，这样更有利于金融机构对企业的信用做更加可靠和细致的评估，从而给出更加准确的授信级别。

区块链的确权机制，再加上物联网和大数据技术，使得资产上链真实、数据验真取证。例如，可以获得真实的销售数据、仓单数据、库存数据等，这使得原来各行业无法被证券化的资产，上链后形成数字化资产池，由评级公司、券商、证券交易所、银行、信托等机构等参与，最终完成企业的完整评级。

本节介绍了中小企业融资难、融资贵的原因，介绍了区块链用于企业征信的架构和方法，以及企业如何利用区块链技术将自身的资产充分透明化，从而提升自己的信用等级。除协助中小企业融资外，在监管方面，区块链也有很多用武之地。

7.2 解决银行风控难问题

2019 年以来，很多中小商业银行出现了严重的风险问题，大量的信贷资金无法收回，严重打击了银行的放贷信心，其根本原因就在于传统银行的风险管理模式无法适应新的

经济形势，特别是在互联网技术的冲击下，银行固有的风险被逐级放大，一旦爆发就会
造成特别严重的影响。

7.2.1 银行的主要风险

银行的主要风险有很多，如图 7-8 所示。

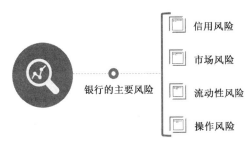

图 7-8　银行的主要风险

1. 信用风险

国内商业银行面临的最重要的风险是信用风险。对于商业银行贷款或投资资产交易，
对方如不能按时履约即产生信用风险，通俗地说，就是借钱不还。信用风险发生的原因
除宏观经济不景气造成企业经营困难外，还主要与银行的内控管理体系、客户资质、风
控标准及呆坏账处理方式等多种因素有关。

很多商业银行为了追求更高收益，往往对某个地区、某个行业的贷款和投资更集中，
或过于倚赖某些高收益大客户，信用风险难以分散，产生的信用风险也就更大。例如，
在 2019 年爆发的很多信用事件中，大多数都与房地产行业有关，这个行业贡献了此前 10 年
最大的利润，同时也成了风险的集中爆发地。

2. 市场风险

市场风险是指因市场波动导致银行表内或表外资产受损的风险，汇率、利率、股市
等的价格波动都可能会影响银行生息资产价值，产生市场风险，这主要是指银行直接或
间接持有的资本市场产品，如债券、股票、基金、金融衍生品等。在国内的商业银行中，
市场风险控制主要是资产管理部门的业务范畴，随着银行设立银行理财子公司，这类风
险将从银行体系中剥离出去。

对于市场风险的研究，需要关注银行流动性管理、资产负债结构、债券资产规模及
其久期分布、外汇风险敞口、风险资产计量等。

3. 流动性风险

流动性风险是指银行在短期无法获得有效流动性以偿付债务或扩大资产的风险，其反映了银行从外部获取相对低成本资金和保障短期债务清偿的能力。其中最主要的风险是挤兑，就是储户集中大量提款，而银行的资金放贷还没有到回收期，中间产生了资金差额。

一般认为，客户存款，尤其是个人存款是相对较为稳定的资金来源，而资本市场中的债券或股权融资、同业融资稳定性相对更弱，相应的流动性风险也会更高。

4. 操作风险

操作风险是指银行因人为因素或系统操作失误而造成损失的可能性。银行对操作风险的管控能力，主要取决于银行对其重视程度、内部管理结构、业务体系是否成熟稳定、风险管控能力等。

7.2.2　信用风险管理的痛点

在银行主要风险中，最重要的也是影响最大的是信用风险，因为银行的本质就是一个信用中介机构。目前商业银行信用风险管理的痛点主要有 3 个：征信评级、小微金融和动产融资。

1. 征信评级

客户去商业银行寻找资金服务的时候，银行判断能否放贷的最重要的量化标准就是信用评级。信用评级和企业的资产质量、还款能力密切相关。那些信用等级高的企业可以获得更大的贷款额度，资金成本更低。

普通个人在一些互联网金融平台上的贷款，是根据个人信用等级设定额度的。但是目前的征信系统有很多问题，尤其在准确地、前瞻性地反映客户的信用风险方面。

一是传统的政府征信数据来源有限，且以反映信贷关系为主，不能全面衡量信用主体的信用水平。传统的信贷数据只能反应财务状况的历史，而不能代表未来。很多曾经还款能力强的企业在遭遇经营危机后，可能会还款能力下降，但是这并不能及时体现在信贷数据上。这个问题在前文中已经做过说明。

二是传统信用评级模型以线性回归为主，往往对变量进行简单化处理，容易造成风险信息失真。特别是现在的经济活动日趋复杂，除传统的固定资产、现金流等数据外，还需要对日常的消费行为、社交情况等做非线性分析，才能准确评价借款人的信用等级。

2. 小微金融

随着银行业竞争日益激烈和普惠金融理念的提出，小微企业已成为商业银行对公业务战略转型的重要目标客户。但是，目前的小微企业在财务管理上不够规范，在业务流程上随意性较大，很多还采用家长制，企业所有人一言九鼎，缺乏内部制约，很多业务决策缺乏科学的考量和正确的流程，因此企业所有人的战略失误可能会给企业带来灭顶之灾。

此外，小微企业往往没有足够多的固定资产做抵押，现金流也不稳定，商业银行在现有风控手段和机构人员配置的条件下，难以对小微企业进行有效的风险管理，这也就是银行都倾向于给大企业，特别是国有企业贷款的原因。但是，中小企业是中国经济的重要组成部分，国家从战略层面上多次要求银行对中小企业进行金融支持，对于银行来说，这是一个矛盾。

3. 动产融资

除固定资产外，还有一种抵押品就是动产，如车辆、设备等。但是，这种模式也存在很大的弊端，例如，车辆可能损坏了，达不到质押的价值，或者有的设备多重质押，在不同的银行都有质押贷款，一旦出现风险，就会产生多个银行之间的利益冲突。

商业银行的仓单质押、互联互保等传统大宗商品融资业务模式，依赖于物流监控的质量，其准确性主要取决于物流监管公司的管理能力和现场监管人员的履责程度。随着经济形势的变化，传统模式的弊端越来越多，如可能出现抵押品不足值、预警不及时等一系列风险。

近年来，受宏观经济增速放缓的影响，大宗商品价格纷纷进行调整，很多曾经高价质押的大宗商品早就跌破了质押价值，使得传统的动产融资模式受到前所未有的挑战。区块链技术的出现，可以在很大程度上缓解这些矛盾。

7.2.3　区块链用于银行风控

在传统方式下，企业信用建设是一个逐步积累的过程，要整合多个维度的各类数据，并且必须经过一个中心化的存储单元或机构进行认证。对于很多小微企业和个体老板来说，通过中心节点积累信用数据的方式很难普及。对于银行来说，一个个系统接入，是不可能完成的任务，并且也无法保证接入的数据的真实性，这就需要用到区块链技术。

1. 区块链对银行风控的作用

区块链分布式记账、分布式传播、分布式存储的技术特性，保证了系统内的数据存储、交易验证、信息传输都是去中心化的，风控系统借助区块链的智能合约等手段，能实现中小企业信用体系的重建，使银行风控系统完备。

对于征信评级来说，运用区块链技术，搭建大数据采集平台可实现对客户信用的实时评估，各商业银行以加密的形式存储并共享客户在本机构的信用状况，客户申请贷款时不必再到中央银行申请查询征信，贷款机构通过调取区块链上的相应信息数据即可完成全部征信工作。这方面的数据还可以和国家的征信系统的数据对接，获得多维数据，包括消费记录、电信记录、工商信息、税务信息、法院诉讼信息等。

有了这些大数据后，通过机器学习、神经网络、深度学习等人工智能技术，可解决传统评级模型难以处理的非线性关系、评级展望等复杂问题，从而实现客户信用评级模型的全面升级。

对于小微金融问题，运用区块链技术，商业银行可以将信贷合同以智能合约的形式迁移至企业级区块链系统，实现更加精准的信贷风险控制。将区块链与大数据技术结合起来，商业银行可以用自动化数据分析和展示系统替代大量人工控制，建立风险预警机制，实现企业客户信用风险的识别、传导与跟踪。

此外，利用区块链的确权作用，可以将中小企业的各类资产上链，并且全程跟踪和加密访问，从而获得企业更加精准和实时的营业数据，更好地建立授信标准。基于上链资产可以发行各类金融票据，并在链上拆分和流转，将单一企业的信用风险分散，甚至可以利用资产市场的金融衍生品来对冲市场风险，进一步提升银行的风控能力。

对于动产质押融资，传统的物流信息化管理是一种被动、静态的管理方式，存在极大的风险。例如，某个企业将车辆抵押融资，银行并不知道车辆的具体使用情况，有可能发生车祸已损毁，这样的抵押就失去了意义。

将物联网和区块链技术结合起来，正好可以很好地解决这一问题，通过采集货物的入库、移库、盘点、出库等动态实时数据，进行联盟链内部数据的可靠分享，可使客户和银行等各方能够实时监控货物的状态变化，实现动产的全面监管，降低动产质押风险。

在进一步的发展中，商业银行可以通过自建或服务外包，优化小微企业存货、仓单等动产抵质押管理，实现专业化、实时化的移动贷后监控，更加及时可靠地掌握企业经营情况。

目前，国内在这方面还处于早期阶段，只有少数金融机构开展了相关的研究和实际应用，典型代表就是信贷魔方。

2. 案例：信贷魔方

平安集团在 2018 年发布了利用区块链技术落地的智能风控解决方案——信贷魔方，其数据维度几乎涵盖了金融机构各类风控应用场景，如贷前风险评估、贷中风控预警、贷后风险跟踪、财务协调报告、多头借贷核验、监管合规审查等，能最大限度地预防金融机构在开展信贷业务中的各类风险事故。其架构如图 7-9 所示。

图 7-9 信贷魔方架构

信贷魔方借助智能风控引擎与自动化风控模型，围绕中小企业信贷领域的风控管理，为金融机构提供了七大风控数据产品服务，分别是企业主个人评分、企业主画像、企业评级、企业工商信息、黑灰名单、非银信贷名单、财务顾问专家。

（1）企业主个人评分

基于超过 20 万个具有真实贷的客户案例与数据，包括 3000 余个指标变量参与算法建模，提供了随机验证与时间外验证的双重检验样本，最大限度地保障了数据源的有效性及评估结果的客观公正性。同时，该模型具备机器学习、数据与算法自动更迭的能力，可不断提升风险评估质量与效率。

（2）企业主画像

该服务构建基于数据集市、规则引擎、风控模型的完整评价模型。其中，数据集市实现了海量数据的全面覆盖，涵盖了企业主的身份、生活、工作、财富、账户、IP、手机、设备等大量线上、线下用户行为数据，通过近千个风险标签及强大的专家模型，对客户做全方位的行为分析与风险预测，让企业主在风控体系下近乎透明。

通过企业主画像，可以更全面地分析企业主潜在的风险要素，具体包括欺诈风险、信用风险、行业风险、违约风险、法律风险，通过风险量化评估，立体、客观地呈现企业主多维画像，帮助金融机构对企业主及其所经营的企业有更全面的了解，极大地增强了金融机构的风险识别能力。

（3）企业评级

企业评级是对企业经营状况与发展潜力的重要评估体系，基于超过 10 万个有真实贷的小微企业的经营数据样本，按照不同行业确定个性化特征指标，通过聚类、逻辑回归、随机森林等多算法模型反复进行比较验证，最终形成企业评级评分与分析。

企业评级目前几乎覆盖了大多数的行业目标客户群，包括批发零售、制造、交通运输、仓储物流、建筑业、住宿餐饮等主流行业，基于不同行业特征与需要又定制了个性化特征指标，如资产负债率、净资产回报率、毛利率、应收账款周转率、销售增长率等，最终形成直观可视化的企业评估报告，涵盖了企业规模、成长能力、运营水平、杠杆水平、盈利能力等诸多方面的评价体系。

（4）企业工商信息

企业工商信息是企业最基础的信息组成部分，基于企业工商大数据平台，通过对相关信息的解读，可对企业整体稳定性进行评价与展望。

（5）黑灰名单

平安金融壹账通拥有海量覆盖企业与个人的司法黑名单数据，信贷魔方利用区块链技术进行黑名单上传及共享，实现全网监控，从而保障了数据的客观、公正和有效，确保金融机构能对高危用户进行有效的风险识别。

（6）非银信贷名单

非银信贷名单是互联网信贷领域的征信体系，可以覆盖大多数非银金融机构客户的信贷信息，填补了传统金融风险监管无法覆盖非银信贷的空白。信贷魔方接入的非银信贷数据来源于全国范围内数千家各类型小微金融机构的支付机构、消费金融公司、P2P 网贷、小贷公司、保险公司等从事借贷业务的机构。

数据指标包括用户最近 24 个月的贷款与还款信息、审核放贷、还款逾期等风险信息。有了非银信贷数据的支持，金融机构将大幅度提升获客效率与风险管理水平。

（7）财务顾问专家

借助大数据与人工智能等互联网技术手段将复杂的财务管理、财务风险诊断等工作，通过标准化的单元数据定义，可自动实现规范财务报告输出，满足金融机构对企业财务状况评估的要求，也能帮助企业预判经营过程中的财务风险。

从信贷魔方的实践看，人工智能、区块链与大数据等新技术的运用使传统网络贷款申请流程简化 60%以上，极大地提升了业务效率。效率的提升直接节省了大量的人力、物力，也带来了更好的客户体验。

本节介绍了如何利用区块链技术解决银行风控难的问题。银行最大的风险来自信用风险，特别中小企业的风险尤其大，区块链技术将中小企业的各种数据整合在一起，帮助中小企业快速建立信用数据，有助于银行进行有效的风险管理。除银行外，政府的监管部门也可以利用区块链技术协助提高监管效率。

7.3　解决金融监管难问题

随着金融创新、普惠金融等新业务的发展，金融风险事件开始增多，证监会等监管部门对该类现象的监管主要通过现场检查、文件审计约谈、稽查等方式，往往效率低、人力物力消耗大，具有较大的局限性。

金融科技应用在带来广泛金融服务创新的同时，也衍生了一系列新风险，给金融行业监管带来了新的挑战。例如，过去几年 P2P 的盛行，给经济环境带来了巨大的隐患，传统的监管模式对这种创新金融无法及时跟踪和监控，这就需要升级监管能力。科技可以用来升级业务模式，也可以用于监管，这就是监管科技。

监管科技的支持可以大大降低监管成本，提升监管效果，金融机构也可以基于此满足监管要求，降低合规成本。

7.3.1　区块链在监管科技中的作用

国际金融协会（IIF）将监管科技描述为"能够高效和有效地解决监管和合规性要求

的新技术"。从 2016 年开始，监管科技进入快速发展阶段，世界各国对其越来越重视，美国、加拿大、澳大利亚、新加坡等国相继发布促进监管科技发展的相关政策。例如，2017 年 1 月，美国国家经济委员会发布《金融科技监管白皮书》，专门提出了在应用科技提升金融监管方面的目标和原则。

中国金融监管机构也在实践中不断探索监管科技的应用。例如，银保监会将分布式架构运用于 EAST 数据仓库，将现场检查方案与大数据相结合；证监会运用大数据分析打击内幕交易；等等。

监管科技的核心技术主要包括云计算、大数据、人工智能、区块链和 API（应用数据接口，用于数据传输的标准）等五大领域，如图 7-10 所示。

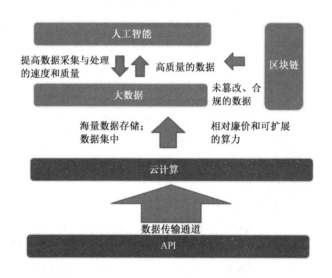

图 7-10   监管科技核心技术体系

底层的 API 主要是用于对接各种业务系统自动获取交易数据，如银行的资金流水、证券的交易记录、保险的理赔数据等。这个层次的关键是定义好具体的数据范围，让业务单位可以放心地提交数据。

区块链的作用主要是加密通信。API 获取的数据涉及业务机构的核心商业机密，一旦泄露会造成重大影响，因此可以利用区块链中的非对称加密技术，将数据通过公钥加密后发送给监管机构，然后监管机构用私钥解密获得原始数据。

云计算主要进行数据的物理存储，为监管科技提供廉价的计算和存储资源。传统的云技术依然采用中心化的机制，存在很多问题，如数据的可靠性不强等。

区块链技术可以用来构建多个交易节点的方式，搭建一个 P2P 网络的云计算平台，将监管机构作为联盟链的核心节点之一，将涉及监管的重要数据上链存储，这样监管机构就可以从链上实时调用数据并提供监管意见。有了这种实时的监管模式，类似 P2P 这样的非法资金池金融模式，就不会运行多年而不被发现了。

大数据主要完成多维数据的存储和读取，其关键就在于保证数据质量，避免脏数据对上层人工智能模型的误导。区块链在这个层次的作用是通过共识机制来降低垃圾数据的比例，主要就是当众多的节点都在链上运行后，相关业务单位可以很容易地发现造假数据。例如，某个消费金融机构将篡改后的数据上链，链上的其他消费金融机构可以很容易发现这个数据与业内同行的情况不一致，然后在链上向监管部门举报。

人工智能层主要就是各种模式识别的模型，如支持向量机、人工神经网络等。很多异常交易往往和正常交易具有不同的特征，表现在数据模式上就是出现"噪声信号"。例如，某个庄家试图操纵某只股票，很可能频繁地大笔挂单、撤单，数量和频次远远超过普通的交易员，通过人工智能的频繁模式挖掘技术，就可以很容易地发现这种问题。

五大技术的协同，实现了以最小扰动的方式进行监管，提升了监管效率，也强化了监管效果。区块链在监管科技系统架构中的主要作用就是提供了安全机制、可信机制和共识机制，保证了数据的真实可靠，最终为人工智能层的模型预测提供坚实的数据支撑。

7.3.2　区块链监管科技的主要应用场景

监管科技的应用场景主要包括用户身份识别、市场交易行为监控、合规数据报送、法律法规跟踪、风险数据融合分析、金融机构压力测试，见表 7-1，每个场景都需要多种技术共同支撑，区块链技术都会在其中发挥作用。

表 7-1　监管科技在不同场景中的应用

应用场景	应用机构		核心技术				
	金融机构	监管机构	云计算	大数据	人工智能	区块链	API
用户身份识别	√	√	√	√	√	√	
市场交易行为监控	√	√	√	√	√	√	
合规数据报送	√	√		√		√	√
法律法规跟踪	√		√	√	√	√	
风险数据融合分析		√	√	√	√		√
金融机构压力测试		√	√	√	√	√	√

1. 用户身份识别

在当前金融市场中，存在很多非用户本人操作的金融业务违规违法现象，如信用卡盗刷、用虚假证件开户等，这就给追踪真正的金融事件当事人带来了困难。因此，监管机构对于金融机构在"了解你的用户"（KYC）和"用户尽职调查"（CDD）等方面有着明确的监管要求。

解决方案：一是应用智能生物识别技术，在建立账户和交易时加入生物特征信息（如人脸、虹膜、指纹、声纹等），提升金融机构用户身份识别能力；二是应用大数据比对技术，识别非常用地区转账、非常用设备转账等异常操作，对账户异常违规操作进行拦截，并要求再次验证身份。

相关数据涉及用户的隐私，一旦泄露就会引起严重问题，而区块链中的数字签名技术可以用来确认用户的身份，非对称加密技术可以用来保证数据的安全传输。

2. 市场交易行为监控

在区块链的 UXTO 数据结构中，保存的是"交易数据"本身，并且通过链式结构，从最初的交易区块直到当下的结果，都记录在案，无论中间经历过多少次交易，中转过多少家金融机构，都可以在区块链上追查到资金的历史流向，让洗钱行为完全透明可见。

3. 合规数据报送

合规报告是监管机构进行非现场监管的重要手段，高水准的数据报送可以帮助监管机构及时发现和化解风险，金融机构需要面向多个监管机构报送不同结构、不同统计维度的数据。

解决方案：金融机构可以通过整合内部数据，增加统计维度，实现合规数据报告快速生成。报送规则以 API 的形式实现数字化，可提升报送效率和真实度，并降低报送成本。

区块链技术在这个场景中的应用就是加密通信，利用公钥私钥的非对称加密机制，确保数据传输过程保密安全，防止数据泄露带来的危险。

4. 法律法规跟踪

在金融行业监管不断提升和细化的背景下，监管法律法规密集出台，金融机构需要追踪最新的法律法规，还要逐条对比新旧条文的异同。

解决方案：人工智能技术可以自动发现、识别、归档新发布的金融监管法律法规，并对比新旧文件的异同，最终生成跟踪报告。

新的法律法规不断出现，并且不同的行业有不同的解释和理解，可以利用区块链中的共识机制，将相关的机构作为联盟链的节点，由多个节点来投票确定对法律法规变更的理解，然后在链上同步更新区块，避免了因不同机构对法律法规理解不同带来的错误。

5. 风险数据融合分析

2008 年金融危机后，宏观审慎监管得到更多重视，基于单个金融机构的数据很难及时识别系统性金融风险，监管的实现需要全面融合各金融机构的数据，进行整体性风险分析管控。

解决方案：通过区块链监管平台的建设运营，实现各个金融机构之间在成员认证、接入管理、数据查询、流通规则等方面的互联互通，有效汇聚和及时分析风险数据，为宏观审慎监管提供有力支撑。将各平台的数据互联互通，形成联盟链，使得风险事件一旦出现，就在整个链上公开，从而使那些有问题的机构多次犯规的可能性大大降低。

6. 金融机构压力测试

严格的金融监管条例在保证金融市场稳定的同时，也在一定程度上限制了金融新业态的发展。金融创新既需要新技术的支撑，也需要有效的风险防控，创新发展与风险防控必须并重。

解决方案：利用信息技术构建"监管沙盒"，就是构建一个虚拟的环境，在该环境中模拟真实交易场景，测试金融机构系统稳定性、安全性等指标。这样就避免了在技术不成熟的情况下贸然进入真实的监管，而给金融系统带来无法预料的伤害。

可以将区块链中的分布式交易模式引入"监管沙盒"，构建一个独立的场外体系，和当前实际应用的系统分开，对于那些有争议的业务，先在场外系统中运行，成熟可控后再纳入常规体系。

上面的 6 个场景是学术界对于监管科技的研究结果，目前很多应用还处于起步阶段，特别是区块链的应用，还有相当长的路要走。

7.3.3　案例：金融存管区块链

2019 年 10 月底，浙江金融资产交易中心（以下简称"浙金中心"）、中国工商银行浙江省分行、云象区块链共同打造的"金融存管区块链"成功落地，实现了基于区块链的监管科技应用新突破。金融存管区块链构建了一套机构间安全、可信的数据通道与协同机制，为金融机构的多种复杂应用场景提供了保障，其架构如图 7-11 所示。

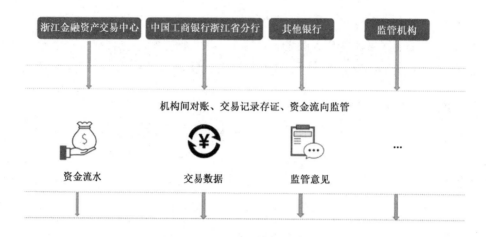

图 7-11　金融存管区块链架构

在传统的业务流程中，监管机构都是事后监管，业务机构通过报送文件的模式提交监管材料，效率低下，且无法跟踪到业务细节，无法给予及时的指导意见。在金融存管区块链上，资金流水、交易数据、监管意见三大部分数据形成区块的基本数据结构，构建了并行的业务模式，让事后监管变成事中监管。

金融存管区块链主要有以下功能。

（1）机构间实时对账

传统联机对账模式在日终批量完成，存在时效性差的问题，出现账务问题时无法及时发现和处理。基于金融存管区块链的对账应用程序在浙金中心与银行间构建了实时对账通道，双方流水明细上链后由智能合约完成比对，无论是多账、少账还是错账，都能够在第一时间发现并向双方系统管理员提示。

（2）用户交易数据存证

在传统的充值与提现操作中，用户资金需在银行账户与浙金中心账户间转移。为更好地保护用户权益，减少因系统间数据不一致导致的纠纷，交易流水的关键信息包括充值提现时间、充值提现金额、业务类型、用户姓名、资金账号、银行账号、电子签名等，这些数据将在金融存管区块链上存证，存证文件可作为有效的用户操作充值提现证据。

（3）监管机构实时监管

金融存管区块链采用主动监管方式，一方面提供可监管的数据接口，另一方面支持监管部门作为特殊节点接入，及时同步数据，并对数据完整性、有效性、合规性进行及时监控，对异常或违规行为给予及时处理意见。这个模式就相当于给被监管部门装了监控摄像头，一旦有人有意无意地"闯红灯"，立刻就会收到监管部门的提示或惩罚处理，从而在第一时间将不合规的行为消灭。

本节介绍了区块链技术应用于监管科技的逻辑和案例，通过构建联盟链，将监管机构纳入业务流程中，可以保证数据的准确性和及时性，监管机构可以获得更多的交易细节，利用人工智能模型发现异常交易和违法违规行为，从而推动传统的事后监管转变为事中监管，甚至是实时监管。

第 8 章

区块链与数字经济模式创新

5556 框架中的第二个应用场景是区块链与数字经济模式创新，主要包括打造透明营商环境、推进供给侧改革和新旧动能转换。在数字经济模式创新中，除了技术层面的升级，更重要的是对目前管理模式、管理制度的改造，从而重塑政府、企业、社会之间的关系。

8.1 打造透明营商环境

中国自从改革开放以来，营商环境不断改善。根据世界银行对世界各国营商环境的排名，2018 年，中国从上期的第 78 位跃升至第 46 位，大幅提升了 32 位；2019 年进一步跃居第 31 位，大幅提升了 15 位，连续两年进入全世界营商环境改善幅度最大经济体行列。

8.1.1 区块链在营商环境中的作用

可以这么说，中国经济的高速发展与营商环境的改善密不可分，因为我国具有其他国家所不具备的优势与潜力，比如有全世界最大的单一市场、最完善的制造业体系和发达的基础设施。但应该看到，除个别指标以外，我国营商环境距离国际一流水平仍有差距。营商环境不仅包括基础设施等硬环境，而且包括保护市场主体权益、融资环境、政务服务等软环境。

电子政务是电子化的政府机关信息服务和信息处理系统，通过计算机、通信、互联网等技术对政府工作进行电子信息化改造，从而提高政务管理工作的效率及政府部门依法行政的水平。电子政务的价值链如图 8-1 所示。

电子政务通过明确服务事项、升级服务方式、提高服务效率、提升服务质量和推动政府资源共享这 5 个方面打造电子政务的价值链，最终的目标是提高社会经济效益。

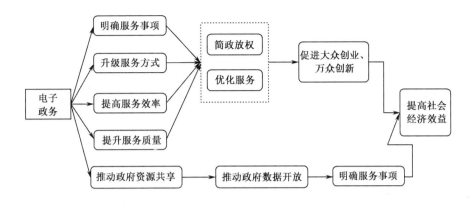

图 8-1　电子政务的价值链

传统的电子政务只是将手工操作变成电子化操作，并不涉及流程的改造和简政放权，只能提高操作的效率，在整个管理模式的优化方面还有很多不足。随着技术进步，电子政务开始走进数字政务时代，一个显著标志就是各种政务服务大量运用了人工智能、大数据等新兴技术。同时，将技术和行政管理改革结合起来，将相关管理部门的职能合并，避免了过去那种责权不清、效率低下的情况。

众所周知，无论是人工智能，还是大数据，想发挥其应用价值，就必须建立在海量数据的基础之上，但是现阶段，数据孤岛、数据低质和数据泄露等问题普遍存在，大大限制了人工智能和大数据技术的发挥空间。

人工智能、大数据本身无法解决这几个问题，而区块链技术恰好对解决这几个问题有完美的方案。将区块链技术和电子政务结合起来，将政府的相关机关作为节点，打造数字政务的联盟链，可营造数据共享环境，消除数据孤岛，将众多传统的管理模式改变为区块链政务模式，如数字身份、产权登记与公证、工商注册、投票选举等。"区块链+政务"的应用场景如图 8-2 所示。将区块链和电子政务结合起来，可以打造一个政务链。

图 8-2　"区块链+政务"应用场景

8.1.2　数据共享平台：政务链

出于对数据安全的考虑，电子政务体系内各政府部门之间的数据孤岛现象非常严重，共享往往难以真正实现。究其原因，最大的难点在于政府部门作为天然的中心化管理机构，不可能接受完全去中心化的业务流程重塑。因此，在政务数据共享领域，存在办事入口不统一、平台功能不完善、事项上网不同步、服务信息不准确等诸多痛点。

传统的中心化机制数据共享在电子政府领域存在管理的难题，以公安部门为例，派出所的数据向上级公安局开放是没有问题的，但是其他部门（如税务部门）来调用数据就存在行政关系的问题。这往往需要更高级部门之间的协调，不仅效率低下，而且会出现部门之间权责不清的情况。

区块链为跨级别、跨部门数据的互联互通提供了一个安全可信任的环境，将参与数据联通的政府部门作为节点，构建联盟链，实现数据上链，可以大大降低电子政务数据共享的安全风险，同时可提高政府部门的工作效率。

首先，区块链上的数据不可篡改、可追溯，这样就可以将数据调用行为记录在案，如果有违规使用数据的情况，就可以准确追责，让参与分享数据的政府部门不用担心泄密问题。

其次，在具体的数据访问中，开发智能合约来约定数据分享规则，允许政府部门对访问方和访问数据进行自主授权，并通过加密技术和数字签名确保数据的使用在智能合约约定的规则之内。下面看一个政务链的案例。

图 8-3 所示是一个身份管理系统的政务链，将派出所、分局、市局、省公安厅和公安部系统，从传统的串行模式变为联盟链的并行模式。这几个公安部门作为政务链上的节点存在，下级单位处理的业务数据在链上共享，上级机构可以监控并在链上发布指导意见。

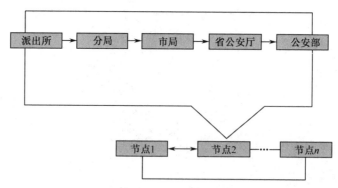

图 8-3　政务链多级权限管理系统示意图（以身份管理系统为例）

在该政务链中，创建者可以建立各种应用程序，实现各种事务流程。例如，在智能合约的支持下，授权账户可以对该系统中的事务进行变更、撤回、删除等操作。

智能合约是对传统合约的升级，其实各种法律法规也是一种合约。例如，《公司法》就约定了各种有关公司登记、运行、管理、注销的流程，从技术的角度看，这就是一整套合约流程，因此完全可以将智能合约应用于各种法律体系。

基于 DPoVE （授权生态价值证明）的区块链底层协议，政务链可以创立"智能法律"机制，将智能合约技术应用到政府工作中的政策与法律法规领域。例如，出现法律纠纷的时候，可以将一些简单的、冲突小的事件交由智能法律处理，而不用走传统的上访、起诉的冗长的流程。

继续发展下去，政务链就不仅仅是一个电子政务体系，而是可以将政府机构、司法机构、立法机构的职能上链处理，形成由政府主导和监管的政务、司法和立法的区块链生态系统，如图 8-4 所示。在这个系统中，不同部门的数据中心将各自的数据上链，提供完整的数字政务的服务，如知识产权注册、工商注册、产权公正、身份登记等。

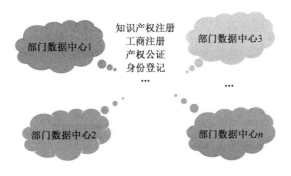

图 8-4　政务链生态系统

目前，已经有少数地方政府开始尝试区块链和电子政务的结合。例如，娄底市国土资源局、税务局、房产局及不动产交易中心，联合打造了全国首个基于区块链的不动产登记系统，针对一手房、二手房、土地等不动产，严格实行三网数据互联互通管理、资源共享，可以有效避免各个部门重复采集数据、重复录入，提高行政效率。其业务流程如图 8-5 所示。

该平台能够实现多部门数据实时共享，充分挖掘不动产信息价值提供信用服务，从而提高银行存贷比，促进城市经济发展。另外，该平台可以大大缩减群众办理不动产登记时间，提交材料只需一次，使群众少跑腿，提供了更加便民的服务。具体有以下方面。

（1）四网互通

统一行政审批平台入口，避免多次递交资料与多部门重复审核，大幅缩短了业务办理时间。

（2）数据可控共享

实现不动产交易中心、国土资源局、税务局等多部门数据资源共享，做到精细化管理，避免了基础数据的重复录入。

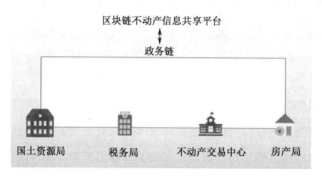

图 8-5   娄底市块链不动产信息共享平台

（3）精准追责

对数据调用行为进行记录，出现数据泄露事件时能够精准追责，创造了良好的政务生态环境。

（4）监管可控

避免数据孤岛带来的问题，使税务监管更方便，数据共享业务流程一目了然，清晰可控。

8.1.3   案例：禅城"区块链+产业"

除政务链外，区块链技术还可以用来构建工业园区的产业信用平台，将政府的大数据赋能到工业园区和金融机构，在贷前、贷中和贷后提供数据服务，提升入园产业的营商环境透明度。下面看一个案例。

禅城区是佛山市的中心城区，2018 年 10 月，禅城区发布《"区块链+产业"白皮书》，书中设计了多个领域的区块链改造。

1. 区块链+产权管理

对于工业园区的企业来说，产权确认是一个很重要的问题，包括厂房、机器、土地使用权等。利用区块链，通过规范的资产数字化流程，将传统的资产上链确权，并打造可追溯的、点对点的交易平台，可以帮助实现传统产权确认、产权管理、产权流通、产权监管等环节的优化，其具体架构如图 8-6 所示。

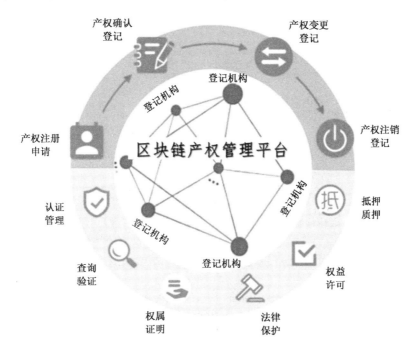

图 8-6　基于区块链的产权管理平台架构

该平台的业务功能包括产权注册申请、产权确认登记、产权变更登记和产权注销登记。相关的登记机构，如工商局、知识产权机构、土地权管理机构等作为联盟链的节点存在，实现数据的互联互通。

有了这些数据的共享，就可以实现对产权的一系列操作，包括认证管理、查询验证、权属证明、法律保护、权益许可和抵押质押等。对于产业园区的企业来说，资产上链后，可以将很多传统模式下无法流通的资产进行金融化处理，如将厂房作为抵押品寻求贷款支持，或者将库存仓单质押进行 ABS 融资。

对于与园区企业合作的上下游机构来说，通过这个区块链产权管理平台，不用像以前那样去评估合作企业的实力，都可以在链上查询到需要的一切资产数据。当然，这种查询并不是无条件的，而是需要成为区块链平台认可的用户，具体的查询过程也会通过加密方式进行，避免了商业机密的泄露。

2. 区块链+产业信用

与前面说的金融信用不同，产业信用体系指的是基于企业在产业链中的商业活动，积累建立的一个具有公信力的、可追溯的信用评价和认定体系。产业信用体系要整合各类相关的信用数据，如工商、税务、司法、法人征信信息，账款凭证、合同订单的履行情况等，其架构如图 8-7 所示。

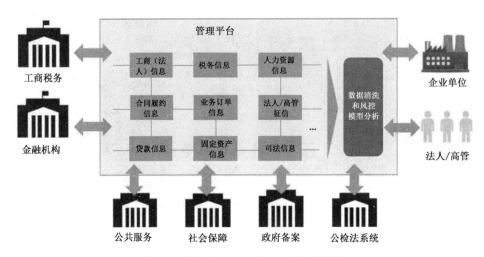

图 8-7   基于区块链的产业信用体系架构

可以积极探索构建一个基于区块链的产业信用平台，将政府的大数据赋能给金融机构，在贷前、贷中和贷后提供数据服务，同时为符合国家政策的小微企业提供政策支持，鼓励金融机构在这个平台上推出相关金融产品，真正助力实体经济发展。

3. 区块链+产业清分

供应链企业和互联网平台类企业，其上下游供应商、合作伙伴众多，对账和清/结算体系复杂，需要多级复杂账户体系支撑。因此，单纯支付通道服务已经满足不了用户，基于多级账户体系的智能对账、分账已成刚需。

通过区块链，交易双方或多方可以共享一套可信、互认的账本，所有的交易清/结算记录全部在链上可查，安全透明、不可篡改、可追溯，极大地提升了对账准确度和效率。通过搭载智能合约，还可以实现自动执行交易清分结算，从而实现交易即清算，降低对账人员成本和差错率，提高清分的效率。

在图 8-8 所示的点对点产业清分系统中，和前面章节中介绍的银行底层基础设施的改造类似，将各参与方作为节点，构建联盟链体系，数据的对账工作直接写入区块，从而实现"交易即清算"。

在前述 3 个案例中，利用区块链技术将各种传统不可信的、效率低下的信息共享模式上链，使营商环境进一步透明化，增强了合作方的信任。

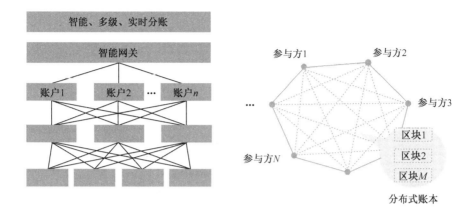

图 8-8 基于区块链的点对点产业清分系统

本节介绍了区块链在打造透明营商环境方面所起的巨大作用，其中的大部分功能都是对传统电子政务的升级，如通过政务链来提高政府服务的效率、构建产业园区的产权确认、产业信用、产业清分的区块链平台等。

8.2 推进供给侧改革

有哪些行业可以进行供给侧改革？区块链对其有哪些作用和价值呢？我们先来看看经济学中供给与需求的基本概念。

8.2.1 经济学中的需求定律

到底先有鸡，还是先有蛋？这是令很多人疑惑的问题；同样的，在经济生活中，到底是需求创造供给，还是供给创造需求，也是一直困扰经济学家的问题。供给和需求的关系到底是什么呢？传统的经济学给出了需求定律。

比如，春天来了，有些服装店还有大堆的羽绒服、防寒服和厚外套没卖完，怎么办？打折呗，只要价格降下来，就会有顾客愿意买，实在不行就清仓大甩卖。商品价格和销量是负相关关系，这就是经济学中的需求第一定律，即在其他因素保持不变的情况下，商品价格降低，则销量增加；价格上涨，则销量减少。这个规律可用图 8-9 来表示。

图 8-9 中的横轴表示需求量，纵轴表示价格，需求曲线是一条斜线，在斜线上任意

一点纵坐标是 p，也就是价格；横坐标是 q，也就是需求量。p 和 q 形成的矩形的面积就是在价格 p 下的需求额，如果 p 向上提升，这个矩形的面积会变小；如果将 p 降低，这个矩形的面积也会变小，那么 p 就是该商品的最优均衡价格。

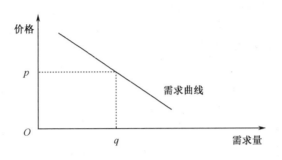

图 8-9   需求第一定律

大多数商品都会遵循需求第一定律。例如，某款手机上市，开始价格高昂，只有少数发烧友会购买；随着产能的扩大，价格逐步下跌，到达最优均衡价格后，销售额最大；然后通过各种活动，如"双十一"等，价格进一步下跌，销售量扩大，但是总的销售额却逐步降低，直到最终该手机退出市场。这就是微观经济学中的需求规律。

从图 8-9 中可以看出，价格逐渐上升，需求量逐渐减少，当价格上升到一定程度时，需求量就萎缩为零。如果价格进一步上升，那么需求量是多少？

此时，需求曲线就跑到了第二象限，需求量是个负值了，如图 8-10 所示。负的需求量是什么意思？就是供给。图 8-10 中的虚线，就是供给曲线，将它按纵轴镜像到第一象限，就是一条供给曲线。

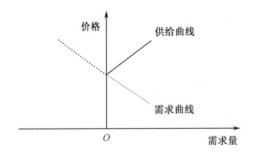

图 8-10   需求第二定律

这就是说，需求和供给没有绝对区分，它取决于价格。当一件商品的市场价格较低时，需求者要买入，即消费；当这件商品的价格逐渐升高时，需求量就逐步减少；当这件商品的价格进一步上升时，需求者就停止购买，即停止消费，如果价格仍然上升，需求者就变成了供给者。

有人在网上发了一个帖子："今天早晨从北京北五环仰山桥去河北廊坊开会，接连询问了 9 辆出租车，没有一辆车愿意去。一共 70 千米的路程，出租车的条件是一不打里程表，二要 300 元钱，三要 50% 的回程空驶费，合计 450 元；只好愤然取车自驾去了。"

这个例子很生动，恰恰说明了价格的重要性。第一，当价格提高到 450 元时，打车人从需求者变成了供给者。可以想见，如果价格不是 450 元，而是 4600 元，那么打车人可能就去开出租车了。这就传统经济学中认为的，价格足够高，就可以创造出更多的供给。

当然，这是个理论上的说法，实际上基于各种原因，并不是一味提高价格都可以产生供给的，特别是对于很多自然垄断的行业，如港口、道路这样的基础设施。实际上，随着人类科技的进步，很多需求的产生和价格并没有关系，如手机，曾经的诺基亚手机被更先进的苹果手机所替代，和价格就没有任何关系，完全是创新科技带来的变化。这就是中国要推进供给侧改革的出发点。

中国的经济发展，如果以改革开放为分界点，前 30 年可以说是由供给推动的，那时候最大的问题是产能不足，所以国家建设了各种大型的钢铁、化工等重工业企业，与老百姓日常生活有关的轻工业供给略显不足。改革开放以后，中国开始融入世界，特别是加入 WTO 以后，形成典型的需求拉动经济模式，利用发达国家，特别是美国的巨大市场需求，拉动了国内的经济发展，带来了改革开放以后人民生活水平的巨大提高。

8.2.2　区块链对供给侧改革的作用

我们已经知道，区块链不仅是一项技术，还是一种游戏规则、组织规则的改变，在供给侧改革的制度性变革中，区块链可以发挥更大的作用。可以这么说，区块链是对生产关系的一次改变，同时生产关系的改变又推动生产力的发展。

供给侧改革一个典型的场景就是分布式能源，即将不同区域电网互联，实现不同区域、不同类型能源跨区消纳的能源互联网。分布式发电是用清洁能源、生物质、新能源、可再生能源等为一次能源，将规模不一的发电、供热等设备集成，以分散的方式布置在用户附近的能源系统，相当于一个可独立输出热、电等能源的多功能小电站。传统能源系统和分布式能源系统的区别如图 8-11 所示。

开展分布式发电市场交易需要遵循信息对等、共享、透明、交易分散等基本原则。区块链技术本身有一个特殊的数据库结构，因为具备去中心化、可以分散等特点，应用在分布式发电市场交易中将非常有效。采用智能合约技术，让能源供应协议可以直接在生产者和消费者之间传递，在无人参与的情况下，实现各种复杂逻辑功能，还可以提供计量、计费和结算流程的基础数据。基于区块链的能源互联网的架构如图 8-12 所示。

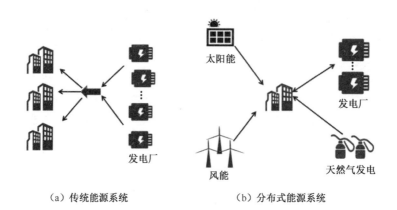

（a）传统能源系统　　　　　　　　（b）分布式能源系统

图 8-11　传统能源系统和分布式能源系统的区别

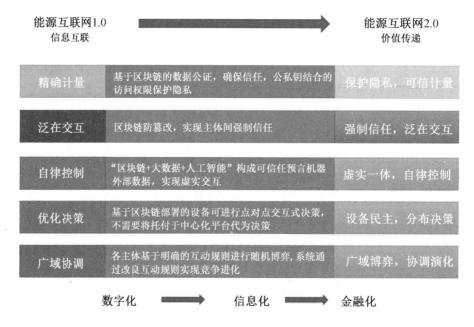

图 8-12　基于区块链的能源互联网的架构

在能源互联网的应用中，区块链主要具有以下作用。

（1）构建分布式能源交易体系

分布式能源来源多样，很多并不需要上电网主网，而是就近消纳。将电力生产商、配电系统运营商、传输系统运营商和供应商联合起来，构建一个联盟链进行分布式能源交易，可以让能源生产者与消费者在各个层次上进行交易，从而大大降低对电网主网的需求，优化了能源结构。

（2）智能合约用于能源管理

在区块链技术和智能合约的帮助下，可以有效地控制能源网络，有利于能源管理部门对能源的调控。例如，太阳能在白天很多，晚上没有，供应很不稳定，这就需要有储能设备的支持。利用智能合约技术，可以灵活调配生产和存储之间的关系。例如，当产生比需求多的能量时，智能合约可以确保这些多余的能量自动地传送到存储器中；当需求旺盛的时候，再从能量存储器中取出使用。

（3）能源产品金融化

基于区块链技术，可以将所有能源交易数据分散存储在一个链上，不用再担心中心化机制带来的单点故障风险，并且可以创造更多的商业模式。这些能源交易记录上链后，真实可信，可以作为金融机构开发金融产品的基础数据，将能源流转变成资金流，设计各种金融产品使分布式能源得到更广泛的金融支持。

其中，区块链最典型的作用就是将原本在传统的金融行业中无法交易的资产，经确权后，可以进行交易并金融化，从而优化了能源的供给。所以，区块链的最大的作用就是实现生产资料的平权化。

在现代信息社会中，信息已经成为最重要的生产资料之一。目前中心化的数据平台模式，让信息这种重要的生产资料集中到了少数数据巨头手里，严重干扰了生产力的发展。区块链将在一定程度上打破这个限制，从而激发更多的创造力，让更多传统的、无法流通的资产进入流通领域，极大地提高了供给能力，特别是对于中小企业来说，资产上链可极大地提升它们的竞争力。

8.2.3　区块链提升中小企业竞争力

中小企业往往是供应链上的"毛细血管"，基于区块链技术的通证，可以将供应链联盟的业务流程进行通证化改造，将中小企业所拥有和形成的多元资产形态（如股权、物权、有价证券及商品、服务等）改造为统一的通证形式，组织形态变更为社群组织形式，以社群自治方式维护其生产经营和其他经济活动。如图 8-13 所示，通证能帮助中小企业解决以下问题。

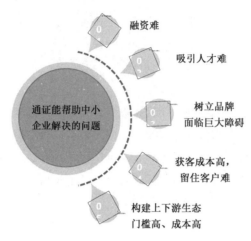

融资难

吸引人才难

树立品牌
面临巨大障碍

获客成本高，
留住客户难

构建上下游生态
门槛高、成本高

通证能帮助中小
企业解决的问题

图 8-13   通证对中小企业的助力

1. 融资难

银行等机构不愿意给中小企业贷款的根本原因是它们无法证明自己的还款能力。很多中小企业被迫寻找民间的高利贷解决资金周转问题，在经济寒冬期，很多中小企业因为高昂的债务危机而倒下。

有了区块链技术后，中小企业可以将更多的数据上链公开，如订单数据、现金流数据等，这就给了银行等金融机构更多的信任，可提升信用等级。利用通证，中小企业还可以向供应链中的核心企业寻求资金支持，这样的融资成本大大低于民间高利贷。

2. 吸引人才难

在传统的激励方式中，除奖金外，股权激励是重要的方法，但是股权激励的周期太长，往往没有奖励效果。采用发行通证的方式，可以将激励周期缩短到一年，甚至半年，并且通证的收益不一定只能通过上市退出，还可以采用内部福利、联盟中的贡献互认等方式来实现，从而将激励落到实处，给中小企业带来吸引人才、留住人才的机会。

3. 树立品牌面临巨大障碍

目前互联网巨头垄断流量，中小企业为了推广产品、培养品牌，必须付出高昂的流量费用。随着区块链技术的发展，中小企业可以发行通证，建立受众社群，社群中的人利用空闲时间在自己的网络空间进行推广获得通证，然后将这些通证兑换为相应的联盟福利，从而可以极大地减少传统的广告支出，有利于中小企业树立品牌。

4. 获客成本高，留住客户难

在传统的商业模式中，消费者对企业贡献了收入，但并没有享受到企业发展的收益。

采用通证之后，因为消费者同时也是贡献者，购买了企业的产品后，就可以获得相应的通证激励，企业的一部分利润可以发放给通证持有者，从而让消费者成为企业发展的受益人，用户黏性会极大地提高。

5. 构建上下游生态门槛高、成本高

目前，中小企业往往只能依附于供应链上的核心企业，或者依附于某个平台，自己构建上下游的生态难度很大。有了通证之后，这个问题可以在很大程度上得到缓解，围绕中小企业的上下游企业的很多服务和产品，可以采用通证进行内部结算，超出的部分再进行法币结算，这样可以降低构建上下游生态的门槛和成本。

当然，在目前的市场环境中，通证是新生事物，还没有与之配套的监管环境。但是它有巨大应用潜力，相信未来会有更加完善的法律环境支持它的发展。毫无疑问，激发中小企业的活力，创造更好的发展环境，是供给侧改革成功的关键所在。

本节介绍了供给侧改革的经济学原理和政策导向。供给侧改革的目的是对中国经济的结构进行制度性的、生产关系层面的深入调整。区块链技术的重要的价值之一就是改变生产关系，将生产资料的所有权重新做一个平权，让个体发挥出劳动的积极性，提升中小企业的竞争力。

8.3　促进新旧动能转换

从 2015 年开始，中国经济进入新常态，推动新旧动能转换、加快培育新动能、改造升级旧动能、促进新旧动能混合提升，是推进第一、二、三产业协同发展、融合发展的重要方式，关系到整个产业结构的转型升级。

8.3.1　区块链改造升级旧动能

新动能是指在新一轮科技革命和产业变革中形成的经济社会发展新动力、新技术、新产业、新业态、新模式等。旧动能是指传统动能，不仅涉及高耗能、高污染的制造业，更宽泛地覆盖利用传统经营模式经营的第一、二、三产业。

概括来讲，新旧动能转换的意思是，通过科技革命和产业变革形成经济发展新动力、

新技术、新产业、新业态、新模式等，替代传统的以资源和政府为导向的经济发展模式。

新动能与旧动能是不可分割的，旧动能也可以通过产业升级、技术革新转换为新功能。例如，传统的高污染行业通过技术改造可以成为低碳经济体，利润底下的对外贸易通过新零售模式可以成为消费市场的新兴力量。所以旧动能通过产业转型升级提升发展效率和质量后，完全可以转换为新动能。

实现经济结构转型升级，必须加快新旧动能转换。这种转换既来自"无中生有"的新技术、新业态、新模式，也来自"有中出新"的传统产业改造升级，两者相辅相成、有机统一。总的来说，新功能主要有两个"新"，一是生产力方面的"新"，就是利用人工智能、大数据、5G 等技术进行生产力的升级；二是生产关系方面的"新"，就是利用区块链技术对现有管理制度、行政制度的改革。

第一，在生产力方面的改革，除新技术外，区块链还可以用于优化流程、促进数据共享、扩大合作范围。在前面的案例中已经介绍过分布式制造联盟的概念，就是在短期内出现大量的订单的情况下，将不同厂家的制造单元联合起来，形成"产能共享平台"，提高产能利用率，对于解决产能过剩问题是一个有效的模式。

除此之外，具体到产业联盟中，让机器拥有通证这种内部交换媒介，可以减少对法币的使用，降低后台财务、法务人员的成本，提高中小企业的利润和竞争力。

第二，在生产关系方面的改革，可以利用通证激励来代替股权激励。对于那些不方便、不适合股权激励的企业，是一个不错的选择。今天的财富创造主体是企业，是一种股份制组织结构，参与的股东拥有相应所有权，在此基础上获得管理权、分红权。股份通过工商局确权后，进入流通领域，可使更多优秀的人才进入公司。

但是股份制是基于所有权的，只能激励股东和核心员工，对于国企、集体企业来说，股权激励存在法律上的问题，例如，曾经火爆一时的 MBO 被叫停，就是因为存在国有资产流失的问题。但是国有企业和集体企业在激烈的市场竞争中需要对重要的员工进行激励，这就可以利用区块链上的通证模型。

通证是在一个联盟链内部可以用来定价、转换和交易的内部积分，类似企业食堂的饭票，只在联盟链内部或企业内部流通、核算和激励。通证作为激励的载体，可以将员工的努力与具体的业务贡献直接相关，从而可以更加细化和量化员工的贡献，让员工更加努力地提升业绩。

不管是生产力的改革，还是生产关系的改革，都是新旧动能转换的重要途径，基于区块链模式的改革，有一个术语，叫作"链改"。

8.3.2　链改与通证激励

链改是指通过区块链技术的应用，塑造传统企业的组织结构、商业结构、市场结构、供应链结构、人力资源结构等，使企业运行更加稳定、更加低成本、更加高效，获得新动能。如图 8-14 所示。链改涉及的范围很广泛，从资本到 IP，到企业到产业园区，都可以通过链改的方式升级商业模式和经济模型。

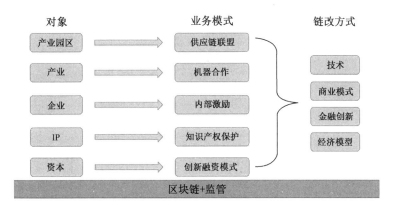

图 8-14　链改整体架构

例如，对于资本，可以通过链改将传统的融资模式变成区块链融资模式，基金份额也可以登记在区块链上，从而大大增强其流动性。

对于 IP 来说，通过区块链确权，可以有效地保护知识产权。例如，某个音乐作品，在区块链上确权后，其他平台对该音乐的使用细节都可以追溯，从而避免各种盗版和侵权行为。

对于企业，利用区块链发行内部通证，用于员工激励，比传统的股权激励的效果要好很多。有关这个话题后文会做进一步的阐述。

对于产业，通证同样可以用于机器之间的通信。例如，将机器生产的产品和需要消耗的材料用通证作为交换媒介，就可以大大减少对法币的使用，降低资金成本。

对于产业园区，可以构建联盟链来促进园区上下游企业之间的数据共享、资产确权和供应链金融的支持。

链改不仅是简单的技术升级，而是通过改良生产关系促进生产力的发展，为实体经济赋能。将区块链与实体产业结合可真正赋能实体经济，从而服务传统企业，将旧动能改造为新动能。下面重点阐述在企业微观层面，如何利用区块链来进行内部激励，这就是通证激励模式。

在传统的激励模式中，除奖金和福利外，一个重要的方式就是股权激励。所谓股权激励，就是公司给予员工在一定期限内按照某个特定价格购买一定公司股票的权利。股权可以让持有的员工认识到自己的工作表现会直接影响到未来公司股票的价值，也就是与自己的利益直接挂钩。股权激励主要的目的有两个，一个是融智，另一个是融资，如图 8-15 所示。

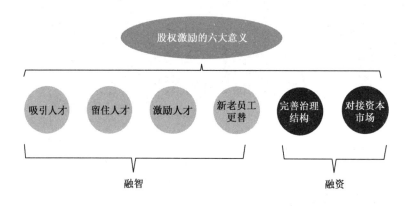

图 8-15　股权激励的作用

融智的目的是吸引人才、留住人才、激励人才和新老员工更替；融资的目的除获得资金支持外，更重要的是完善治理结构和对接资本市场。在互联网企业中，很多都通过股权激励在创业的早期获得资金和人才的支持，从而快速发展，获得竞争优势。

但是，这种激励方式也有弊端，那就是"奖励单维度"。对每位持有股权的人来说，想要提高自己的利益，只能寄希望于自己的工作能帮公司提高利润，只有扩大整个蛋糕，才能在固定比例下分得更多。

基于岗位的限制，并不是每个人都可以为公司提供额外的贡献的。例如，出纳、行政人员等，一般看不到工作成就与公司利益的关联性，因此不可避免地就有钻空子的机会，即持股不干事。既然没有办法直接计量员工的产出，而员工又可以享受未来公司的红利，那为什么不选择少干事呢？

通证激励，可以将贡献进一步细化，且不是以盈利作为唯一的考核指标，而是将员工的各种工作和贡献，都作为"挖矿"行为从而获得通证，其激励流程如图 8-16 所示。这里的"挖矿"是指员工通过自己的贡献获得通证。例如，可以有以下两种途径获得通证。

第一，员工日常任务协作。当员工完成安排的任务后，获得规定数量的通证，这类似日常的工作完成后获得工时。

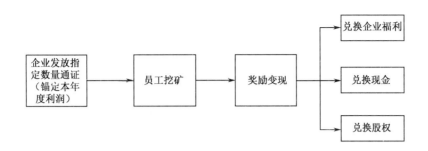

图 8-16　某公司通证激励流程

第二，特殊行为奖励，如员工加班维护项目代码、公司内部论坛回答问题、主动挖掘新客户等。公司可以在不同时期设定不同的规则去引导员工向特定方向努力。

具体的操作是：每当员工完成日常行为要申请奖励时，系统会自动给部门内所有成员发起审批，当主要节点的人员确认后，这笔通证就会发放到位。

由于区块链具有不可篡改性，每一笔激励与帮助他人确认奖励都会被完全记录在区块链上，将使恶意行为背负巨大的信用压力，所以可实现低成本的员工自治确权。

通证激励的另一个好处就是激励具有及时性。在传统的股权激励中，大多数公司的退出途径只有一个，就是上市出售股票变现，可能需要等待漫长的变现期，也许永远都无法上市变现，所以很多员工对于股权激励兴趣不大，觉得就是画饼充饥。

通证激励可以将激励反馈的周期缩短。例如，有很多种兑现方式，包括兑换企业福利、兑换并提现、兑换股权等，见表 8-1。例如，对于大商城，通证可以用于内部商品的打折，或者直接抵扣商品价格，这就相当于将积分的功能扩大到了员工层面，而不仅仅是买商品的顾客才能获得积分。这种通证激励模式可以实现及时激励，让员工觉得其确实有价值，可有力地调动员工的工作积极性。

表 8-1　通证变现方式

退出途径	方案描述
兑换企业福利	企业可在内部创建商城，商品可用通证兑换
兑换并提现	在年底企业利润结算后，可兑换现金
兑换股权	在企业待满一定年限后，可用通证兑换公司股权

这种模式可以在不改变公司股权的情况下，将股份中的收益权拆分出来，以通证的方式激励员工，对于国企或上市公司这种股权确定的企业来说，不失为一种在当前法律框架下的有效模式。传统企业都可以通过这种模式重塑业务流程，激励员工创造性，合理分配利润，将旧动能转换为新动能。

对于制造业企业来说，另一个进行链改的地方，就是用通证进行各种机器之间的商品交换。

8.3.3　智能制造中的机器通证

在分布式制造联盟中，机器之间通力合作完成某产品的制造，如机器 A 完成半成品，然后机器 B 完成成品。在机器 A 和机器 B 之间存在商品交换，这种交换的媒介目前是通过法币进行的，也就是两个机器的所属公司之间签署合同，然后走财务流程。在大规模制造中，这种流程费时费力，还会带来金融风险。事实上，这种机器之间的商品交换完全可以采用通证作为交换媒介。

以机器的视角去看通证，会发现通证的更多独特价值，它是法币无法替代的。通证（Token）这个词在网络通信中的原始含义是"令牌"，只有有令牌的节点才能参与通信，令牌代表权利。当把数字世界的范围扩大时，在机器交互的场景中，我们会看到，它们比人类更需要通证。

假设为了防止制造联盟中的机器发出垃圾信息，我们设定如下规则：制造单元如果发布消息，需要消耗 1 个 Token，该制造单元的企业也要消耗 1 个 Token；如果这个消息不被垃圾消息规则拦截，或不被个人举报为垃圾消息，那么在一定时间内，所消耗的 Token 会回到该企业。

这个过程实际就是 Token 的抵押，以确保联盟中企业行为的正当性。系统可以预先给各个制造单元账号和企业分配适量的 Token，这样，正常发消息不会受到影响。对于那些需要大量发送推广消息的人，他们需要用法币换取一定的 Token，否则可能因 Token 数量为零而无法再发送消息。

在工业物联网的场景中，每个传感器在和其他机器进行交互时，都可能获得 Token 或消耗 Token，设计适当的机器专用钱包和 Token，参与智能制造联盟的小企业或制造单元，通过贡献正效应而获得 Token，可以用这些 Token 向制造联盟中上游的企业购买服务，这样就尽量减少了法币的使用，从而也减少了金融、法律等传统的服务需求，可大大提高制造联盟的效率。

这个模式类似大学食堂使用饭票，用饭票的好处是特别方便，一般不怎么需要找零，效率比用法币高得多，只有离开校园时，才需要将多余的饭票换成法币。

法币是通用的交换媒介，通证则可以根据智能制造联盟的特点，搭载智能合约服务，从而提供联盟内部的交换服务等更多功能。例如，某个机器通证，只有在贡献达到一定数量后才有效，这样可以避免那些随机的参与者加入联盟。

在多数的情况下，机器专用通证就足够了，只在极少数情况下，需要根据一定的汇率，让这些通证与法币进行转换，兑换并不频繁，转换的汇率也并不重要。

如图 8-17 所示，在人的世界中，通证有意义但不够大；但在机器的世界中，通证不可或缺，它们比人类更需要通证。机器如何使用通证，将是区块链在智能制造领域的探索方向之一，也是构建智能制造联盟的重要手段。

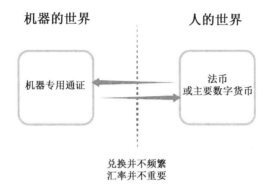

图 8-17 机器的世界与人的世界

本节介绍了如何利用联盟链技术打造智能制造联盟，以及将公有链领域的通证引入制造联盟，用来部分替代资金流，可以大大减少传统的金融服务，提高智能制造的效率。

第 9 章
"区块链+"在民生领域的应用

5556 框架中最重要的一个应用场景就是民生领域了,这也是未来几十年国家发展的重中之重,本章介绍区块链在民生领域的应用,包括与人们日常生活息息相关的各个方面,主要有教育、就业、养老、精准脱贫、医疗健康、食品防伪、慈善救助等。

9.1 教育领域

目前,学历造假,学籍档案管理信息不完整,档案容易篡改、流通难,学校的科研成果、教师的科研成果容易被剽窃,知识产权得不到保护等问题常有出现。此外,现在的教育资源受制于各中心化平台,师资、教研成果不易共享,没有解决个体间信任问题的开放平台,很难实现全世界教育资源的共享配置,教育受到地域、经济条件等客观因素限制。

9.1.1 区块链对教育行业的改造

区块链技术应用于教育领域,可以在很多方面解决上述问题。"区块链+教育"的整体架构如图 9-1 所示。

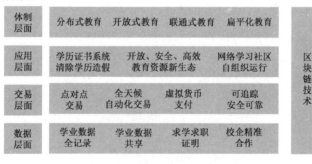

图 9-1 "互联网+教育"的整体架构

在数据层面，可以打造联盟链来进行学习数据的全记录，包括学业数据、求学求职证明等。

在交易层面，采用通证进行学习社区内部的服务交换，例如，经常打卡、听课、写作业即可获得通证，通证可以用来支付学习社区的服务，如课时费、书本费等。采用通证进行内部交易，还可以突破目前法币的跨境障碍，让全世界的学员都可以在学习社区中进行统一支付。

在应用层面，可采用电子学历防伪、利用共识机制进行网络学习社区的自主运行，如"学习即挖矿"的模式，让大家从学习中获得收益，而不仅仅是付出，从而促使更多的人加入学习社区。

在体制层面，采用区块链后可以降低目前中心化交易平台的作用，让交易资源真正扁平化、联通化，使更多的人接触到更多教育资源，接受更好、更便宜的教育。

欧盟委员会曾发布了《教育行业中的区块链》报告，探讨了区块链技术在学校应用的可行性、挑战、收益和风险，并提出区块链可以应对教育行业中的很多挑战，如数字认证、多步骤认证、识别和转让学分，以及学生支付交易等。

区块链给教育带来的典型的变革如下。

（1）学校机构用区块链存储学习数据和记录认证证书。

（2）组织机构利用区块链低成本共享资源。

（3）国家建立数据库解决证书共享问题。

（4）区块链使全球评估成为可能。

（5）区块链和企业学习。

9.1.2　"区块链+教育"场景

从目前的研究来看，区块链在教育领域中主要有以下应用场景。

1. 建立个体学信大数据

目前的学习评估一般只能评估考试成绩，具体的学习过程无法记录下来，这就是让很多不适合应试教育的人才失去了被客观评估的机会。区块链的分布式数据存储技术和链式结构，可以对学习历史进行追溯，特别适合做学习记录，允许任何教育机构跨系统、跨平台地记录学习行为和学习结果，并永久保存在云服务器上，形成个体学信大数据。

有了学信大数据，无论是教育机构，还是用人单位，都可以更加全面客观地评估学习者的学习效果，解决学校与企业脱离等实际问题。例如，未来教育研究所（IFTF）和美国高考（ACT）基金会提出的"学习即赚钱"的思路，就是利用区块链技术来记录和评估学生的学习情况，并且这些数据都记录在交易区块链上，使其无法更改，确保了数据的准确性。

除跟踪学术学习活动外，教育区块链还可以测量和记录非正式学习的情况，如培训、比赛、研究、实习、社区服务等，让学生在任何时间、任何地点都能获得学习数据，并以此构建学习信用模型，让用人单位可以更加全面地考察候选员工的综合素质。

2. 打造智能化教育平台

目前的学校和社会培训机构，都采用中心化的机制，与学员的沟通都需要通过人来进行。由于工作人员的素质不同，所以学员的用户体验差别很大，这也是目前很多教育平台用户留存率较低的主要原因之一。

利用智能合约可以构建虚拟教育交易系统，各种教育资源作为服务方，学员作为消费者，系统中各种服务的购买、使用、支付等工作全部由系统自动完成，无须人工操作，这样就可以将宝贵的人力资源用于更多地和学员沟通，如定制学习计划，进行个性化教育服务等。

消费者在平台发出购买信息后，系统会根据智能合约的运行规则自动将对应的学习资料发送给消费者，该资料的物流信息也将被智能合约追踪，当消费者确认收到学习资料时系统自动完成支付，无须手动付款。这种模式类似淘宝，只是不再需要支付宝这种金融中介机构而已。

智能合约开发更多功能后，可以让学习者根据需求选择恰当的服务，包括一对一在线辅导、知识点精讲微课、难点习题讲授等，所有资源和服务的消费情况均写入智能合约的规则中，可以保证教育平台的服务质量水平不会因为工作人员的变动而降低。

3. 可信学历认证

区块链技术可以做电子存证，自然也可以用于数字学历证书管理，例如，麻省理工学院的媒体实验室应用区块链技术研发了学习证书平台。

数字学历证书颁发的工作原理如下：首先，使用区块链和强加密的方式，创建一个可以控制完整成就和成绩记录的认证基础设施，包含证书基本信息的数字文件，如收件人姓名、发行方名称、发行日期等；其次，使用私钥加密并对证书进行签名；再创建一个哈希值，用来验证证书内容是否被篡改；最后，再次使用私钥在区块链上创建一个记录，证明该证书在某个时刻颁发给了谁。

当然这种模式无法辨别那些"垃圾学校"颁发的真证书，但是可以发现"名牌大学"证书的造假。

4. 保护知识产权

近年来，开放教育资源（OER）蓬勃发展，为全世界的受教育者提供了大量免费、开放的数字资源，但同时也产生了版权保护弱、资源共享难等诸多现实难题。一些真正有价值的知识无法触达学员，滋生各种伪劣粗糙的知识产品，优质教育内容的版权保护不力，使越来越多的人不愿意将知识拿出来分享。

基于区块链技术，任何资源创建信息都可以被使用者查询、追踪和获取，从而可以从源头上明确版权归属。资源上传者可将 OER 的版权信息和交易信息记录在区块链上，不管经历了多少次转发和分享，都可以追踪到最初的源头，从而在技术上保护了知识产权。

5. 构建自组织学习社区

目前很多知识付费平台都有各种激励机制，如点赞、转发可以获得相应的积分，但这些积分的作用还不够清晰。采用区块链的通证机制，可以将教育资源的分享和社区建设结合起来。例如，学生可通过发帖、提问、回答等行为自动赚取 Token，并可利用 Token 购买社区的学习资料与服务，从而提高社区成员的参与度。教师回答问题和学生互动也可以获得 Token，形成以 Token 作为核心的教育社区激励机制。

这些 Token 还可以用于分享学习平台的收益，如获得分红，这样可以让用户产生更大的黏性，从而激励更多用户加入平台，推动平台生态建设。

6. 推动教育公平建设

利用区块链技术开发去中心化教育系统，有助于打破教育垄断，形成全民参与、协同建设的一体化教育系统。

目前的教育资源主要采用政府支持、学校提供、培训机构辅助的模式。随着经济的发展和科技的进步，很多企业也拥有了优质的教育资源，如华为、阿里巴巴这类高科技企业内部的科学家、工程师。目前，这些教育资源往往只用于企业内部培训，如果将其开放，可给社会提供更多的优质教育资源。

基于区块链技术，顶尖企业和社会组织完全可以提供教育服务并给予认证，其颁发的证书可在全网流通。这种证书从实用性角度来看，往往比学校的教育证书更加贴近社会需要。采用这种模式，校际边界将逐步模糊，学习者可以自主选择在学习中心或企业机构学习，获得的课程证书具有同等效力，足以证明自己在某一领域的专业知识和技能水平。

区块链可以从教育形式、教育信用、教育数据、教育消费、教育版权、教育激励等方面支持实现真正的教育公平，如图 9-2 所示。

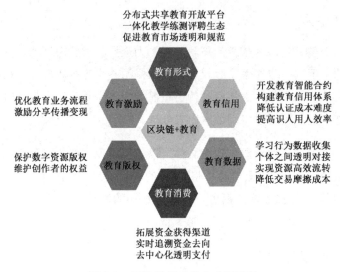

图 9-2   区块链推动教育公平建设

目前，区块链在教育领域的应用刚刚开始，其中的电子学历是最基本的应用。

9.1.3   电子学历

在传统模式下，用人单位很难核实学历的真假，对于教育部颁发的证书尚且存在造假，那些海外假学历更是无从鉴别，根本原因中心化机制下的证件很容易被篡改和伪造。

区块链可以从根本上解决学历造假这一难题。学校通过统一的学历颁发、管理、认证的区块链平台，给学生颁发毕业证书，只要经过学生的授权，用人单位就可以验证学历。这个统一的区块链平台提供各种资质的认证过程，也就是可信电子证照，然后将学历认证作为一个侧链设计。

基于区块链的可信电子证照用于政府部门给公民发放电子证照，以取代纸质证照，并通过区块链保存不可篡改的发证、收证、查证记录，各社会主体共同建造、共同维护、共同监督，从而满足公众的知情权和监督权。可信电子证照发放和使用流程如图 9-3 所示。

从业务流程上看，基于区块链的可信电子证照是典型的分布式应用，因此可以采用公有链作为底层支撑，其基础技术架构自下而上包括技术层、服务层和应用层，如图 9-4 所示。

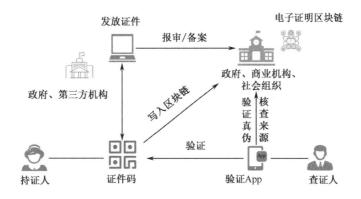

图 9-3　可信电子证照发放和使用流程

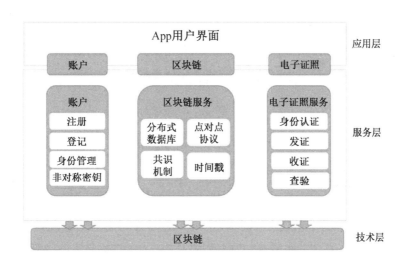

图 9-4　可信电子证照基础技术架构

技术层运用公有链平台，将证照信息及使用记录进行区块化封装，连接成区块链；服务层以技术层为基础，向用户提供会员制服务、区块链服务、电子证照服务；应用层的主要表现形式为用户 App、发证机构前端，用于实现用户与用户之间、用户与发证机构之间的信息交互。

主链用于身份证明，用户利用身份证、护照或社保卡在主链上完成身份认证，再通过主链锚定其他电子证照；不同的证照对应各自的侧链，以便于划分不同的业务数据，提高登记、查验效率。将学历证明作为一个侧链设计，可以有效地复用已有的电子证照的系统资源，这样比单独构建学历证明系统的成本低很多。除学历证明区块链外，还有其他更多的证明区块链，如不动产证明区块链、结婚证明区块链等。

侧链的双向锁定技术允许信任在不同网络间传递，建立个人信用体系；同时允许发布试用版本的电子证照区块链,对主链不造成影响。电子学历的侧链设计如图9-5所示。

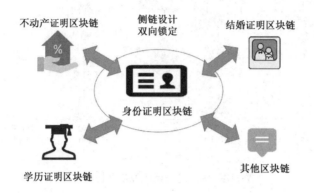

图 9-5　电子学历的侧链设计

本节介绍了区块链在教育行业的应用,以解决教育行业的各种痛点问题,包括学历造假、知识产权保护、技能认证等。目前电子学历是最直接的应用,可以有效防止各种假冒证件。

9.2　就业领域

现在的企业招聘存在一些痛点,如招聘成本高、人才可信度不够、求职骗局、背景调查成本高等,其关键原因就是就业单位的数据是孤立的,一个人在原单位的真实业绩表现无法被其他机构知晓。

9.2.1　区块链对人力资源的价值

借助区块链去中心化、不可篡改、溯源清晰等特性,可以大大提高人力资源管理效率,主要有以下方面。

1. 摆脱中介

目前,很多招聘平台价格不菲,却无法提供有效的信息,有了区块链后,求职者和招聘者可以直接对接,再加上前文介绍的数字认证学历系统的支持,可以有效地解决求职者造假问题。用人单位的历史招聘数据在区块链上存证,对于求职者来说,降低了"假招聘，真交费"的风险。

用人单位的人力资源团队可以将更多的精力放在培训和提升员工技能上，而不是在浩如烟海的求职简历中去芜存菁。

2. 简化人力资源管理

传统的招聘基本依靠人工进行，从检索简历开始，到安排面试，以及最终的审核、录用等，相当耗时耗力。基于智能合约技术，可以直接将用人单位对人才的要求进行量化。智能合约会访问潜在员工的数据库，这数据库中包含教育、技能、培训和工作经历等的可靠记录，这些信息被称为"价值护照"。

寻找到相应的潜在人才后，智能合约可以自动发起在线沟通、线下预约面试等活动，对于很多中小企业来说，甚至可以将人力资源工作全部在智能合约上进行，如入职、劳动协议、福利待遇、离职等。这将极大地降低人力资源成本，提高企业运行效率。

3. 解决跨境招聘支付问题

对于跨国公司来说，给不同国家的员工支付薪水涉及外汇管制问题。可以将一部分薪水采用 Token 方式支付，员工自行将 Token 转换成所在国家的法币即可。

另外，对于各种公司内部的绩效激励，传统方式需要讨论、核对、报批流程，消耗大量的时间和精力。利用智能合约技术，可以将激励条件细化，且可以及时发放奖励，缩短激励周期，有效激发员工更多的创造力。

9.2.2 "区块链+人力资源"主要场景

将区块链用于人力资源管理，主要场景如图 9-6 所示。

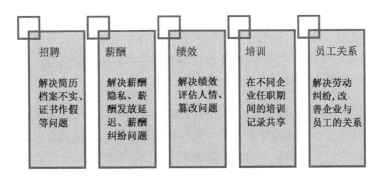

图 9-6 "区块链+人力资源" 的主要应用场景

1. 招聘

区块链可以用于解决简历档案不实、证书作假、背景调查烦琐、招聘成本高且效率低等问题。借助智能合约，每个人都可以上传并验证区块链平台上的个人简历。区块链技术有望为人才提供"无缝"就业，同时确保企业不再无谓地在人力资源领域浪费资金。

在企业进行招聘时，区块链能够帮助人力资源部门更准确地判断有哪些合适的人才，够简化当前复杂的招聘流程，提高招聘效率。所有人都可以对自己或他人节点上存在的经历信息、能力信息进行测评，最终自动匹配到用人企业和岗位。

借助区块链的不可篡改性，可以记录个人的职业档案相关数据，包括学历信息、职业历程、培训记录、所受奖惩等，而不是任由求职者单方在简历中描述他们的工作情况，从而解决招聘信息失真问题。

在改革开放之前，每个劳动者都有一份档案，里面记录了劳动者的各种奖惩情况，档案跟随劳动者进入下一个就业机构。正是由于档案的存在，使那些造假、欺骗行为很容易被发现。但是在市场经济时期，档案不再必需，确实降低了人员流动的成本，但是也让很多骗子大行其道。有了区块链的数字档案之后，将劳动者的真实履历上链，招聘单位的情况也上链，可建立可信机制。对于企业来说，无须进行大量背景调查，节约了成本，有效缩短了招聘周期；对于求职者来说，避免了落入求职骗局。

2. 薪酬与绩效

目前，员工与企业签约后，薪水是根据劳动合同约定支付的，但是有时企业也会出于各种各样的原因克扣员工薪水。

采用智能合约可以有效地解决这个问题。企业和员工的签约通过智能合约进行，智能合约和企业的基本账户绑定，自动冻结相应的员工薪水，使企业无法挪用薪水，到了发薪日，智能合约自动将薪水转账到员工的账户，全程无须人工干预，可大大减少薪酬拖欠。

利用智能合约代替传统的纸质劳动合同，签订后不可篡改，从而规避了劳动纠纷。随着 DAO 模式的推广，未来的雇佣关系可能被分布式协作关系取代，每个人都可以利用自己的知识和技能为所服务的机构创造价值，通过智能合约方式获得薪酬。

此外，还可以采用共识机制对员工进行更加客观的评价，而不是仅仅让部门领导决定员工的收入。和工作相关的每个人都可以根据账本查看他人的工作内容和难度，通过打分的方式给他人做薪酬的层级判断，最终通过算法自动确定每个人的薪酬。

使用区块链去中心化后，每个人都可以通过查看他人账本对他人进行绩效考核（可匿名），这些信息一旦被记录便不可篡改，企业管理者对员工进行绩效评估时便有了精确的依据。

3. 培训与员工关系

利用区块链技术，有望打破员工在不同公司任职时的培训壁垒，可形成一个基于区块链技术的分布式账本，用于存储员工在不同公司的学习记录，从而记录即时更新、不可篡改的学习、培训经历，形成员工的学习记录系统。

很多公司都有员工积分系统，员工可以通过参加培训、获得证书、工作业绩突出等获得企业奖励的内部积分，但只局限于在企业内部使用。区块链将积分上链，使得积分具有通用性，变成通证，可以在全行业内流通。

这种通证，还可以进行更多非货币化贡献的评价。例如，某员工参与公益性活动，在传统货币模式下是无法评估其贡献的，但是应用了区块链后，可将其贡献的时间兑换成相应的通证，保存下来在未来需要的时候使用。

例如，ChronoBank 试图建立一个去中心化的全球时间银行网络，让人们可以在其中交易各自的时间和技能，并使用 Labor-Hours（劳动时间，简称 LH）代币来解决交易费用问题。

这个构建了基于劳动力的经济模式，不受货币通胀的影响。通过付出、消费和赚取 LH，用户可以充分享受这种新的经济模式创造的价值。

在国内也有类似的应用。2019 年 11 月 20 日起，南京市建邺区巴桃园居社区志愿者可以在支付宝存储公益时间，为自己兑换养老服务，整个流程引入了区块链技术，可防止丢失或被篡改。"时间银行"是一种互助养老新模式，志愿者做好事的"公益时"可存入"银行"，未来为自己或他人兑换相同时长的养老服务。

9.2.3　典型案例

1. 职信链

职信链是世界上首个基于区块链技术的职业信用数字资产平台，通俗地说，其作用就是管理职场信用记录，其架构如图 9-7 所示。

在职信链中，由企业记录员工的职业履历信息，如岗位信息、工作成绩、奖惩记录等。员工在更换工作单位后，这些信息会跟随员工到新的工作单位。区块链底层技术的性质决定了这些信息永远不可篡改。

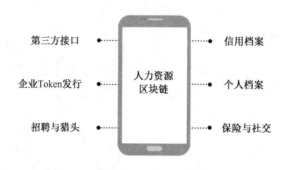

第三方接口 ●   ● 信用档案

企业Token发行 ●   人力资源区块链   ● 个人档案

招聘与猎头 ●   ● 保险与社交

图 9-7　职信链架构

对个人而言，职信链上的职业信用数据就是自己未来求职最好的凭证，也会在未来的交友、信用贷款、保险等众多场景中起到重要的增信作用。

职信链不仅能帮助企业提高招聘效率，还可以帮助企业实现员工自我管理。原因很简单，职信链档案的建立会让员工更加注重维护个人的职业信用，迟到、早退、非正常离职等将大幅度减少；员工做事会更加认真，因为每个职场成就都能被记录，在未来个人升职、跳槽中将起到非常好的背书作用。

职信链拥有 Token 流转生态，企业查询职信链数据、发布招聘信息等行为都需要消耗一定的 Token；用户在使用社区增值服务时需要支付 Token；企业也可以使用 Token 对员工进行工作激励。

同时，职信链将总量超 20%的 Token 用作生态激励，其中包括激励企业优秀员工。职信链通过智能合约为高评分的员工直接发放这部分奖励，低分者得不到奖励，类似现在的挖矿，但是这个挖矿拼的不是算力，而是在职场上的表现，只要优秀，就能得到奖励。

除在人力资源领域的应用外，职信链还能够在其他领域进行商业延伸，包括金融、保险、诚信社交等。同时，职信链会对外开放各种 API，为整个社会生态中其他产品或机构提供信用服务，如共享单车、共享充电宝等。基于职业信用数据，个人可以在生活的方方面面获得前所未有的便捷。

2. 众包平台

众包平台 Gems 执行基于网络驱动的去中心化微任务众包协议，它允许请求者发布微型任务，可以接任务的人通过平台进行对接。这种模式特别适合那些重复性的、耗时的、简单的劳动。有较多的闲暇时间的人可以在这种众包平台上将自己的技能货币化，增加收入。对于需求方来说，也不再需要专门注册公司，通过智能合约方式就可以完成任务，极大地降低了成本。

　　随着未来人工智能技术的发展，越来越多的传统工作将消失，生产力的提高使得社会物质供给大幅度增加，人们也会有更多的闲暇时间，这将创造出新的就业岗位。这类岗位不同于传统的雇佣方式，而是一种灵活的、松散的、分布式的劳动模式，这就需要区块链和智能合约技术来约束双方的行为，自动核算劳动量和劳动效果，并自动发放薪酬。

　　目前，区块链与人力资源的融合还很少，但是对招聘、薪酬、员工关系的影响已经初见端倪，未来一定会有更多的发展。

　　本节介绍了区块链在就业领域的作用，主要是利用区块链的数据安全、不可篡改等特性，协助用人单位的招聘、劳务合同、绩效评估等。

9.3 养老领域

　　截至 2016 年年底，我国 60 周岁及以上老年人口已达 2.3 亿，占总人口的 16.7%。2018 年，国家卫健委党组成员、全国老龄委常务副主任王建军表示，预计到 2050 年前后，我国老年人口将达到峰值 4.87 亿，占总人口的 34.9%。而根据全国老龄委预测，中国老年产业的规模到 2030 年将达到 22 万亿元。区块链在这个领域有重要的应用。

9.3.1 区块链对智慧养老的价值

　　随着老年人体现出收入稳定、储蓄较多、时间充裕的特点及消费观念的改变，这个群体正在成为旅游、养老行业的主力军，相应的养老产业链格局基本形成，如图 9-8 所示。

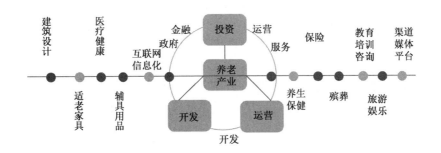

图 9-8 养老产业链格局

养老产业链已经从单纯的吃穿住行，升级到养生保健、保险、旅游娱乐、金融等更多的供应链条。伴随着我国人口老龄化程度的不断加深，未来养老产业在我国将迎来历史上的黄金时期。但是，由于我国人口基数庞大，现有的养老服务跟不上人口老龄化的节奏，养老布局的规划中存在很多问题，使用区块链技术，能为养老领域带来以下益处。

1. 私钥保证健康数据安全

老人的健康数据对于保险公司、医疗机构和制药企业都是重要的数据。特别是新药的研发，目前已经从传统的化学技术走向数据挖掘的人工智能模式，这就需要有大量老人的健康数据作模型分析的基础，但在传统的中心化信息系统中，隐私数据很容易泄露。采用区块链中的加密通信机制，需要使用数据的机构（如制药公司）可以在智能合约的规则下，通过公钥、私钥的加密机制访问数据。

有些特别的数据还可以要求老人授权后才能被访问，这样老人就可以根据自己的情况来维护数据的私密性，并且在需要时各方可以隐藏自己的身份。

2. 智能合约确保养老金安全

老人的养老金包括社保退休金、企业年金等，在目前的中心化系统中，有可能出现金融机构内部人员串通、克扣养老金、降低养老保险费利率等行为。在一些养老机构，也可能将老人的养老金挪用或降低服务质量等。

采用智能合约的模式，将老人的账户和社保、保险公司等的账号直接关联，确保养老金足额及时发放。对于需要购买的第三方服务，可通过智能合约直接转账，从而避免了中间经手人的舞弊行为。

3. 可溯源特性提供了更好的护理方案

采用区块链后，可以让养老机构更好地了解老人的行为习惯，从而提供更具针对性的养老方案和护理方案。更重要的是，区块链技术能为用户提供透明化、永久记录性的定制化养老智能合约，根据用户各个阶段的属性，平台将自动兑现相应的养老合约服务。

此外，区块链溯源可以保证养老食品和药品的可靠性，对养老供应链的产品全程追溯，可避免数据作假。消费者、生产者和政府部门对养老供应链追溯系统中的数据可以完全信任，降低了交易过程中的不确定性，减少了很多隐性成本，从而可以减小发生养老金危机的概率。

9.3.2　"区块链+养老"主要场景

具体来说，区块链用于养老领域的场景主要有养老大数据、食品/药品供应、养老金融化和养老安全，如图 9-9 所示。

图 9-9　"区块链+养老"的主要场景

1. 养老大数据

在医护资格认证领域，医疗区块链项目可以通过非对称加密手段为用户双方提供医护人员身份验证服务。

在医疗健康记录中，敏感数据泄露的风险非常高。根据区块链的身份识别和治理规则，可以预先定义用户的访问权限和控制权限，以确定医疗、护理健康记录的隐私级别与透明度，并确保只有有权限的参与方才能看到必要的数据。

另外，区块链可实现对健康数字资产及生命周期的完整记录并永久保存，无论是老人的健康记录，还是医护人员的医疗服务记录，一旦上链，都清晰可见，且不可篡改。将这些数据整合起来，可成为一个大数据平台，再利用人工智能模型，可以开发出针对老人健康状况的药物、治疗方案和护理模式。

2. 食品/药品供应

现有的养老食品及医药信息数据在存储、传输、展示等环节中都有被篡改的风险。

在前文提到的农产品和药品溯源案例中，已经介绍过有关的区块链应用，老人对食品/药品质量的要求会更高，将区块链技术和物联网技术结合起来，可通过机器实现数据的自动采集、自动上链和自动监控，使老人对于自己的特供食品/药品放心，也可以避免很多老人盲目购买各种保健品。可靠的食品/药品溯源机制可极大地增强老人的信心，提升老年生活的幸福感。

3. 养老金融化

养老服务在区块链上可以实现金融化，例如，建立自己的人生档案，在区块链上贡献的数据越多，积分奖励也越多，这些积分最终可以兑换相应的养老服务。或者提前购买实体的养老服务，并利用区块链技术进行产品金融化。例如，在一家养老机构租赁或购买 1 张床位，将床位数据上链后，在床位属于个人的时间内，可自由支配床位，如将其转租给他人。对企业来说，加快了床位流通，同时避免了资源闲置。

4. 养老安全

许多老年人都有户外旅行的习惯，但是旅行过程中的安全得不到充分保障，成为阻碍老年人尽情旅行的主要因素之一。

应用了区块链技术的户外安全服务和行为管理服务能较好地解决这个问题。外出的老人携带的北斗高精度位置和数据服务终端设备，可实时采集老人的位置、精确轨迹的基础信息。当老人遇到解决不了的问题或陷入危险时，可快速发出 SOS 请求，通过平台智能分析，平台服务中心可第一时间对老人进行安全保护服务、异常行为提醒。

区块链在养老领域的应用才刚刚开始，下面介绍一个典型的实际案例——健康区块链。

健康区块链是一个健康数据管理服务系统，可共享给养老领域全生命周期、全产业链的参与者。智能合约直接部署到区块链应用场景中，结合线下店和智能终端，形成康养数据来源渠道，其架构如图 9-10 所示。

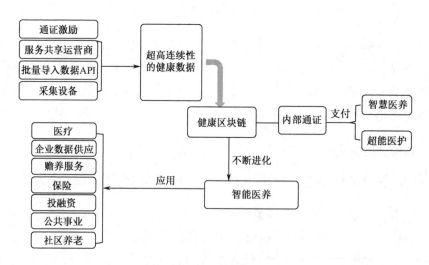

图 9-10   健康区块链架构

除基础数据外，该系统还能够记录服药记录、医生诊断、健康检测和养护服务的所有数据，为养老相关机构提供精准的大数据服务。整个系统采用通证作为内部激励，可用来支付各种服务，如智慧医养、超能医护等。在应用层面，链上的各种数据在得到用户授权的情况下，可以提供给保险、投融资、公共事业等领域的机构使用，从而为老人提供更好的服务。

9.3.3　分布式养老社区

目前国内的养老产业以集中式的康养医院、社区或度假村为主，配备专职的护理人员，形成养老地产的重资产模式。国外更多地采用另一种模式——分布式服务的护理养老平台，其核心是通过移动数字设备将老人和护理人员数字化，实现本地（家庭、社区）养护的分布式服务，打造一个非专职护理人员的共享平台。

随着中国老龄化时代的到来，由于人口基数太大，重资产的康养医院模式相对需要更多资源。将家庭养老和智能医护结合起来，通过智能穿戴设备实现老人的数字化监测，实现护理人员的数字化服务，基于区块链实现护理服务的结算和激励，就是未来重要的分布式养老模式，其典型的应用包括以下方面。

（1）老人的数字化。

通过移动监测设备或数字健康仪实现老人的位置、身体健康指标、服务需求呼叫等资源的数字化，建立实时全面的数字健康档案；可以设置子女或社会关系，同步查阅提醒；基于智能合约，可以设置各种规则，如按佩戴数字健康仪的时间、呼叫护理服务订单的次数来支付费用。这样就避免了很多不必要的服务，降低了养老成本，减轻了家庭经济压力。

（2）护理人员的数字化。

非专职的护理人员由家政服务人员或其他有技能基础的人员经过培训、考试和认证后上岗，上岗时佩戴专用的智能穿戴设备，配合专用 App 实现服务的数字化（包括位置、工作时长、唯一性、护理工作监控等），平台自动结算护理服务费，并提供用户评价功能；可设置各种规则，如按接单的响应时间、次数、设备确认的工作量等奖励通证，并按一定周期自动评定护理人员的护理服务水平等。护理人员可以将这些通证兑换成现金，也可以存在区块链上，等到自己需要服务时使用，或者用这些通证购买自己家人的养老服务。

本节介绍了区块链在养老领域的主要价值，主要包括保证养老数据的安全、保障食品药品供应、对护理人员的服务进行数字化处理等，提升了养老服务质量。

9.4　精准脱贫领域

彻底消灭绝对贫困，实现全面小康，是一个非常艰巨的任务，需要通过扶贫干部和扶贫项目来落实。在实际应用中，精准扶贫有很多痛点问题。

9.4.1　区块链解决精准扶贫的痛点问题

传统的大数据精准扶贫系统是一种中心化的平台，如图 9-11 所示，底层是网络平台，一般采用第三方服务的云平台；然后是决策服务系统，主要解决有关数据的问题；再上面是业务支撑系统，提供业务支撑的各种服务；最上层是应用系统，包括精准直通服务、扶贫对象管理、扶贫项目管理等。

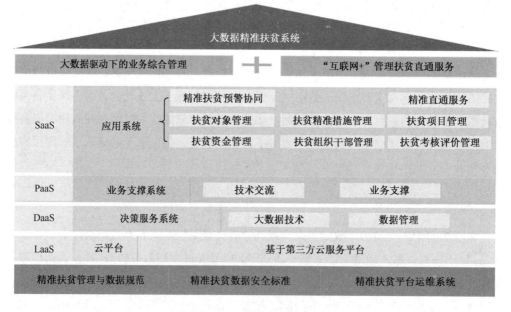

图 9-11　大数据精准扶贫系统

目前，这种传统的扶贫系统是基于大数据驱动的，存在以下痛点问题。

（1）贫困人口识别精准度不高。

当前，我国贫困人口数主要由国家统计局按照收入和支出等量化统计指标进行测算，而县、村在实际操作中更需要综合考虑健康、住房、教育等多种因素，采取多维贫困标准进行精准识别。

（2）数据真实性判断难。

目前，在精准扶贫过程中有数据作假现象，有的地方存在"被脱贫""数字脱贫"等。

扶贫干部与村干部要填写大量表格，整理材料，对照数据，汇报情况，在数据转录过程中，纸质版数据转换成电子数据及电子数据上传都有出错的可能，会影响数据分析结果的准确性。

（3）资金使用不透明。

扶贫资金的管理和使用是政府自上而下统一完成的，缺乏社会多元主体的参与和监督。一些地方干部在扶贫资金的使用过程中由于方法不当或工作不力导致目标偏离，使得扶贫资金配置粗放、效率不高。

为促进扶贫资金的灵活使用，目前扶贫资金的管理和使用权限已下放至县一级，但也存在扶贫资金被挪用的风险。

（4）脱贫成效难衡量。

目前，脱贫绩效考核采取由包括上级指派的领导干部、下一层级党政领导干部、帮扶单位负责人、驻村干部等多元主体在内的自上而下的方式。由于部分考核者与被考核者之间存在一定的利益关联，所以该方式有时无法达到既定的目标要求，且考核内容较少向全社会进行公示。在这种模式下，有关部门难以及时、有效地获得扶贫效果的反馈信息，无法了解扶贫效果的真实情况，社会监督也难以发挥作用。

以上问题的关键因素依然是传统中心化机制的固有缺陷。采用区块链的分布式架构和共识机制，能够有效地解决这些问题，提升精准扶贫的效果。区块链对于精准扶贫主要有以下几个方面的作用，如图 9-12 所示。

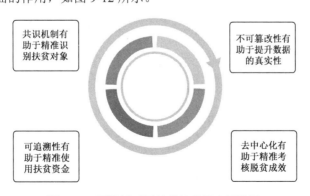

图 9-12　区块链对于精准扶贫的主要作用

（1）共识机制有助于精准识别扶贫对象。

采用多维动态标准识别贫困户，综合考虑贫困户的收入、支出、健康、教育及劳动力人口等数据，进行综合比较、评判选择。并且在识别过程中，构建一个由政府、扶贫干部、贫困户、村民委员会组成的联盟链，给予各联盟链节点投票权，以综合考量投票结果识别贫困户。

另外，还可以将贫困户的社保、纳税、公安、医疗、消费等数据上链，通过其日常生活行为来判断贫困程度。数字可以造假，但是生活行为很难造假，这样就可以将真正的贫困户或更贫困的人识别出来，让其享受扶贫政策和资源。

（2）不可篡改性有助于提升数据的真实性。

借助区块链技术的不可篡改性，村干部、驻村干部及相关扶贫部门的所有数据只要一经上传，经过全网广播确认后就无法更改。任何试图篡改、消除数据的行为都会被全网实时监控并记录下来。在精准扶贫考核中，一旦造假数据被发现及溯源，就可对造假的相关责任主体进行问责，从而有效地保证精准扶贫数据的真实性和可信度。

（3）可追溯性有助于精准使用扶贫资金。

区块链技术的可追溯性使每笔资金的流向都盖上时间戳进行记录，可以有效地杜绝冒领、挪用扶贫资金。另外，实现扶贫资金的溯源，也可以对资金的流向进行实时监管，避免人为造假，确保贫困户领到足额的扶贫资金。

（4）去中心化有助于精准考核脱贫成效。

区块链技术运用于精准考核，除传统的自上而下的考核方式外，还把社会意见纳入考核体系，更加重视贫困户的切身感受和基层的真实声音，让人民群众为扶贫干部、村干部和扶贫工作打分，从而形成多元主体、多元渠道、多维指标的考核体系。

去中心化的特性要求帮扶主体除满足上级要求和考核外，更要尊重群众意愿，真心实意地开展扶贫工作。

9.4.2 "大数据+区块链"精准扶贫平台

在大数据场景下，通过对贫困户生产生活、致贫原因等数据的分析，金融机构能预测每个贫困户的金融需求及还款能力，从而制定切实可行、个性化的扶贫解决方案，精准地发放贷款。

大数据能对扶贫项目进行动态的预测评估，引导贷款投向，增加贷款额度，优化资金使用，并根据贫困对象的真实情况提供有针对性的扶贫解决方案。例如，在分析出某地因病致贫后，可通过大数据确定疾病的种类与特征，有针对性地制定干预、防控措施及金融扶贫政策，以全面提升该地的医疗卫生水平。

将大数据和区块链结合起来，能迅速提高服务效率，是金融科技扶贫的最新手段。由地方政府牵头，建立政府部门、金融机构、扶贫对象等所有主体参与的"扶贫开发区块链"系统，将各类数据打通，从而构建完整的精准扶贫大数据平台。在"区块链+大数据"模式下，金融机构在扶贫过程中通过对贫困对象及企业各类信息的不断完善，能自动建立公正、开放的诚信记录，为后续的扶贫贷款提供参考。

区块链的使用，将原来被动的、层层拨付的"漫灌式"扶贫，变成了各地在申请贷款与扶贫资金前，先在链上公示项目、金额及用途。链上的所有参与者均能看到项目的准备情况，了解需求，预测结果，从而编制规划，结合实际，贷给、拨付相应的资金，进行精准"滴灌"。

"区块链+大数据"精准扶贫的架构如图 9-13 所示。例如，区块 A 中是贫困人 A 和贫困人 B 的项目，在区块 B 中，增加了贫困人 B 的贷款情况，区块 C 中又增加了贷给项目 B 的数据，依此类推，从最初的扶贫项目开始，所有的扶贫工作的细节都记录在链上，政府机关、金融机构、项目机构、村委会、村民等都可以在链上查询，全程公开透明、可追溯。

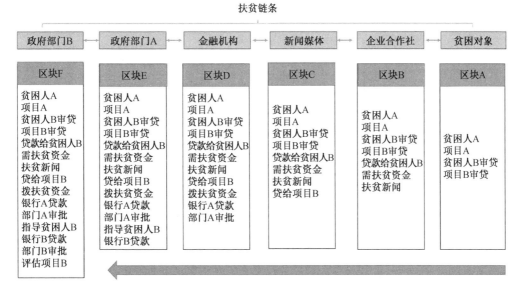

图 9-13　"区块链+大数据"精准扶贫的架构

有了区块链的数据支持，再结合智能合约技术，构建一个共享总账，相应的机制就可以基于共享总账建立，包括考核机制、问责机制、监管机制和退出机制。区块链技术可以为精准扶贫的实施提供基础性的技术支撑，优化整个机制流程，如图9-14所示。

精准扶贫是一个系统的长期工程，从贫困人口的识别立项、绩效考核到最后的扶贫退出，各环节之间都是协同共进的关系，目前国内一些地区已经开始了有益的尝试，下面介绍一个案例。

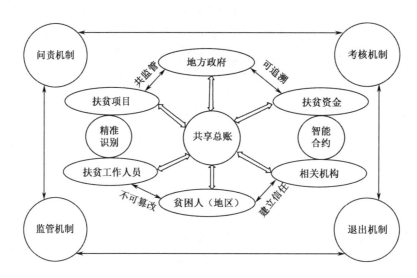

图9-14　基于区块链的精准扶贫管理机制

9.4.3　典型案例

"十三五"时期，贵阳市扶贫工作重心向"全面提高城乡低收入困难群体的收入和生活保障水平"的新阶段转变。围绕"扶持谁""谁来扶""怎么扶""如何退"这个几个问题，在现有大数据精准帮扶平台基础上建立扶贫区块链应用，形成专项扶贫、行业扶贫和社会扶贫区块链，并联结成有效的工作网和监管网，加强扶贫工作的全生命周期管理，建立扶贫诚信积分系统，其架构如图9-15所示。这个系统主要有以下功能。

（1）扶贫对象精准识别。

扶贫工作首先要精准识别出真正需要帮助的人，将贫困户的数据上链，将扶贫对象和扶贫干部结成对子，并记录在区块链上，数据公开透明，让更多群众参与认证，可保证扶贫对象的精准识别。

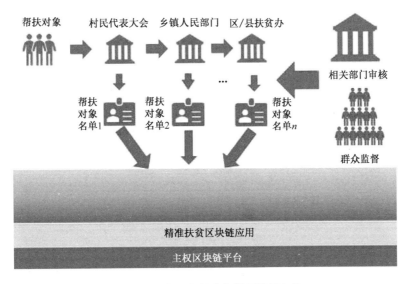

图 9-15　贵阳市精准帮扶区块链架构

（2）扶贫资金精准管理。

扶贫资金到底有没有落到实处，是否达到了预期的要求，都需要对资金的流向进行追踪。采用智能合约技术，让每笔资金流动都记录在区块链上，根据时间链进行追溯，使扶贫资金真正用到扶贫对象上。

（3）扶贫对象精准退出。

将扶贫对象的各种进展都记录在区块链上，然后利用多方数据验证，判定其是否达到退出标准。区块链的可追溯性使其可以精准记录帮扶行动和效果，确保扶贫对象精准退出，从而避免出现已达标而未退出的情况。

（4）社会扶贫资金全流程管理。

除国家下拨扶贫款项外，还有很多社会机构提供资金，对于这些资金的募集、申请、使用、效果评估等流程，也需要记录在区块链上，从而让每笔善款都产生真正的效用。

利用区块链和智能合约，可设定影响诚信积分的条件、权重和匹配规则，通过对扶贫工作中形成的过程数据进行自动监控和交叉验证，用诚信积分和失信积分综合评价扶贫对象和工作人员。

扶贫对象的诚信数据作为整个社会信用数据的重要组成部分，可以向全社会（如小额贷款机构）提供服务。

利用智能合约管理扶贫资金，资金跟着项目走，自动划拨，使扶贫政策兑现到村到户，建立精准扶贫诚信体系，制定信用管理规则，鼓励商业机构、社会团体和个人积极参与诚信体系构建。

本节介绍了区块链应用于精准扶贫的场景，目前扶贫机制中的数据不完备、资金使用不合理、扶贫持续性不足等问题，都可以基于区块链技术得到有效解决。

9.5 医疗健康领域

看病难、看病贵可以说是目前民生问题中最受关注的问题之一。医患矛盾突出的重要原因之一是医疗资源的分配不合理。优质医疗资源集中在大城市，再加上重复治疗、过度治疗给患者带来沉重的医疗负担。区块链技术有望在医疗健康领域发挥重要作用。

9.5.1 区块链解决医疗健康领域的痛点问题

现阶段医疗健康领域主要有以下几个痛点问题。

（1）电子病历结构化难。

中国的医疗健康数据80%以上是非结构化数据，以文本形式存储的临床病历、巡查记录和化验单难以直接共享，这也是重复治疗的主要原因之一。但是从医疗的角度看，由于病历没有共享数据，出于对安全的考虑，又必须对患者进行完整的检查。

（2）医疗信息标准化难。

医疗健康数据不论作为临床研究的依据，还是医生诊疗的判断依据，都需要一个标准。当前，不同的医院使用不同的检验设备、不同的信息化产品等，存在标准的差异，因此需要按统一标准对差异数据进行标准化处理，数据才具备后续共享与分析利用的价值。这些医疗健康数据对于新药研发具有重要的价值，但是共享难使得这些分散在不同医疗机构的数据无法发挥出大数据的作用。

（3）数据权限分配难。

医疗健康大数据是多样的、复杂的，这就决定了其权属也是具有多样性的。有观点认为数据出自个体,应归个人所有;也有观点认为数据是由医疗机构通过检验检测、医生诊断得来的,应归属医疗机构。

虽然数据作为一个整体明确由国家所有,但当分类分级使用时,其归属依然难以界定。医疗健康大数据使用的各个环节都需要明确责任单位和主体,规范不同等级用户的数据接入和使用权限,并要求数据在授权范围内使用。

基于区块链的医疗健康服务流程基本遵从以下 4 个步骤:①通过医疗健康服务引导患者数据上链;②根据医疗健康数据、患者 ID 基于区块链技术构造智能合约,并基于智能合约构建区块链应用;③对医疗健康服务机构开放数据,推动数据挖掘;④患者授权医疗健康服务机构访问相关数据,产生数据价值,并进一步丰富链上数据。具体流程如图 9-16 所示。

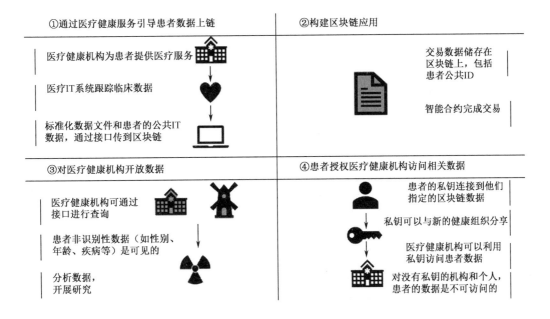

图 9-16 基于区块链的医疗健康服务流程

可以这么说,目前医患关系紧张的主要原因之一就是医疗资源分配不公平,如果能用区块链技术建立全行业通用的电子病历,就可以在很大程度上解决这个问题,将有限的医疗资源用在更需要的患者身上,减少重复医疗。

目前,医疗健康产业产生了大量数据,如临床数据、患者医疗记录、复杂的医保账单、药品研发数据等,区块链技术可以彻底激活这些可交换信息的真正价值。建立在区块链技术基础上的医疗信息系统,可以减少或消除当前医疗健康服务中的摩擦成本,进而真正降低医疗服务成本。

目前的医疗健康机构、制药企业等的数据孤岛现象非常严重，打通数据的区块链平台需要国家相关部门，如卫计委牵头，将各级卫生管理部门、主要医院、制药企业作为联盟链的节点，打造全国统一的电子病历。区块链在医疗健康领域的尝试性应用也有了一些场景，下面进行简单的介绍。

9.5.2 电子病历

区块链在医疗健康领域最主要的应用是电子病历，它是对个人医疗信息的理想的保存和利用形式，可以使患者自己成为医疗数据的真正掌握者，不仅有助于保护患者的隐私，而且可推动医疗信息在医疗健康机构之间共享。代表性案例就是度小满医疗电子档案。

在百度的度小满医疗电子档案架构中，按照隐私层级和相关信息需要的公开程度将用户信息分为以下几类。

（1）基本信息：患者个人基本信息，包括姓名、年龄、性别、职业、证件信息、过敏信息、遗传病症等。

（2）就诊信息：挂号信息、医生信息、病理表现、诊断结果、处方详情、医嘱等。

（3）化验检查信息：验血、X 光、B 超、尿检、核磁共振等各项化验检查信息。

（4）其他信息：日常体检信息、药店交易记录、基因中心检查信息等。

确定主要的医疗信息分类后，就可以创建电子病历了。度小满医疗电子档案方案的示意图如图 9-17 所示，相关医疗健康机构只需要以下简单的几步就可以创建电子病历。

（1）在区块链服务平台上进行用户注册、溯源医疗联盟创建、医疗联盟成员管理等。

（2）部署区块链网络。

（3）注册项目，自定义档案数据格式类别，同时在医疗联盟内对数据权限进行分配和管理。

（4）使用者通过区块链服务平台提供的接口或 OpenAPI/SDK 等将患者的各项数据上链。

（5）对于患者，通过平台可以随时查看个人信息和就诊历史。

（6）对于相关参与机构，如保险公司等，在获得用户、医疗健康机构授权的情况下，可以对相关数据进行查询。

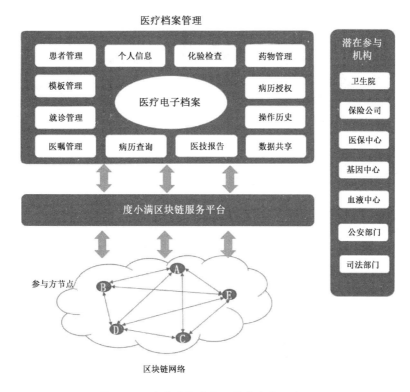

图 9-17 度小满医疗电子档案方案示意图

度小满区块链服务平台针对海量的医疗健康数据，提供了一套极具拓展性的检索策略，在用户自定义数据格式的同时，可以针对不同的数据类型和具体场景，自定义数据的索引类型。这样，就可以保证在各种场景下，根据参与方的不同要求，都能快速、准确地定位相关数据记录。

该平台除医疗健康机构使用外，潜在参与机构包括保险公司、医保中心、基因中心、公安部门、司法部门等，构建智能合约后，这些机构在加密机制的保护下，可以在授权范围内访问需要的数据。

9.5.3 药品研发与健康管理

在药品研发领域，区块链技术可以有效降低在流通过程中假药带来的医疗风险。制药商、分销商、药剂师，还有监管部门，都可以在区块链上共享数据，通过将所有药品信息上链，可最大限度地保证药品信息的可追溯性，保障患者的用药安全。药品区块链架构如图 9-18 所示。

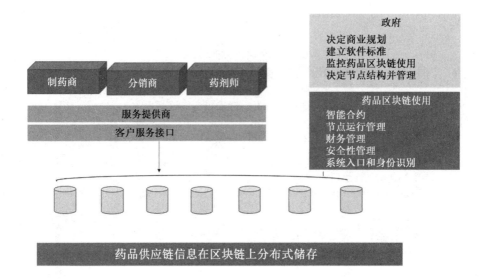

图 9-18   药品区块链架构

药品区块链有一个开放的系统架构，每个节点都是这条供应链上的重点环节企业，包括医疗健康服务机构和值得信赖的技术公司。为确保这个开放网络实现，每个参与者都有能力构建一个完整的、智能的区块链隐私保护机制，同时又允许链上其他成员有权限获取药物溯源信息和相关报告。

在医疗健康领域，区块链技术能在尽可能保护隐私权的情况下方便安全地访问人们的医疗健康数据，追踪和验证这些医疗健康数据，对保险公司、健康服务提供商、科学家和监管机构来说变得非常重要。

基于医疗健康管理的智能合约，可以提供解决各种医疗健康服务的商业方案，包括药物跟踪、医生和护士的资格审查、人口健康数据实时分析和检查、远程医疗、家庭健康数据访问与共享等。

在这个过程中，需要有一种更加安全的信息访问技术，目前有一种解决方案，叫作KSI（Keyless Signature Infrastructure，无密钥签名基础设施），它可帮助解决安全、供应链、合规和网络中的难题。和传统的比特币、以太坊相比，KSI 的技术细节包括形式证明、分布式共识、后量子签名、防篡改硬件、物源演算等，如图 9-19 所示。

可信任的区块链将使医疗健康数据管理实现跨越式发展。通过区块链技术，可以直接联结临床和健康信息，而不再需要连续访问患者的医疗记录，随着健康数据上链，医疗健康服务将变得更加智能。

区块链创造了价值传递的新范式，突破了旧的思维方式，对解决看病难、看病贵的问题提供了一种解决方案。

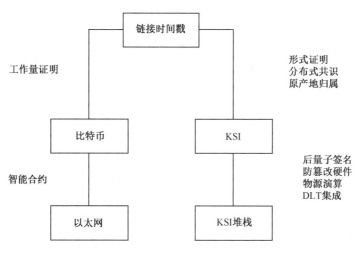

图 9-19 KSI 技术

本节介绍了区块链在医疗健康领域的作用。目前医疗健康行业的信息隔离、重复治疗、过度治疗等问题，都与信息共享不足有关。基于区块链技术的电子病历提供了非常好的解决方案。

9.6 食品防伪领域

随着社会生活水平的提高，人们对食物的要求从数量需求提升为质量需求。食品安全危机、食品的信任危机及人们对食品质量的追求推动了食品溯源技术的发展。

9.6.1 区块链在食品防伪领域中的作用

在整个食品安全溯源体系中，除企业外，还包含以下三方：公众和个人消费者、第三方组织、政府监管中心。目前，主流的食品溯源系统都采用中心化机制，链条上多个机构以串行的方式连接在一起，从实际运行情况来看，主要有以下 3 个痛点问题。

（1）数据可能被篡改。

因为记录主体不同，所以追溯链中的信息可能缺失或事发后被人为篡改。例如，某个厂家故意修改数据，将不合格的产品加入供应链，下游的商家无从知晓。

（2）溯源成本高。

食品供应链上的每个环节都需要独立建设信息系统，不同环节信息的采集、溯源等的基础设施、硬件和方法均需要投入，这些都会带来最终商品的成本上升。公众能否正确理解溯源信息的价值并为此做出选择，且愿意支付更多成本？在经济形势不好时，这是一个难题。

采用区块链技术，可以有效地解决以上两个问题。首先，食品公司可以将联入物联网的标签贴到产品上，每批产品都分配一个唯一的标识码，通过这些标识码可以记录产品的来源、加工信息、存储温度、保质期及其他信息。

在供应链的各个阶段，从加工到入库，再到出库、分销、零售等环节，员工将数据写入区块，也可以从区块链上获取产品及其历史记录的实时数据，这比联系各个环节、在多节点间传送文件有了显著的改进。具体流程如图 9-20 所示。

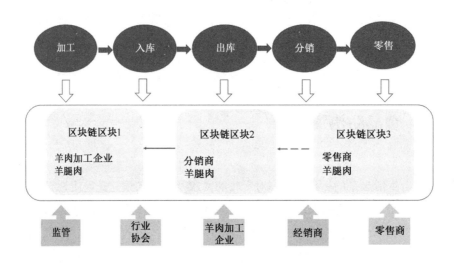

图 9-20　区块链食品溯源流程

有了溯源联盟链，各环节可以更迅速地追溯到食品问题的源头，这不但可以降低消费者风险，提供食品安全保障，而且可以通过有针对性的召回来减少财务损失。

其次，可降低信息系统建设成本。区块链模式下，供应链上的各环节只要在链上开立账户，根据标准购置最低要求的智能设备即可，而不需要像传统模式那样搭建完整的信息系统。溯源联盟链的主系统利用云计算方式实现，溯源链条上的厂家、经销商，作为节点，灵活申请算力即可，大大降低了信息系统建设的成本。

这种全面的溯源体系，有助于重塑食品行业的互信关系、增强公共监管。食品在生产、销售、运输等各个环节的信息上链后，不可修改且可追查，这意味着所有消费者均能查询到食品自种植、生产、制作，到出厂、上架、销售、运输所经历的所有过程。由于公开账簿中的信息是透明的，每个参与者都获得了食品由产至销整个流程的监督权限，所以各个节点信息输入者的造假成本大大提升，市场的公共约束力大大增强。

消费者也更加愿意购买这些安全可靠的食品，最终将那些劣质食品驱逐出市场，使安全食品的销量增加。在规模效应下，溯源系统的成本最终会被摊薄，并不会对食品价格带来太多的压力，消费者自然也会受益，整个市场形成良性循环。

9.6.2 区块链食品溯源系统的架构

区块链溯源系统的架构如图 9-21 所示，主要分为物理层、通信层、数据层和应用层。物理层采用密码加密技术和访问控制机制，类似物联网结构中的物理层，通过传感器进行数据采集，并将数据传输至通信层。

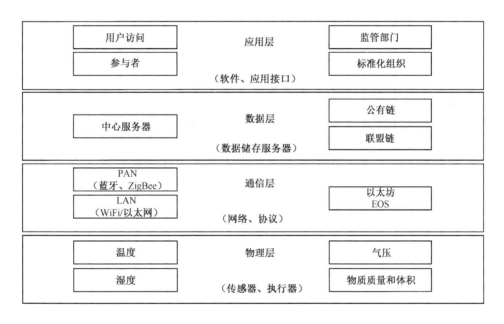

图 9-21 区块链溯源系统的架构

在溯源系统中，区块链技术主要应用于数据层与通信层。数据层中的每条记录都包含时间戳及唯一的加密签名，同时完成的交易进行全网广播，任何合法用户都可以对交易记录进行验证与审核。数据层可以采用公有链技术，也可以采用联盟链技术。从实际应用来看，采用联盟链更具有实用性，供应链上各环节的厂家、商家作为联盟链的节点，共享数据的读/写权限。

通信层采用以太坊或 EOS 作为基础架构。以太坊这种公有链不设访问权限，信息记录对网络中的所有节点公开，这一特性使得账本便于审查且高透明度，但是也增加了执行共识机制的时间成本与耗能。在实际运作中，需要在效率和透明度之间进行权衡。

最上层是应用层，主要提供人机交互接口，嵌入应用程序或监管部门的调阅等。例如，消费者通过扫码、NFC 技术读取数据；监管部门通过专用的软件接入溯源链，并将监管意见写入区块，实现实时监管，不但提高了效率，而且不会对厂商有过多的干扰。

区块链食品溯源的应用架构如图 9-22 所示，最上层是用户界面，主要面向与该应用有关的机构或人员，包括农牧场、食品厂、超市、消费者和监管部门。中间层是智能合约，构建追溯信息的创建、查询和追加功能。因为区块链上的数据一旦上链就无法删除，所以智能合约层是没有数据删除功能的，从而保证了链上数据的完整性。基础服务层则包括一些基本的操作，如节点管理、成员服务、排序服务等。

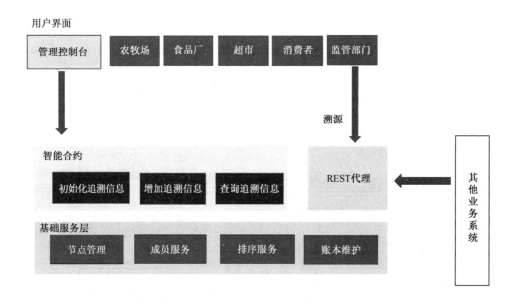

图 9-22　区块链食品溯源的应用架构

食品溯源系统还可以和其他的业务系统对接，通过一种 REST 代理的技术模式，其他业务系统在智能合约的授权下，有条件地访问链上数据。通过区块链技术，农牧场的出栏信息、食品厂的出厂信息、商品信息、超市的上架信息、监管部门的检测检验信息等可以彼此共享，消费者也可以实时查询到这些信息，进行溯源。当然，原产地认证信息、有机食品认证、生产许可证信息等也可以放到区块链网络中。基于区块链不可篡改的特点，可保证查询到信息是真实的。下面来看一个典型的案例。

9.6.3 典型案例

沃链是中兴云链技术有限公司开发的，是基于区块链技术的可防伪溯源综合电商平台，现有的产品主要为农副产品，包括盘锦大米，田宇酒庄红酒，特级农场牛肉、羊肉，品牌白酒等。

基于中兴集团公司的资源优势，沃链得以从大米、红酒等农副产品的生产环节开始就跟踪商品的信息，如日照、降水、种子质量、加工方式等，从源头上保证了产品的质量信息透明。

沃链是基于 Hyperledger Fabric 技术的区块链应用开发平台，分拆 Peer 的功能，将区块链的数据维护和共识服务进行分离，共识服务从 Peer 节点中完全分离出来，独立为 Order 节点提供共识服务，其基础架构如图 9-23 所示。

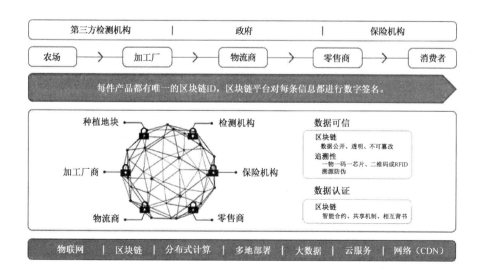

图 9-23 沃链的基础架构

供应链上的信息是生产商和消费者共同享有的数字资产，因为生产信息和购买信息直接同步至供应链上所有的参与者。从商户（B 端）角度看，消费者的购买行为数据可以成为商家/生产方改良产品或调整生产计划的指导方案。

从消费者（C 端）角度看，不仅可以从沃链上获取完整的产品生产和流转信息，保证买到质量安全及有品牌保障的商品，而且在帮助商户验证真品和质量的同时可以在平台上兑换一定的积分（沃贝）。

沃贝可以在沃链平台上流通，用来进行其他商品/信用的等价兑换，由此形成"由消费者的爱好和习惯导向的、提高生产商生产效率和产品质量"的生态系统。

沃链在供应链上的智能合约为监督农副产品质量起到了突出作用。智能合约根据产品在供应链上的特定流程信息直接执行特定命令。例如，在 RFID 监测到运输环境不达标时，将在沃链后台直接发出警示信号，同步至生产商和物流公司，从而有效防止有质量问题的产品流通至消费市场。

消费者收到产品时完成自动支付，支付款项根据智能合约直接分配至供应链上的相应环节，改善了传统供应链中款项从 C 端到 B 端，再到生产源头的漫长流程，加快了资金周转，提高了整个供应链的利润。

本节介绍了区块链在食品防伪领域的应用，主要就是进行食品溯源的全程管理，从田间到餐桌，保证了数据的可靠和可信。

9.7 慈善救助领域

传统公益事业中存在的账户信息、资金流转、求助信息等不透明的问题，一直是影响公益事业发展的阻力，而区块链的公开透明和可追溯特征天然适合慈善救助领域。

9.7.1 区块链解决慈善救助领域的痛点问题

传统公益事业基于手工流程的模式，使得信息共享有限、资金不透明，增加了审计成本，在款项管理、信息记录等方面存在以下问题。

一是受助人提交的信息审核不够严格，难以甄别真实有效的个人信息和捐赠项目，平台难以鉴定所有项目的真实性。

二是钱款的募集和使用过程难以透明公开，项目方可能违规挪用善款，甚至进行项目造假。

三是公益款项先进入中心机构账户，再由机构进行操作处理，多层级操作增加了项目成本。目前，很多慈善机构人员冗余，流程烦琐，大量款项用于管理，降低了救助能力。

区块链技术有望在解决以上几个痛点问题方面发挥重要作用。

（1）去中心化的信息机制。

目前，慈善机构的财务制度和项目管理都是中心化的。通过区块链技术将慈善项目信息保存在分布式节点上，可以避免项目受到某个组织或个人的操控，从而提升公众的信任度。

（2）公开透明。

公益项目因为涉及公众资金，所以适合采用公有链技术来构建，这样项目和资金在链上公开，相关人员可以对每一笔交易进行查询和追溯。例如，对应接收人是谁、资金如何使用、发放了几次、救助效果如何等，都可以点对点地查询和追溯相关的责任人。

对于部分不敏感的信息，可以对全网公开，任何人都可以进行监控，从而增强了公众对公益项目的信心。通过不对称加密技术，也完全可以保证这些信息不会被用于非法用途。

（3）信息可追溯。

区块链是链式结构，每笔交易都可以对历史数据进行追溯，从而将捐赠人和公益项目直接关联，每笔款项流通的记录都被储存在链上，各方均可查看、监督。

在执行项目的过程中，会发生各种费用，以及产生流程管理的问题，通过对历史交易的追溯，可实现责任到人，中间的任何非法操作都无法掩盖。与普通企业的资金流通不同的是，慈善资金来源于公众，越透明越容易取得更多人的信任，这也是慈善机构存在的基石。

（4）智能合约。

通过智能合约，可以降低流程对人工的依赖，解决传统公益项目中的暗箱操作等问题。只需要把相关的条件和要求设定后，智能合约就可以自动执行。

例如，收到一个助学请求后，系统自动生成一个智能合约，该智能合约对助学请求真实性进行确认，然后给出救助方案，具体的金额、使用步骤、预期效果，都会在智能合约中写成代码，让所有的参与节点验证，从而不会受到某个机构或个人的干预，也可以充分接受公众的监督。

我们有理由相信，有了区块链技术的支持，公众将更有参与公益项目的热情，而不用担忧自己被骗。

9.7.2　捐款溯源系统

在实际的应用中，度小满区块链实验室与百度公益合作，运用自主研发的区块链通用溯源 SaaS 服务平台，开发了捐款溯源系统，这是区块链在慈善救助领域中的一个典型应用。该系统架构如图 9-24 所示。

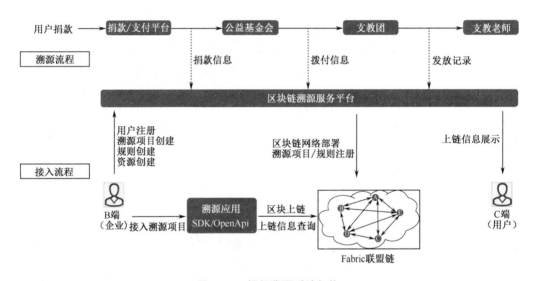

图 9-24　捐款溯源系统架构

所有信息的上链均可通过溯源应用进行，通过简单的配置即可完成一个溯源项目的接入，具体流程如下。

第一步：B 端用户在溯源管理平台上进行用户注册、溯源项目创建、规则创建、资源创建。用户可以定制流程、定制索引、定制数据结构等。

第二步：部署区块链底层网络，基于 Fabric 联盟链。

第三步：注册项目，B 端用户可通过配置文件自定义项目结构。

第四步：通过调用 SDK/OpenAPI 即可进行溯源项目的接入上链。

第五步：通过溯源应用进行区块上链。

第六步：区块链溯源服务平台提供基础的信息检索功能，信息包括区块链信息和内容信息，从而实现上链信息对 C 端用户的展示。

针对公益项目多流程、持续时间长的特点，区块链溯源服务平台除提供对接区块链网络的服务外，还针对公益项目的共同特点，提供了一些适配的功能，如多流程定义。公益项目一般会有多个参与方，善款的流通过程也会涉及多个机构，用户可根据实际情况定义整个公益项目的完整流程，并定义流程中的依赖关系，从而保证流程的合理性和完整性。

而对于持续时间长，甚至涉及多期的公益项目，其项目管理的成本会升高。针对此类问题，捐款溯源服务平台提供了完整的公益项目状态管理功能，简化了管理公益项目的流程，降低了管理运营成本。

公益项目流程结构的复杂多样导致数据具有多维度、多样化的特点。捐款溯源服务平台为此提供了不同维度的索引功能，保证用户能从不同维度迅速索引到所需的数据。

该捐款溯源系统的一个典型应用就是支教老师补贴的款项溯源。用户捐款进入公益基金会，公益基金会将资金拨付给支教团，支教团根据老师的贡献将资金发放给具体的个人。在这个流程中，捐款信息、拨付信息、放款信息都记录在链上，所有相关人员都可以在链上看清楚资金流向，从而增强了慈善救助的透明度，增强了捐赠者的信心。

9.7.3 典型案例

1. 方舟：人人公益

方舟是《南方周末》创建的公益平台，立志于打造公益生态圈，将项目所需的公益机构、捐赠机构、志愿者、媒体等公益角色联结起来，实现公益资源的集中整合，通过互联网技术、大数据服务、区块链，做到公益项目公开透明及可追溯。

人人公益和传统公益项目不同的是，这是一种去中心化的模式，打破了传统的由机构主导的公益模式，变为个人发起、机构协助，同时引入捐赠机构、保险机构等角色。方舟的技术底层是基于超级账本（Hyperledger）的子项目 Fabric 搭建的机构，可以追溯每一笔捐款，确保善款得到善用。方舟公益生态圈的主要架构如图 9-25 所示。

在保护各角色数据的基础上，鼓励数据归个人所有，企业机构有偿使用。同时，平台使孤岛数据互联互通，累计个人志愿服务总时长，并实现志愿服务时长认证、评估与再开发。

图 9-25　方舟公益生态圈的主要架构

2. 腾讯：链上寻人

众所周知，寻找失踪儿童最宝贵的时间段是失踪后的 72 小时，如果失踪儿童的家人单独去各个平台进行注册发布，会极大地增加时间成本，耽误寻人进度。另外，如果丢失儿童已经找回，但相关平台未及时同步消息，寻人启事依旧挂在网上，则会造成一定程度的资源浪费。腾讯的"公益寻人链"能够很好地解决这两个问题，使得寻人效率大大提高。其架构如图 9-26 所示，通过微信一次性发布寻人信息，腾讯区块链将数据在各寻人平台上同步，实现寻人信息共享、状态实时更新和多中心存储，提高了寻人的效率。

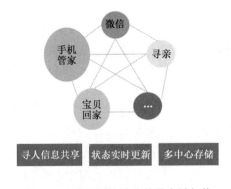

图 9-26　腾讯区块链公益寻人链架构

2015 年，家住深圳的 16 岁自闭症男孩伟伟走失，腾讯寻人团队获悉后，立刻在"广点通寻人"PC 端、移动端发布了寻人广告。随后，QQ 空间、QQ 客户端等重点位置都覆盖了寻找伟伟的广告，同时，嵌入腾讯 404 的 5000 多个网站也显示了伟伟的寻亲信息。最终在短短的 72 小时内，伟伟就被平安找到。

据统计，自 2012 年 12 月至 2017 年 3 月底，腾讯寻人团队共发布走失人口案例 1444 个，最终成功找回的有 437 个，平均找回率超过 30%，效果相当显著。

本节介绍了区块链在慈善救助领域中的应用。应该说，传统的公益项目最大的问题就是信用危机，区块链建立数字信任的特点非常适合于慈善救助领域，目前很多机构已经做出了有益的尝试，也取得了很好的效果。

在民生领域，区块链的应用刚刚开始，未来随着区块链基础平台的建设和政策法规的完善，将迎来新一波发展浪潮。

第 10 章

区块链底层技术与智慧城市建设

5556 框架的第四个应用场景就是智慧城市建设。区块链独特的信息组织模式可以促进信息基础设施建设，升级智慧交通系统的效率，助力能源互联网的应用。未来人类将大部分生活在城市中，城市建设和服务对提升人民幸福感、创造更加美好的生活非常重要，区块链在这方面有着广阔的发展空间。

10.1 区块链促进信息基础设施建设

区块链在促进信息基础设施建设方面的作用主要是将传统的集中式系统转变为分布式系统，从而使得数据更加安全、系统更加健壮、共享效率更高。

10.1.1 从集中式系统转变为分布式系统

我们每天都会使用手机或计算机进行存储数据，从软盘到硬盘，再到云存储，存储技术走过了漫长的道路。目前的数据中心基本上采用的是集中式数据存储方式,如微信、阿里巴巴等。集中式存储方式有个非常明显的问题，就是中心机制的不安全性可能会泄露用户隐私。

对于很多重要的数据而言，用户并不希望被第三方篡改，这就要用到区块链的分布式存储技术，其架构如图 10-1 所示。

与传统的集中式企业级存储和云存储相比，分布式存储技术的优势主要体现在以下几个方面。

（1）可靠性更高。

区块链存储将数据存储到全世界千万个节点上，有效避免了单点故障带来的负面影响。

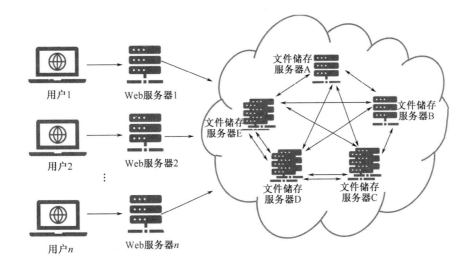

图 10-1　分布式存储架构

（2）服务的可用性更高。

区块链存储通过把负载分散到各地的节点上，提高了可用性。

（3）成本更低。

区块链存储成本低的根本原因在于对数据重复率问题有良好的解决能力，通过数据去重能将成本缩减 4/5，甚至 9/10。此外，区块链所采用的边缘节点架构对硬件的要求较低。

（4）异地容灾性更强。

对于传统的中心化存储，一般"两地三中心"就是最高容灾的级别，且建设成本高昂，而区块链存储的"千地万中心"能显著提升容灾级别。

当然，由于区块链采用的分布式架构需要多个节点，自然带来了数据量的巨量增长，传统的文件系统无法处理如此大规模的数据，这就需要另一项技术，叫作星际文件系统（Inter-Planetary File System），简称 IPFS，其应用流程如图 10-2 所示。

IPFS 既是文件系统，也是通信协议。在互联网时代，不同数据节点之间的通信协议是 HTTP，是基于中心化机制设计的；在区块链这种分布式存储架构中，需要一个更加匹配的协议，这就是 IPFS。在 IPFS 网络中，每个节点只储存它感兴趣的内容和文件的索引信息，而不需要保存所有节点的索引，极大地减少了数据存储量。同时，每个文件被赋予一个加密散列，基于这个散列内容可以计算出加密的哈希值。

当区块链网络中哈希值过多时，会产生很多冗余，会降低网络效率，IPFS 提供了相应的功能来清除这些冗余，并跟踪文件的历史版本记录，这确保了相同的文件在 IPFS 中仅储存一份，且被永久保存。

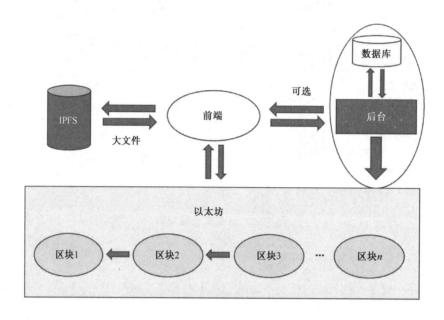

图 10-2   IPFS 的应用流程

IPFS 并不是区块链独有的协议，而是对 HTTP 的补充，但是它的独特性质特别适用于区块链上的数据存储和传输。总的来说，区块链本身只是一种特殊的数据存储机制，它和其他前沿技术融合后，可以达到"1+1>2"的效果，如人工智能、大数据等。

10.1.2   区块链与其他技术的融合

区块链技术诞生只有十几年，实现真正大规模应用可能还需要 10 年时间，想要理解区块链的未来形态，需要回顾历次工业革命，如图 10-3 所示。

第一次工业革命诞生于 1760 年左右，以蒸汽机为标志，解放了人类的双手。

第二次工业革命诞生于 1870 年前后，以电力大规模应用及汽车、飞机为标志，解放了人类的双脚。

第三次工业革命诞生于 1940 年前后，以计算机及通信技术为标志，解放了人类的耳朵和眼睛。

我们正在经历的第四次工业革命，正在孕育及发展的技术包括区块链、AI、IoT、云计算、大数据、芯片、AR。这次工业革命将解放人类的大脑。

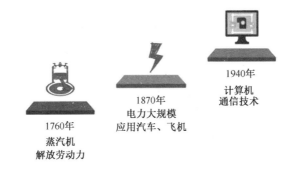

图 10-3　历次工业革命回顾

除区块链外，在第四次工业革命中还有很多前沿技术得到了众多科学家的关注和发展，也在实际生活中发挥了很大作用。这些技术的发展现状如何呢？

（1）人工智能（AI）技术。

AI 技术已成为国家级战略发展方向，但受制于大数据隐私保护问题、数据无法互通问题、MPC 多方安全计算存在问题、算法演进缓慢问题，依然处于非常早期的阶段。

（2）大数据技术。

经过第三次工业革命，互联网上拥有了海量的用户数据，但是数据主权问题、隐私保护问题、数据交易无标准和安全机制等问题，正在严重限制其发展。

（3）物联网（IoT）技术。

IoT 受制于 5G、AI、芯片等产业的发展，一直处于缓慢发展状态。

（4）芯片技术。

现有主流芯片的 CPU 已经接近物理极限，而 ACIS 专用芯片费用昂贵且一旦成型无法修改，制造、设计、指令、操作系统等都急需创新。

（5）云计算技术。

大型集中式云计算中心已经出现发展瓶颈，边缘计算等新技术方向的发展因芯片、5G、区块链等其他配套产业不成熟而被限制。

与上述技术类似，目前区块链技术仍处于基础设施阶段，公有链领域基本成熟，跨链、侧链技术仍处于发展阶段，而且在实际应用中，法律和金融风险成为新的挑战。可以这么说，区块链的大规模应用需要和众多前沿技术整合起来，打造新一代信息基础设施。

1. 区块链+AI

我们都知道，AI 领域目前最重要的内容就是数据和算法，众多 AI 初创公司只掌握了一小块数据和某个领域的算法。为什么不可以共享数据和算法呢？关键在于缺乏技术分享和协作机制，而这恰好是区块链的优势所在。

区块链同态加密算法可以确保密文数据被 AI 计算，这样就解决了数据隐私和所有权问题。通过区块链的通证机制，可以让 AI 的参与方（如数据提供方、人工智能算法提供方）在安全的基础上进行多方协作计算，共享计算结果，并采用可编程数字货币和智能合约进行激励分配。

2. 区块链＋大数据

大数据技术发展到今天，最大的问题不是数据不足，而是数据太多，其中有很多"脏数据"。例如，微信有大量的聊天记录，这样的数据价值何在？恐怕只有一小部分聊天数据是有意义的。因此，目前大数据领域保存的大量数据其实只是噪声数据，并没有挖掘和分析的价值。

区块链技术可以构建可信体系，让真正重要的数据上链。例如，对于聊天记录这样的数据，就没有必要上链，而资金、资产、健康等这样的重要数据才会上链。区块链的这种机制从一开始就杜绝了"脏数据"的存在，让传统的大数据技术从经济学角度做了一次筛选，构建了有价值的"可信大数据"，这样后续的各种分析模型才有意义。

3. 区块链＋云计算

目前的云计算发展得如火如荼，其优势在于将传统的机房服务器模式转变为第三方的云服务器，对于普通用户来说，不再需要投入资源进行机房管理，降低了算力应用的门槛和成本。

但是，目前的云计算依然采用中心化模式，如阿里云的服务器都归属阿里巴巴集团，由阿里巴巴的工程师维护。理论上，阿里云服务器上所有的数据其实依然是受控于阿里巴巴的，完全可以被篡改，对于很多重要的数据来说，单纯使用云计算依然存在不安全性。

区块链和云计算的结合，最适用于联盟链领域。例如，将联盟链的节点部署在不同的云上，就可避免集中在某个云的弊端。同时，区块链的加入和退出机制很明确，对于新节点来说，只要简单地申请一个云空间，部署联盟链节点程序，就可以参与联盟链的业务，效率很高，操作也很简单方便。

4. 区块链＋AR/VR

AR/VR 未来最大的应用行业可能就是电子竞技领域了。很多人在电子竞技世界拥有身份和资产，这些资产可以在虚拟世界中交易和使用。但是，目前这种虚拟世界的资产采用中心化确权机制，存在篡改的可能性，特别是平台方，可能利用虚拟资产和法币的兑换机制进行信用创造，干扰正常的金融秩序。

采用区块链技术可以验证 VR/AR 世界中身份的真伪，智能合约可以对资产进行确权和交易，去中心化机制可确保资产的可靠性和交易的安全性。随着 AR/VR 技术的发展，未来也许会有很多虚拟人物、虚拟生活和虚拟感情，区块链可以将这些虚拟产品进行数字化和金融化。

5. 区块链+物联网+5G

在未来万物互联和万物有脑的时代，大量智能设备会走进千家万户。这些智能设备，包括机器人在内，可以认为是智能物种，将和人类共存。智能物种之间的通信、合作需要一种全新的模式，这就是基于区块链的通证经济模型。

区块链与物联网及 5G 结合，将实现智能物种的数据资产化、资产交易化和交易金融化。智能物种将通过区块链进行数据交易协作、算法协作及数字货币激励。区块链这种基于代码的信任体系并不仅仅是为人类而准备的，也完全可以用于智能物种，让它们之间有更好的协作和分配，从而形成更好的社会治理新体系。这就是目前正在发展中的DAO 和基于这种新的组织模式的通证经济模型。

10.1.3　通证经济模型

区块链不仅是一项技术，还是对人类社会组织制度、生产关系的一种改变，其中一个重要的改变就是传统的公司制向 DAO 制度的改变。

DAO 的全称是 Distributed Autonomous Organization，可以翻译为"分布式自治机构"，就是基于一系列公开公正的规则，可以在无人干预和管理的情况下自主运行的组织机构。这些规则往往会以开源软件的形式出现，每个人都可以通过购买或提供服务的形式获得通证而成为某项业务的参与者，形成一种分布式协作模式，如图 10-4 所示。

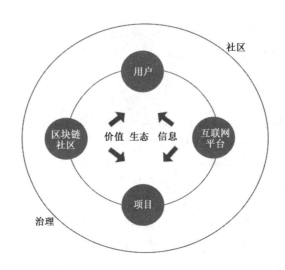

图 10-4　DAO 的分布式协作模式

这个模式中的主体往往是个人或某个微型组织，信息的交换通过传统互联网平台进行，价值交换则通过区块链平台。例如，比特币世界就采用这种模式，矿工们往往通过 Facebook、微信这类社交工具进行交流，比特币的交易则在区块链上进行。

比特币和以太坊的诞生让我们思考，公司是必需的形态吗？中心化机制不仅会带来腐败与集权，而且中心化的组织将相当依赖于自上而下的智慧，万一顶层智慧出现战略性失误，组织必将蒙受巨大损失。例如，Yahoo！的创始人在几次重要机会出现时，做出了错误的决策，最终被收购。去中心化的组织将带来自下而上的思想共识，从而形成天然共治，社区里有众多智慧贡献，任何节点都可以自由地贡献自己的力量，从而使得整个组织繁荣发展。

我们还可以从人类社会组织的进化角度来分析区块链和通证经济。人类社会持续前进的动力机制是什么？答案是：是财富创造机制。财富的本质是一种可支配资产和劳动的权力，资产是财富的表现形式，货币是财富的表达符号。财富在农业时代体现为食物、作物，在工业时代体现为设备、厂房，在区块链时代呢？就是通证，它是区块链时代的财富代码，其本质依然是一种权力，用来支配资产和劳动。真正有价值的通证，至少是三权合一（物权属性+货币属性+股权属性）的。

作为迄今为止最有效的经济组织形式，公司被称作人类的伟大成就，尤其是股份制公司的惊人崛起及其在当前占据无可争辩的统治性地位，被公认为现代历史中最引人注目的现象之一。公司凝聚了生命个体，产生了强大于任何个人的经济动力。公司使得血缘、地缘联系之外的陌生人的合作成为可能，书写了人类经济生活的新篇章。

经过长期演变，公司已不仅仅是经济性组织，而成为介于国家和个人之间、在各个领域都极具影响力和支配力的社会性组织，能够促进自由公平的竞争，建立和完善法治社会，推动科学技术的进步，提高社会的文明程度，改变人们的生活方式和彼此间关系，改变国与国之间合作与竞争的方式。

区块链技术的出现，将改变当前以资本为中心的股份制公司现状，使其进化为货币资本、人力资本及其他要素资本融合的组织。通证将使生产关系产生重大的变化，如图 10-5 所示。

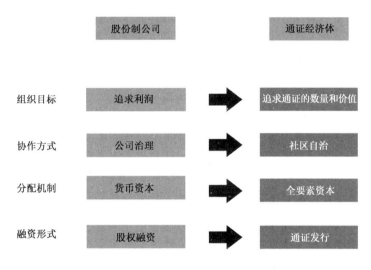

图 10-5　从股份制公司到 DAO 的变化

从组织目标来看，通证经济体追求的是通证的数量和价值，取代了传统股份制公司对利润的追求。

从协作方式来看，股份制公司需要一整套公司治理体系，如股东大会制度、董事会制度、监事会制度和财务审计制度，成本高昂。通证经济体采用智能合约模式下的社区自治，贡献验证和利益分配机制都写在区块链上，自动执行，大大降低了协作成本。

从分配机制看，股份制公司分配的是货币资产，主要是通过分红的方式分配，或者股东在二级市场的转让股票的方式套现。通证经济体分配的是全要素资本，因为通证不仅仅是一种股权，同时也是一种货币，具有使用权。例如，某个游戏社区的通证，既可以用来兑换法币，在现实世界消费；也可以直接在游戏中购买装备，或者在游戏中和其他人交换。

从融资形式来看，股份制公司采用的是股权融资。股权代表的是一种所有权，股权融资就是要出让一部分所有权，这对于国企、军工企业等特殊企业来说，具有法律和政治风险。通证经济体采用通证融资，可以针对某个项目进行融资而不需要转让所有权，使得融资的效率和灵活程度大大提高了。

总而言之，从股份制公司到通证经济体的转变，是未来信息社会基础设施的一种重大变化。

本节从更基础的层面介绍了区块链对社会的影响，其核心的分布式存储技术可以有效地提升信息基础设施的水平，和其他前沿技术的融合将推动第四次工业革命，基于智能合约的通证经济体将取代目前的股份制公司。因此，区块链不仅仅是技术层面的革命，更重要的是对整个生产关系的革新。

10.2   区块链助力智慧交通

所谓智慧交通，是指基于移动互联网、人工智能、云计算、大数据、物联网等技术，将传统交通运输业和新兴科技融合，实现智能、高效、安全和低成本出行的新交通模式和交通业态。

10.2.1   区块链与智慧交通

就一个城市的交通来说，通过交通管理人员进行指挥和疏导，往往存在着效率低下、成本较高的问题，并且受到天气、道路高峰期人流/车流量实时变化的影响。

与此同时，传统中心化的信息管理模式使交通数据的记录容易出错，路况信息的共享也并不及时，区块链的使用将有效降低数据丢失和数据损坏的成本，增强参与交通管理的各方之间的联系，从而让交通的综合治理变得更加高效、可信，并使事前管控成为可能。智慧交通的架构如图 10-6 所示。

智慧交通需要完成的任务很多，其中最重要的有以下 3 个。

（1）实现人、车、路的有机统一。

智慧出行最核心的关键点有两个，一个是获取信息，随着 RFID 技术的高速发展已经形成了物联网的体系；另一个则是在物联网获得信息之后的处理应用，区块链就能够在其中发挥决定性的作用。

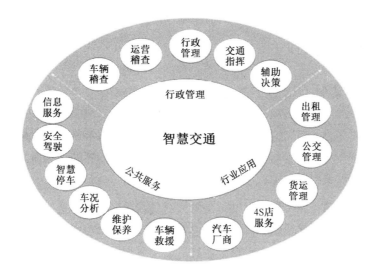

图 10-6　智慧交通的架构

交通管理部门可以借助在不同区域设置的传感器、监控设备来收集信息，然后通过物联网传递信息，用区块链技术实现点对点的数据联通，这样不仅可以用传统中心化的网络处理信息，而且能利用区块链分布式的优势，实现人、车、路的有机统一，从而实现信息传递与处理的第一步。

（2）形成可信化的数据综合统筹体系。

在进行信息的传递和处理之后，可以利用区块链实现对于各种数据的增信，让这些数据都变成可信的数据。不同数据的使用部门基于智能合约可以进行数据的联通和交互，从而消除各相关部门互不统属而形成的数据孤岛。

这些通过区块链增信的可信交通数据最终汇集到交通指挥部门，为城市交通制定精准的指挥疏导策略。

（3）利用数据分析进行公共交通的预判。

在完成前两个任务的基础上，交通指挥部门可以从信息收集、信息甄别、信息联通中抽身出来，完成综合化的信息处理和协调，真正实现交通的综合治理。

例如，当出现交通拥堵之后，快速实现信号灯的切换，将车流引导到其他道路实现分流，然后由抢险指挥体系进行快速应急处置；出现交通事故时可以在第一时间进行处理，增信的区块链数据可以第一时间完成对于信息的可信化传递，让保险公司不用去现场也可以快速认定责任，从而让交通快速恢复畅通。

当区块链的应用进一步成熟之后，交通主管部门甚至可以以大数据和实时数据预判可能出现的交通拥堵，提前进行疏导，让交通拥堵消失在未发生的时候。

10.2.2　区块链在智慧交通领域的应用场景

目前区块链在智慧交通领域的应用还处于初级阶段，应用场景主要有以下 5 个。

1. 提升车联网信息安全

近年来，黑客攻击汽车的事件时有发生。例如，通过一段简单的代码实现对车载网络的破坏性攻击，完成诸如刹车、改变车速、播放音乐、将乘客锁在车内等操作。汽车网络安全直接影响汽车安全、个人隐私，甚至危及公共安全，通过在车联网系统中引入区块链，将使现有的车联网安全性实现重大提升。

相比传统车联网的网络安全防护而言，使用区块链的车联网通过共识机制实现更加安全可靠的认证存储，并能提供可持续性服务，使得车联网的数据难以被篡改。

2. 实现 ETC 的互联互通

ETC 系统是人工收费和半自动收费最理想的替代方案，但是目前存在兼容性差、信息的安全性弱、结算数据不完整等问题。区块链可以有效解决 ETC 数据共享最基础的信任问题和兼容问题。在区块链上，用户既是 ETC 数据的使用者，也是 ETC 数据的贡献者，数据的集中度越高，共享数据资源的积极性和主动性就越高。

区块链的共识机制实现了 ETC 数据的一次次确认，从而确保了 ETC 数据的有效性与一致性。基于区块链的分布式网络，ETC 用户使用的是同一个数据源，有效解决了地区间信息不兼容的问题，大大提高了汽车过闸交费的便利性，可缓解堵车。

3. 推动共享出行发展

基于现有的共享出行模式，共享经济在替代了过去的旧中心化平台后，却不可避免地成为一个更大的中心化平台，并不能实现真正意义上的共享。采用区块链技术可以有效地解决这个问题。例如，来自以色列的初创公司 LaZooz 致力于利用区块链架构将共享出行去中心化。

LaZooz 提供了一个分布式的智能交通平台，引进了一种全新的协作模式，让任何人都可以自由地做出贡献，更好地利用现有的资源来创造更加经济实惠的交通方式。

供需两端的对接不需要调配中心，用户自行在 LaZooz 上寻找目的地相近的人而获得行程，用 Zooz 支付打车费用。LaZooz 提供的这种去中心化的共享出行解决方案可更有效地改善交通拥堵状况，使公共交通等公共资源得到更加合理的分配。

4. 革新共享汽车产权新范式，共享使用权和所有权

共享汽车产权是指可以将汽车的产权进行多人、多单位机构共享，其主要问题是产权变更的可靠性无法得到保证，需要第三方认证机构的介入，这样使得共享实时性不强，且步骤烦琐。

在共享汽车产权中应用区块链技术后，多个产权共享者可以自行进行产权变更交易且不需要第三方机构认证，同时可以保证每笔交易的安全性和可靠性。每笔交易记录都在区块链上透明可查，且无法篡改。

5. 实现智能理赔、路桥费自动支付及无人驾驶汽车自动维护

对于车联网来说，区块链技术可以在车辆与车联网中的其他节点之间建立低成本的直接沟通桥梁，提升车联网的运营效率，并有效提高车联网系统的安全私密性。

同时，通过区块链的智能合约可将每辆接入车联网的汽车都变成可以自我维护调节的独立节点，这些节点可在事先规定或植入的规则的基础上执行与其他节点的合作，包括交换信息、核实身份、路桥费支付、自主维修保养等。

智能合约可以记录相关政策、驾驶记录和驾驶员报告，允许车辆在发生事故后依据事先嵌入的规则自动执行相关索赔流程并获得赔付，从而大大节省赔付时间。区块链智慧交通的整体架构如图 10-7 所示。

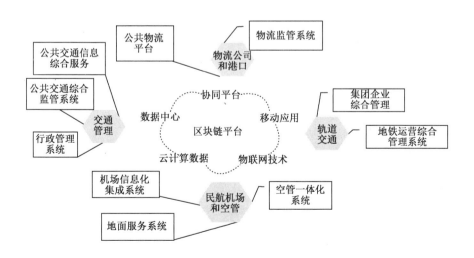

图 10-7 区块链智慧交通的整体架构

10.2.3 典型案例

1．交通信息管理

目前各类交通信息从采集到分析，从发布到更新，整个流程都是由交通职能部门管控的，公众与其他政府职能部门参与较少。如果公众可以参与进来，贡献有关交通的信息，那么无疑是对目前交通信息的一个重要补充。例如，"闯红灯"目前主要靠摄像头抓拍，如果路边的行人可以拍照上传，交管部门就可以及时获得"闯红灯"的信息。

让公众参与交通管理，必须做到既能以提高管理的灵活性，又能严格管控信息的发布。采用区块链协同的交通信息管理模式，可以在放权给公众的同时兼顾信息的合理管控。

对于交通职能部门，采取基于私有链的信息管理模式，即在信任度高的职能部门建立区块链，对公众的读取权限有一定限制。在这样的模式下，节点信任度高，链接速度快，数据不会轻易地被网络中的了人获得，可以更好地保护隐私数据。

对于公众，可以采用开放式的公有链，相对公开透明地实现信息的发布和流通，通过多链协同的方式，积极调动多元力量参与交通管理。

这种多类型区块链协同交通信息管理系统的架构如图 10-8 所示。

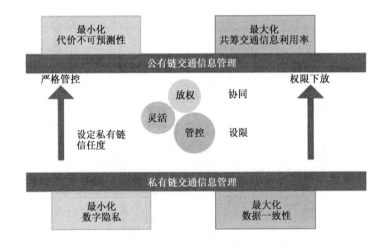

图 10-8 多类型区块链协同交通信息管理系统的架构

想象一下，未来有一天，任何人都可以下载一个交通信息 App，绑定自己的银行账号或 DECP 账号，在路边看到任何违章行为，如闯红灯、超速、超载、压线等，立刻拍摄照片或视频上传到 App 进行举报，App 会自动识别违章的人或车辆，根据智能合约设定的规则触发惩罚机制，如闯红灯罚款 200 元；这 200 元会有一定比例（如 10%，也就是 10 元）自动转入举报者的账户作为奖励。有了这种激励机制，可以调动公众参与交通管理，让交通违章行为无所遁形。

2. 车联网信息安全管理

随着车联网技术的发展，车辆通过先进的智能感知技术，可以完成自身和周围交通状态数据的采集。在车载通信系统和车辆终端控制系统的辅助下，车辆可以为用户提供导航、智能避障等功能。

车联网技术的核心是，利用车载单元与其他车辆、固定基站之间的通信，一方面实现交通信息的大范围协同与共享，另一方面实现自身的智能避障等功能。

然而，一旦信息泄露或被黑客篡改，原本想保护用户安全的智能避障功能就可能危害用户生命。因此，只有充分考虑异质性信息网络的特性（车辆节点数量多、移动性强、切换频繁，传输信息多源异构），采用快速计算的信息安全技术，才能保障网络中用户信息的安全性和有效性。

为了解决这个问题，可以采取基于分散区块链结构的分布式密钥管理方案，如图 10-9 所示。

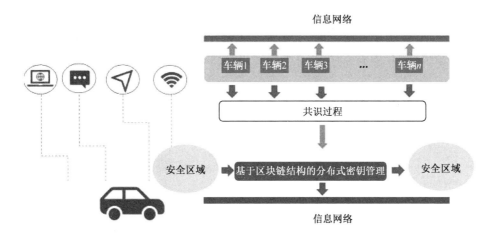

图 10-9　基于分散区块链结构的分布式密钥管理方案

传输密钥过程采用区块链的共识机制，在相同的安全区域内对车辆进行重新编码，利用区块链中数据无法篡改这一特性，保障数据的安全。当然，这个过程的关键在于参与联盟链的节点需要有门槛，除车辆和交管部门外，还可以让电力部门、保险公司等与汽车相关的机构参与，构建一个可信的联盟链来保障信息安全。

目前，这些案例还处于早期研究阶段，未来随着车联网、5G、无人驾驶等技术的发展，城市交通综合管理需要智能化、人性化和灵活有效的多元化管理模式，区块链技术必将在其中发挥重要作用。

本节介绍了区块链在智慧交通领域的发展和应用。区块链可以大大降低交通信息的冗余度，提高信息安全性，有助于智慧交通系统的实现。

10.3 区块链促进能源互联网建设

目前城市的能源系统基本上是以电网为骨干的中心化网络，未来将打造多能源形式的分布式网络，也就是能源互联网。区块链的分布式特征非常适合于能源互联网的交易和业务流程自动化。

10.3.1 能源互联网

能源互联网是以互联网技术为基础，以电力系统为中心，与电力系统与天然气网络、供热网络及工业、交通、建筑系统等紧密耦合，横向实现电、水、气、热、可再生能源等多源互补，纵向实现"源、网、荷、储"各环节高度协调、生产和消费双向互动、集中与分布相结合的能源服务网络。能源互联网交易平台如图 10-10 所示。

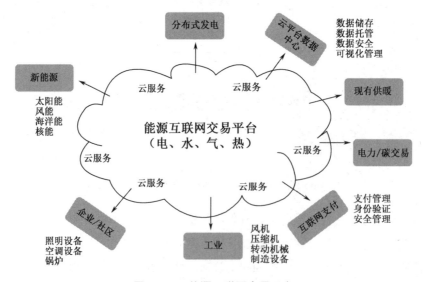

图 10-10 能源互联网交易平台

从物理维度上看，能源互联网是以可再生能源为主要一次能源，与天然气网络、交通网络等其他系统紧密耦合而形成的复杂多网流系统。从市场维度上看，提供多能源灵活交易的平台，构建开放、自由、充分竞争的市场环境，能激发市场中各商业主体的积极性。从技术架构来看，能源互联网由下至上可以分为能源层、网络层和应用层，如图 10-11 所示。

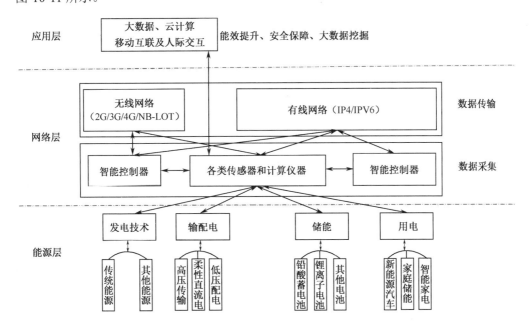

图 10-11　能源互联网架构

能源层主要是进行能源的生产、转换、传输和利用，包括化石燃料的发电、可再生能源的多能转化、电力利用等；网络层主要是通过广域布局的智能传感设备进行能源相关数据的采集和传输，并利用物联网技术实时获取海量数据；应用层主要利用大数据、云计算、人工智能等技术实现能量信息的数据共享、分析和处理，承担信息采集、管理方案、能源交易等工作。

能源互联网可以完成多能源协调管理，根据电、水、气、热各领域的运转情况，从能源价值最大化、系统安全运行、多能源交易准则和法律法规的角度对多能交易及资源配置进行统一的协调管理，从而保障能源的高效、安全供应。

同时，用户可以借助能源互联网实现能源储备和需求的匹配，也可以参与供电、供热等供给侧环节，借助能源交易平台及分布式储能系统完成在线能源交易、转售等业务。

采用传统中心化机制的能源互联网在数据的真实性、主体信任、效率等方面存在一些问题。区块链的技术特征与能源互联网的理念吻合，有可能成为能源互联网的技术解决方案之一，可以从功能维度、对象维度和属性维度 3 个方面进行归纳和分析，如图 10-12 所示。

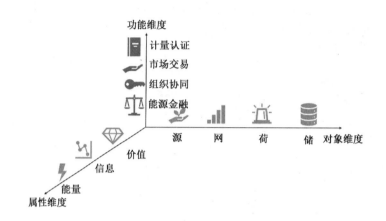

图 10-12   区块链在能源互联网中的应用维度

（1）功能维度。

能源互联网和传统能源的重要区别就是具有分布式特征，这与区块链去中心化数据存储的模式与技术有天然的相似性。利用区块链技术在计量认证、市场交易、组织协同、能源融资等方面将发挥巨大作用。例如，可以构建分布式能源交易平台，各参与方作为联盟链的节点，交易就不再需要中介机构，从而提高了交易的可靠性。

（2）对象维度。

未来的能源互联网将引入大量的储能技术，如化学储能、机械储能、重力储能等。能源的生产者同时也是能源的消费者，能源的消费者自身也可生产能源，源、网、荷、储的界限逐渐模糊。构建分布式能源区块链时，源、网、荷、储各方可以分别成为各自的区域节点，根据智能合约来达成合作。区块链技术将成为能源互联网的关键技术支撑。

（3）属性维度。

能源互联网中流通的是能源，是信息，也是价值。可以利用通证经济模型，将能源作为价值流，用通证确权流通，这样就可以打造基于能源互联网的衍生产品，构建全新的金融模型和商业模式。

能源互联网可以创造的价值是 10 万亿元级规模的，衍生品价值可以达到百万亿元级别。传统的金融系统无法支持这种级别的交易，需要区块链的支持。

10.3.2　区块链能源互联网架构与应用

区块链可以在泛能源物理网络和泛能源信息应用网络之间构建一个广泛参与和全面信任的金融交易体系。通过这样的交易体系可为绿色补贴、绿色运营和绿色金融做一个系统级的解决方案，在产业和金融之间产生无缝的数据纽带。区块链能源互联网架构如图 10-13 所示。

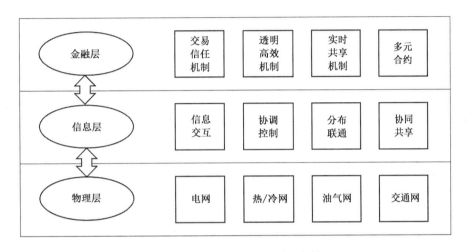

图 10-13　区块链能源互联网架构

物理层包括各种底层的基础设施，包括电网、冷/热网、油气网和交通网。目前该层的技术和物联网、5G 融合，正在发展出新一代可控能源网络架构。

信息层包括信息交互、协调控制、分布联通和协同共享。该层需要用到区块链技术，特别是在信息交互和协同共享方面，采用非对称加密技术和共识机制，有助于在不同能源主体之间打造可信连接。

金融层包括交易信任机制、实时共享机制、多元合约等。该层需要用到区块链的确权功能和智能合约，将不同能源主体上链确权，使能源通过智能合约方式，以公开透明的模式进行分布式交易。这些能源类资产可以进一步金融化，利用金融市场的资金支持获得更好的发展。例如，可以将未来一段时间内的能源应收账款作为基础资产，在区块链上进行通证化，转变为数字资产进行流通和交易。

从实现路径来看，区块链能源互联网建设有以下几个领域。

（1）能源供给领域。

区块链的去中心化与分布式电源之间的物理特性具有较强的耦合性，可避免多种能源的重复建设，减少能源供给系统的浪费，可应用的场景包括基于私有链的分布式能源多能互补的计量、基于联盟链的大型能源基地的捆绑模式等。

（2）能源输送领域。

典型的应用场景包括基于私有链的能源传输系统的阻塞管理和损耗分摊计算、基于联盟链的能源传输系统的实时监测和协调控制等。

（3）能源分配领域。

典型的应用场景包括基于联盟链区域能源系统的自动计量、基于联盟链的储能系统的规划运行一体化分析等。

（4）能源消费领域。

典型的应用场景包括基于私有链的需求侧管理、家庭能量管理、电动汽车充/放电智能支付系统等。

（5）能源交易领域。

典型的场景包括基于私有链的电费结算、基于联盟链的微电网内部交易、基于公有链的分布式能源交易、基于公有链的多国能源交易体系等。

区块链在能源互联网中的应用路径框架如图 10-14 所示，可以分为以下 3 个层次。

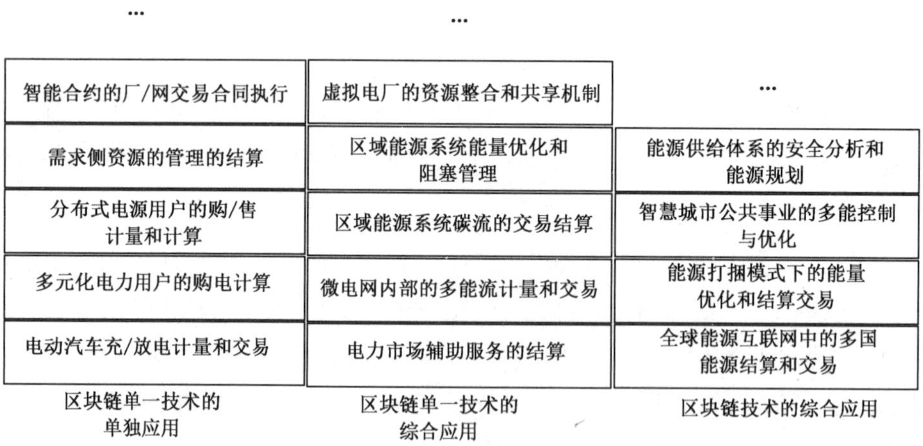

智能合约的厂/网交易合同执行	虚拟电厂的资源整合和共享机制	...
需求侧资源的管理的结算	区域能源系统能量优化和阻塞管理	能源供给体系的安全分析和能源规划
分布式电源用户的购/售计量和计算	区域能源系统碳流的交易结算	智慧城市公共事业的多能控制与优化
多元化电力用户的购电计算	微电网内部的多能流计量和交易	能源打捆模式下的能量优化和结算交易
电动汽车充/放电计量和交易	电力市场辅助服务的结算	全球能源互联网中的多国能源结算和交易
区块链单一技术的单独应用	区块链单一技术的综合应用	区块链技术的综合应用

图 10-14　区块链在能源互联网中的应用路径框架

（1）区块链单一技术的单独应用。

包括智能合约的厂/网交易合同执行、需求侧资源的管理结算、电动汽车充放电计量和交易等。这种类型的应用简单易行，不需要改变目前电网的整体架构，通过构建的相关机构作为节点的联盟链就可以实现。这是区块链应用于能源互联网的第一步。

（2）区块链技术的综合应用。

包括虚拟电厂的资源整合和共享机制、区域能源系统能量优化和阻塞管理、电力市场的辅助的结算等。这种类型的应用需要不同机构的介入。例如，在虚拟电厂的资源整合中，能量资源来自不同的能源提供机构，可能是传统的火力发电厂，也可能是分布式光伏电站等。这类联盟链在参与的节点增多后，数据孤岛现象会很严重，需要更大规模的联盟链技术支持，并且需要政府监管部门参与和协调才能完成。

（3）区块链技术的综合应用。

包括能源供给体系的安全分析和能源规划、智慧城市公共事业的多能控制与优化、全球能源互联网中的多国能源结算与交易等。这类应用涉及的范围更广，参与的节点更多，协调难度也更大。例如，在全球能源互联网中的多国能源结算与交易中，对于非洲地区的太阳能、北极地区的风能、大西洋的潮汐能等，若从金融角度结算就存在较大的困难，是采用传统的法币体系，还是通证体系？融资模式是采用传统的银行贷款，还是股权融资，或者区块链通证融资？这种世界范围的协作需要综合采用多项区块链技术，包括 UXTO 机制、P2P 网络、非对称加密、智能合约、共识机制等。

当然，区块链在能源互联网中的作用是巨大的，经过区块链改造后，传统的集中式能源网络变成分布式微电网，对应的业务流程也会有较大的改变，如图 10-15 所示。

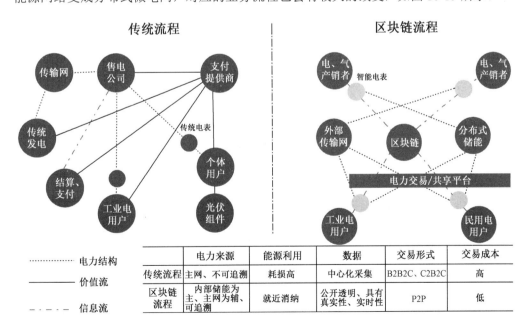

图 10-15　传统流程与区块链流程

在传统流程中，售电公司是交易的中心，发电机构、传输网都会接入售电公司的平台，用户的结算、支付也都通过售电公司进行。这种模式比较简单易行，但是存在中间节点不可信、交易成本高等缺点。对于传统的以火力发电为主的能源体系，这种模式是有效的。

但是，当光伏发电、风力发电、生物质发电等分布式能源技术出现后，就需要采用微电网区块链模式了。在这种模式下，生产侧的中小能源节点和需求侧的工业电用户、民用电用户通过共享的电力交易/共享平台进行操作。对于有条件的用户，可以利用自己的屋顶、大棚等进行光伏发电，自发自用，多余的电能加入区块链电力交易/共享平台进行交易。在这种模式下，大多数能源的生产和消耗来自内部合作，主网更多地起到辅助作用，能源利用就近消纳，大大减少了对电网的需求；而且交易公开透明，极大地降低了交易成本。

10.3.3　典型案例

1. 碳排放权认证

区块链能够为碳排放权认证和碳排放计量提供一个智能化的系统平台。在碳市场中，最重要的就是各个控排企业的碳排放数据、配额和 CCER 的数量。CCER 碳交易是指碳排放权的交易，这是促进节能减排的一个市场机制。在这个机制中，企业会有一个固定的排放量，如果超过这个排放量，则需要在市场上购买排放份额才可以继续排放。在碳排放交易平台上，中心服务器无法保障数据安全，而信息的不透明也让很多机构和个人无法真正参与。这些问题都可以运用区块链技术解决，使每笔交易信息都可追溯，避免了信息不对称。

传统碳资产开发流程时间长，涉及控排企业、政府监管部门、碳资产交易所、第三方核查和认证机构等，平均开发时长超过 1 年，而且每个参与的节点都会有大量的文件传递，容易出现错误。

通过多节点的区块链网络，可以共享记录，不仅提高了时效性，而且保证了准确性。如果将碳资产开发方法编译为智能合约，那么各个控排企业的碳排放资产额度还可以进行自动计算，整个流程变得透明、公开、准确。碳排放区块链的架构如图 10-16 所示。

2. 多能源系统交易

分布式能源运营区块链可以保存所有节点和网络重要参数的数据，如电力/电量流向数据、调度数据、结算/付费数据等，同时还可以辅助实现用配电的分散化决策。

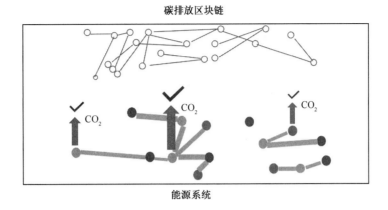

图 10-16　碳排放区块链的架构

分散化决策取决于分布式能源体系中各个节点和调度模块的互相协调，可实现多模块协同自治，决策数据基于区块链记录，决策机制由人工智能机器给出，并通过物理网联动执行设备完成。

区块链上的能源交易不涉及共同竞争对手，因此很大程度上解决了交易信任度问题，降低了信用风险，也提高了能源交易主体的公信力。区块链上的能源交易形成形形色色的"能源区块"，区块记录的数据包括流向数据、调度数据、结算/付费和节点信任度评估数据。数据统一封装，分布记录，并保存在链上，一旦上链就不可篡改。区块链技术在虚拟发电资源交易方面的应用如图 10-17 所示。

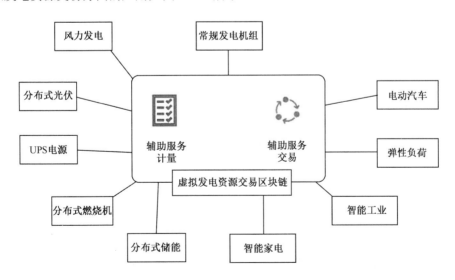

图 10-17　区块链技术在虚拟发电资源交易方面的应用

综上所述，以电力市场和能源供给侧改革为背景，区块链技术具有去中心化、公开透明、安全可信的特点，将对能源领域等诸多方面产生广泛而深远的影响，为解决能源系统中的交易摩擦提供了重要技术手段。

本节介绍了能源互联网中区块链的应用，在未来的多种能源结合、分布式能源场景中，区块链在能源交易、能源管理、能源生产与碳排放方面有着重要的价值。

10.4　区块链提高智慧城市管理水平

智慧城市是指利用各种信息技术或创新概念，将城市各系统和服务打通、集成，提升资源运用的效率，优化城市管理和服务，以及改善市民生活质量。

10.4.1　区块链解决智慧城市痛点问题

智慧城市建设有 5 个目标，分别为和谐型城管、服务型城管、开放型城管、智能型城管和效能型城管，如图 10-18 所示。

传统的智慧城市信息系统存在数据安全、信息不透明、跨部门协作难等问题，这些都可以用区块链技术解决。总体来说，区块链在智慧城市管理中的应用主要有以下几个方面（如图 10-19 所示）。

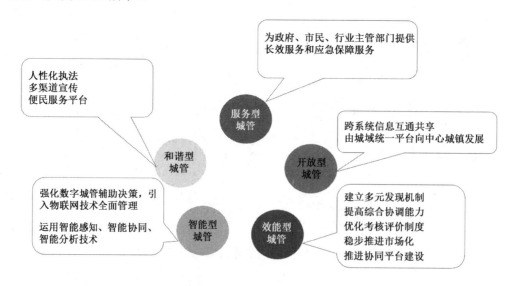

图 10-18　智慧城市建设目标

图 10-19　区块链在智慧城市管理中的主要作用

1. 城市数据交易：重塑数字城市公信力

数据是城市的根本，各领域的有效数据交换与融合是整体推进城市智慧化的前提，将数据所有权、交易和授权范围记录在区块链上，利用智能合约进行精细化授权，规范数据的使用。

大量城市数据上链后，数据源可追溯，进而可对数据源进行约束，去中心化数据交易平台可以形成大规模的全球化数据交易场景，让城市各领域获得更多需要的数据。

2. 智慧资产：提高智慧城市数字化广度

伴随着城市数字化进程的加速，需要进行身份认证的场景越来越多，包括互联网、物联网、社会和经济生活等，但目前身份服务一直存在着隐私泄露、身份欺诈及碎片化等问题，给用户、设备和系统均带来极大挑战。

将区块链技术应用到身份认证及其接入管理服务中，有可能形成一种协作、透明的身份管理方案，进而形成城市的数字资产管理。例如，各种不动产、动产、金融资产都可以在区块链上确权和流动，并且和数字身份绑定在一起，这样的数字资产的流动性将远远超过传统资产模式，可以降低交易成本、缩短投资周期及快速募集资金等。

3. 智慧医疗：构建全生命周期健康防护体系

相比农村，城市的医疗资源丰富且优质，这是大量农村居民进城看病的核心原因，但是目前的城市医疗体系存在一些问题。例如，数据太多，包括各类医疗器械产生的影像数据、诊断数据、处置数据和药物使用数据等；多方参与，包括医院、疾控中心、社区卫生服务机构、妇幼保健院和保险公司等；多方博弈，患者、保险公司和医院之间存在一定的利益博弈，特别是在医疗保险领域，保险公司和医院的利益不一致，这就带来了矛盾。

利用区块链，可以通过可追溯的统一账本记录个人终生的医疗服务信息，该账本与各参与方共享，可实现去中心化的信息互通。同时，结合智能合约、链上链下数据互通等更前沿的技术，可以实现整个价值链上各种流程的自动化，进一步提高效率，可参考9.5 节相关内容，这里不再赘述。

10.4.2   区块链城市管理架构

总体来说，如图 10-20 所示，区块链对智慧城市的影响可以分以下几类。

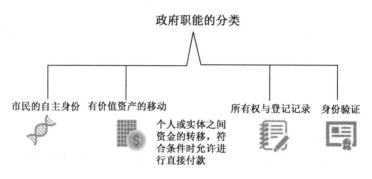

图 10-20   区块链对智慧城市的影响

（1）身份验证。

目前，身份证存在容易丢失和被盗用的风险，而城市生活中需要用到身份证的地方又非常多，将区块链和电子证照结合起来，可以创建不可篡改的身份认证功能。

（2）所有权与登记记录。

对于各种房产登记、车辆登记等所有权登记，大多数城市采用纸质资料，很容易丢失和被涂改，使得发生纠纷时取证困难，增加了很多司法成本。将区块链技术用于确权和流转，具有天然的安全和效率优势。

（3）有价值资产的转移。

对于房地产的转让、汽车的转让等大宗商品的价值转移，以传统的方式需要去相应的登记机构，耗时耗力，采用区块链后，可以在线验证身份，快速便捷地实现自助价值转移。

区块链在智慧城市中的共享支撑平台、城市治理、公共服务、数字经济领域都可以发挥显著作用，其整体架构如图 10-21 所示。

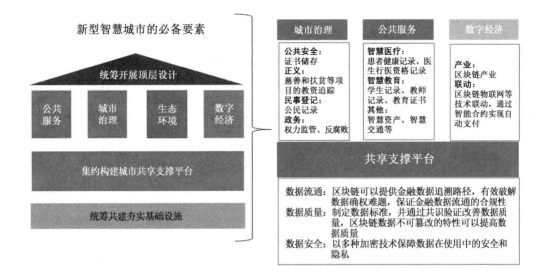

图 10-21　区块链技术在智慧城市中的应用

在共享支撑平台方面，区块链可以提供城市数据追溯路径，有效破解数据确权难题，保证城市数据流通的合规性，并通过共识验证改善数据质量，以多种加密技术保障数据安全。

在城市治理方面，包括证据存储、公共服务资金追踪、公民记录、权力监督等。

在公共服务方面，包括患者健康记录、医生行医资格记录、学生记录、教育证书、智慧资产等。

10.4.3　典型案例

1. 区块链用于数字身份改造

智慧城市中的数字身份是各种服务的基础，目前大多数人在网上办事时，都需要提交自己的身份信息，可能包含银行账户、联系方式、家庭住址、身份证号码等涉及隐私和财产安全的敏感信息，数据泄漏风险不容忽视。

目前，每个服务平台都有着自己的服务系统及数据库，导致用户使用不同平台时不得不重新进行登记。一方面，用户的数字身份具有碎片化、分散化的特点，不利于应用和管理；另一方面，个人信息经常会遭遇身份泄露、盗用、欺诈等问题。

因此，在数字经济时代，亟须相关部门或组织重新构建一套完整可行的数字身份管理体系。借助于区块链技术，未来个人的数字身份将有可能形成一种协作的、透明的管理方案，帮助企业或组织更好地完成身份管理和接入认证。数字身份可以用于职业、婚姻、资产、交易等场景，具体如图 10-22 所示。

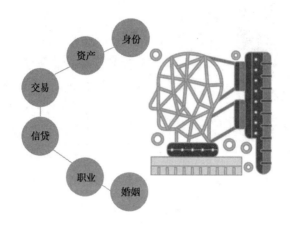

图 10-22　数字身份的应用场景

针对不同的应用场景，用户可以对相应数据进行授权，从而确保对自己的身份数据享有绝对的自主权。此外，由于在区块链上存储的仅仅是 Hash 值，并不涉及交易数据和用户隐私本身，所以可杜绝泄露数据和隐私。

实际应用中的一个案例是叫作 IMI 数字身份系统，它是依托于区块链底层技术，基于可信数字空间构建的真实自然人和法人信息的多功能身份认证平台。用户可以通过 App 中的"扫描二维码"创建自己的数字身份，由具备相关认证权限的组织认证后，授权第三方查询或使用，其架构如图 10-23 所示。

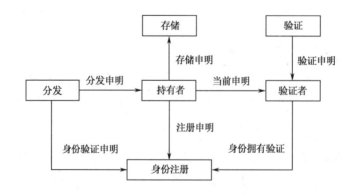

图 10-23　IMI 数字身份系统架构

数字身份可以分为两类，一类是基于传统中央账户的模型，另一类是基于自主身份的模型。传统数字身份（身份证、护照号）只提供一个不可篡改的 ID 序列，不能满足复杂的应用场景对身份信息的完整需求。自主数字身份则不依赖于单一的信任体系，而以图谱方式重新定义身份内涵。

2017 年 6 月，IMI 数字身份系统在广东省佛山市禅城区正式启用，作为统一认证接口使用，包括了 130 多万常住人口的用户画像。用户在取得实名认证服务权限后，可以获得公积金查询，交通违章查询，水、电、气费查询等多项服务。

2. 智慧荣成

荣成市地处山东半岛最东端，是国家首批 12 个信用示范城市之一。2018 年 9 月山东省荣成市政府与观海数据公司合作，基于开源底层平台 FISCO BCOS 打造了区块链智慧城市平台，如图 10-24 所示。

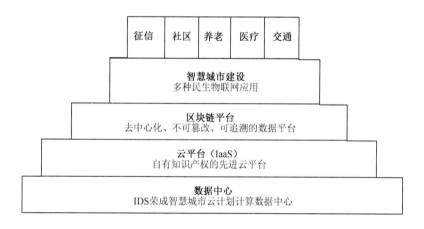

图 10-24　荣成市区块链智慧城市平台

平台的最底层是数据中心，基于 IDS 荣成智慧城市云计算数据中心搭建，将各类城市管理的数据上云进行统一管理。这个云平台采用自主知识产权的 IaaS 系统，IaaS 是 Infrastructure as a Server 的缩写，意思是基础设施即服务。云端公司把 IT 环境的基础设施建设好，然后直接对外出租服务器或虚拟机，荣成市政府通过购买社会服务的方式获得数据服务。

该区块链平台构建了一条联盟链，各部门作为节点参与，加速了信用数据的存储和共享。信息共享、透明意味着各部门可以获得彼此共享的信息，大大提高了各部门之间的协作效率，真正做到"数据多跑路，居民少跑路"。这个区块链平台的构建基于 FISCO BCOS 做了一个类似网关的装置，网关提供标准接口，可与其他业务系统进行对接。

平台的最上层是各种智慧城市的应用，包括征信、社区、养老、医疗、交通等。例如，政务信用评价体系就是这个平台的一个典型应用，该体系面对的评价主体主要是市政机关、事业单位、国有企业，以及上级直属部门。通过这一体系，考核部门可对当地的各科、局进行评价考核，并可将评分信息、系统证据保存到区块链中，区块链的不可篡改特性使历史信息有据可查，可起到内部监督的作用。

本节介绍了区块链技术如何用于智慧城市管理。城市的数据庞杂，各系统互相隔离，区块链技术在数据分享、加密安全方面的优势可很好地助力城市管理，具体的典型应用包括智慧交通、城市能源互联网、城市管理等。

第 11 章

区块链促进城际互通

5556 架构的第五个应用场景就是城际互通，本章阐述区块链技术在促进城际互通方面的作用。对于未来的城市群建设，数据的互联互通相当重要，有了这个基础，才有可能保障土地、资源、数据等生产要素的有序流动。

11.1　城市群的大规模互联互通

经济学中的规模效应使得各种生产要素向核心城市流动，带来城市群强者恒强的局面，可以这么说，未来世界竞争的主战场就是各种城市群。例如，中国经济最发达的长三角地区，2020 年贡献了全国 GDP 的近 1/4。全世界半数生产活动聚集在仅占全世界面积约 1.5%的土地上。

11.1.1　区块链促进公共服务一体化

城市群是指在特定地域范围内，以 1 个特大城市为核心，由至少 3 个以上大城市为构成单元，依托发达的交通、通信等基础设施网络所形成的，经济联系紧密的一体化城市群体。

城市群的"聚合效应"正成为推动我国经济转型的新动能。例如，在长三角地区，旨在打造具有世界影响力的科技创新高地的"沪嘉杭 G60 科创走廊"正在全力推进建设。此外，以深圳为龙头的大亚湾区，将重点打造新一代信息技术的高地，整合广州、珠海等城市的优势资源，努力成为世界高科技的龙头地区。这些都是聚合效应带来的城市群红利。

更重要的是公共服务的一体化。随着城市群的建设，人才流动、资金流动日趋频繁，条块分割的公共服务体系无法继续支撑大规模的协作，有必要打造一体化的行政服务体系，在这个领域中，区块链有着天然的优势，可以实现从数据管理流程到治理思维的一系列转变，促进公共服务一体化，总的来说，有以下几个作用。

1. 升级数据管理模式

政府的重要职能之一是保存和维护个人、组织和活动的关键信息和数据，如出生信息、婚姻状况、财产转移及犯罪活动信息等。从出生到死亡，每个人的信息被记录在不同部门的不同系统中。目前，各部门之间的共享有限，管理起来非常复杂。

信息化只解决了效率问题，数据的管理模式还非常落后，区块链的特殊架构可以改变政府数据的管理方式，从单一所有者拥有信息转变为在整个记录周期中可以共享。区块链虽然有去中心化的特性，但应用区块链并不意味着完全替代原有的中心化机构，而是可以促进各行各业中心化机构达成共识，构成联盟。

2. 快速定义治理规则

随着区块链的进一步应用，更大的潜在优势是其对政府管理模式的改变，区块链的治理规则内嵌于代码和技术结构中，可以见证规则、加入互动，并且能够在记录之后进行验证，在提高效率的同时，可创建新的流程。区块链采用共识算法，使所有的参与者责任平等、能力相同，大部分行政流程可以编写成智能合约，尽可能在网上完成。

今天，各国都在推进从"管理"到"治理"的改革。在社会治理中，区块链提供了一种让居民更多地参与社会治理的方式。通过区块链，政府可以塑造"服务—治理"的新型关系，居民可以从自助服务开始，改善政府的运行方式。例如，可以将日常缴费、线下消费、交通出行、智慧医疗、小额借贷等各种数据写入区块链，居民可以通过公钥选择性地与代理机构分享信息，或向政府授权使用公钥和私钥阅读或更改个人账本的内容。居民不再是被服务、等服务，而是服务的积极参与者，在某些情形下甚至是服务的提供者，如图 11-1 所示。要达成公共服务一体化的目标，就有必要将各类行政机关的职能整合，构建一个面向公众的统一服务平台，这就是公众联盟链的概念。

11.1.2　公众联盟链

当前的行政上分散的公共服务模式很难满足人民群众对美好生活的要求。在这种情况下，微众银行提出了"公众联盟链"的架构，支持智慧城市发展。

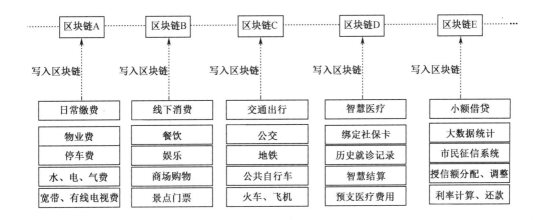

图 11-1 生活数据的区块链化

何为公众联盟链？简单地说，就是面向公众提供服务的联盟链，它不是特指一条具体的链，而是一种新的区块链商业应用形态。首先，它服务于公众，联盟链通过降本增效更好地辅助客户端机构或企业去服务普罗大众，而公众作为链的服务对象，可以通过公开网络访问联盟链提供的服务；其次，公众联盟链可以支持联盟治理和分布式商业。

通过区块链的方式，用户可在公众联盟链上创建数字身份，这个数字身份是唯一的，而且符合国际通用规范，可以与链下的身份证号或护照号等关联起来。有关数字身份的概念已在 10.4.3 节中阐述过。

有了数字身份后，就可以在链上构建许多不同种类的数据路由，当需要跨部门数据交换和应用时，可通过路由检索数据保存在哪个政府机构系统中，同时链上有数据的路由、哈希和签名信息，以保障数据的不可篡改性和权威性。公众联盟链的架构如图 11-2所示，税务局、房产局、社保局等机构在链上分别有用户不同维度的信息，这些信息数据的原文存储在各自的线下服务器中，链上存储凭证信息及签名数据。

公众联盟链可以用于各种城市服务。例如，中国澳门特别行政区政府在智慧城市建设方面构建了公众联盟链，第一个切入点是证书电子化项目，如图 11-3 所示，联合了澳门身份证明局、澳门电讯、CPTTM、澳门理工学院等 7 家机构基于 WeID 解决方案做证书的电子化发行和验证，通过实现证书电子化管理、跨机构信息交互、信息真实性验证等，来提高居民办理业务的体验。"公众联盟链+政务"未来的应用场景包括公众身份管理、个人社保、工商登记、不动产管理、税务管理、车辆管理、投票等政务领域。不同的链可以分别在不同的场景发展，通过跨链的方式打通，最终实现城市之间大规模的互联互通。

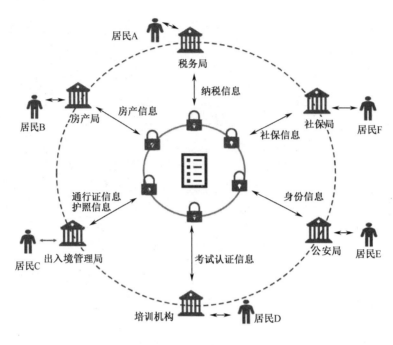

图 11-2   公众联盟链的架构

机构或企业通过公众联盟链可以更多地触达用户,从而更好地服务于用户。金融联盟链、政务联盟链、零售联盟链等类比于早期互联网,就像一个个局域网,通过跨界的方式联结在一起,形成范围越来越大的生态圈。

11.1.3   科技创新服务链

除了公众服务链,城市群合作的机制还有科技创新服务链。近年来,国家大力扶持科技创新,各地方政府也对科创企业予以政策支持和奖励。不过,传统的科创扶持在实际运行中存在一些问题。例如,企业科创成果难以评测,信息封闭,真正想做科创的企业对政策的了解不够,因而没有申请政府的支持等。

如何提高创新扶持效率?如何减少政府在创新扶持中的浪费现象?如何让创新者获得精准的支持?解决这些问题,仅仅依靠政策和机制是不可能完成的,因为传统的中心化系统使不同部门的互联互通效率低下,很难达到预期效果。采用区块链可以有效解决这类问题,并且具有以下效果。

1. 科创效果提前预估

通过智能合约将政策标签与企业标签匹配,获得政策的预估结果,预估结果将展示获得服务的企业数量、预计奖补资金总量、预计经济助推效果，政府可根据预估结果对相关政策进行优化。

2. 优化营商环境

创新主体会自动收到相关政策信息，实现让政策找创新主体。目前的模式是创新主体找政府，效率低下，匹配度不高。智能合约可以利用人工智能技术，将支持创新的政策与市场上的企业进行匹配，自动推荐可能符合条件的企业，然后政府主动上门推荐，将传统的"审批"模式改为"服务"模式，将大大优化营商环境。

3. 创新主体无感知认证和监管

创新主体身份可进行多部门交叉验证和精准审核，实现无感知认证和监管，以及全网动态数据收集。有了这个创新服务链后，企业的业务、资金流水、产品销售等情况都可以在链上保存，便于政府鉴别创新主体，进行无感认证。在尽可能减少对企业的打扰的情况下，实现对创新活动的支持和监管。

4. 奖补资金的支付、流通和兑现

传统的创新扶持中的奖补资金支付，从税收到奖励确认，再到资金到账，流程漫长，可能需要数年时间，使创新企业没有及时获得奖补资金，严重影响了其后续业务的开展。

有了区块链后，或将来 DCEP 上线后，通过央行数字货币体系直接流转资金，在政府和创新主体间实现支付、流通的集中化、规范化和透明化，并且可跨区域高效流转，全程可追溯，也可避免出现骗补。

这样的科技创新平台，并不仅仅限制在某个城市内部，而是服务于更大范围的城市群，甚至国家层面，这样就可以有效地促进科技资源的优化利用，提升科技创新的效果。科技创新服务链的架构和业务流程如图 11-3 所示。

从科技创新扶持政策的发布，到企业申报、扶持操作、财政支付和考核反馈，全流程上链，并且和电子证照共享平台及普惠金融链打通，通过构建一个完整的科技创新扶持体系，促进市场资源优化配置，提升整体科技竞争力。

本节介绍了区块链技术如何用于更大规模的互联互通，主要是在电子政务领域，通过促进公共服务一体化，具体有建立公众联盟链、科技创新服务链等，来促进城市核心竞争力提升和创新能力发展。

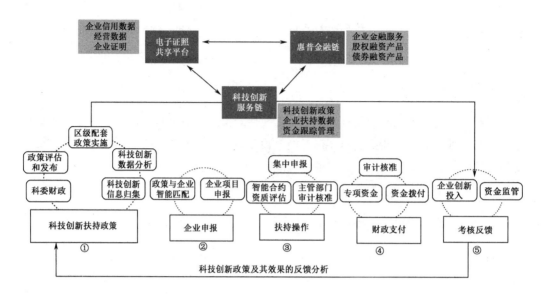

图 11-3　科技创新服务链的架构和业务流程

11.2　保障生产要素有序流动

生产要素是指在商品生产活动中需要投入的内容，如土地、劳动等。这些要素整合在一起，完成整个商品的生产和流通过程。

11.2.1　西方经济学中的生产要素

西方经济学在研究产品需求市场时，假定消费者的收入水平是不变的；在研究产品供给市场时，假定生产要素的价格是一定的；在这样的假设条件下，分析得出的价格与数量的关系叫作价值理论。

但这个假设条件在现实中是不存在的，消费者的收入水平对消费能力的影响，以及生产要素对产品的价格与数量的影响是显而易见的。因此，西方经济学不得不把生产要素市场单独进行研究，总结出生产要素的价格和使用量的关系，叫作分配理论。那么，生产要素有哪些？它们的需求和供给又是如何决定的呢？生产要素市场和物品与劳务市场的关系如图 11-4 所示。

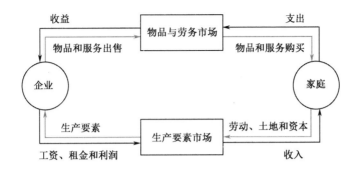

图 11-4　生产要素市场和物品与劳务市场的关系

西方经济学把生产要素分为土地、劳动和资本。土地的价格用地租表示，劳动的价格用工资表示，资本的价格表示为利率。

对生产要素的需求是对商品的需求引发的，没有对商品的需求，就没有对生产要素的需求。例如，消费者对汽车的需求，引起企业对劳动和机械设备的需求。劳动和机械设备存在最优的组合关系，也就是说，生产要素之间存在相互依赖的关系。

生产要素的需求者是企业，生产要素的供给者可以是企业，也可以是消费者，企业提供的是中间生产要素，消费者提供的是劳动、土地和资本这些原始要素。

生产要素的供给问题就是消费者以效用最大化为行为目的建立的要素供给量和要素价格的关系，也就是说，消费者在一定的要素价格水平下，将其全部的资源在"要素供给"和"保留自用"两条路径上进行分配以获得最大效用。

对于劳动这种生产要素，劳动的供给是消费者对自己拥有的时间资源的分配，每人每天都拥有 24 小时的时间，除去睡觉的 8 小时，剩余 16 小时，假如消费者把 6 小时投入到劳动，剩余的 10 小时就叫作闲暇时间，那么，劳动的供给就是消费者如何在闲暇和劳动上进行时间的分配。当劳动的工资较低时，随着工资的上涨，消费者被较高的工资吸引，会减少闲暇，增加劳动供给量。

对于土地这种生产要素，在经济学上是指一切自然资源，土地是自然界形成的，数量是固定不变的，不会随土地价格的变化而变化。土地服务就是土地出租，土地服务的价格就是地租，地租随需求量的上升而上升，随需求量的下降而下降。

对于资本这种生产要素，它与劳动、土地的不同之处在于，劳动和土地都是自然的，而资本可以通过经营活动生产出来，所以，资本的特点是数量可变。资本本身有一个市场价格，就是资本价值；资本的服务也有一个价格，通常称为利率。

资本供给的问题是如何将既定的收入在消费和储蓄两方面进行分配。一般来说，随着利率的上升,人们的储蓄也会被诱使增加,但当利率处于一个很高水平时,储蓄反而会下降,这点和劳动的供给是相同的。

劳动、土地、资本是现代经济中最重要的 3 个生产要素,它们通过生产关系联系在一起。区块链在保障生产要素有序流动方面的一个重要价值就是,可以在很大程度上改变微观层面的生产关系。

11.2.2   区块链改变生产关系

生产关系探讨的是生产者、生产资料和劳动成果之间的多边关系,即原材料是谁的、生产过程如何分工、生产出来的产品如何分配。生产力和生产关系的辩证关系如图 11-5所示。

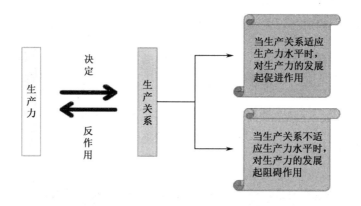

图 11-5   生产力和生产关系的辩证关系

区块链技术的强大之处在于,它通过资产的再定义和资产流通平台的代码化,让生产关系变得透明可信,主要体现在以下 3 个方面。

1. 大数据生产资料归个体所有

在比特币的世界中,每个比特币的持有者都可以在区块链上,将自己持有的比特币转移到自己认为安全的数字钱包中,不用关心这个数字钱包属于哪个互联网平台,这就实现了大数据生产资料的个人所有。从这个逻辑出发,将互联网平台上的大数据通过区块链技术与数据生产者实现关联,就可以保证数据生产者的权益。数据生产者可以根据自己的意愿,同意或不同意将数据分享给互联网平台,从技术上避免了互联网平台对大数据生产资料的垄断。

区块链的伟大之处是它的存储器广泛分布在节点上，不属于单个组织，没有人可以掌控数据的修改权，节点的参与者根据共识机制来维护社区，这就使得保存在区块链上的资产真正属于个人，并且通过密钥锁定，谁也没有办法侵犯这些资产。

2. 生产者人尽其能

在工作中，诸多的矛盾和个人情绪来自人不配位，即干活儿的人没有得到足够的激励，不干活儿的人获得太多，这种分工机制无法真正激活人的工作积极性。

区块链依靠共识机制运作，如果辅以智能合约，就可以直接确定参与者的贡献和收益，而不再需要各种等级制度，每个人都是平等的节点，只有能力大小，没有先来后到，再小的个体也能会找到自己的小组织，并充分发挥个人能力，给社区做出贡献，并以此获得收益。

3. 劳动成果归劳动者所有

区块链世界只相信代码，而且给每个节点都配置了单独的数字账户，这种点对点的交易模型意味着分配上的平权化。在传统世界中，收入先进入企业，再根据企业的奖惩制度分配到个人。在这种体系中，会存在不公正情况，例如会因为领导的偏袒而使个别人获得更多的收益。

在区块链世界里，分配权由基于智能合约的代码决定，不会有人为的干预，可以真正将劳动成果归属劳动者所有。例如，在比特币的世界中，每个矿工挖矿所得都进入个人账户，中间不会受到某个领导或某个组织的影响，且每个节点拥有的资产都具有期货属性，可享受长期的增值收益。

每一次工业革命，都是生产力的发展推动生产关系的进步，生产关系的进步又反作用于生产力，技术本身充当了变革的工具。传统实体的核心资产是空间里的厂房、设备、货品等不动产，而互联网平台的核心资产则是存储在服务器里的海量数据。

互联网巨头将产品权和数据权合二为一，从而将用户数据据为己有，造成了互联网巨头垄断的局面。区块链技术将产品权和数据权分离，从而瓦解了互联网巨头的垄断，让目前中心化平台的商业模式变成一个个分布式社区，激发了所有参与者的活力，也让劳动成果得到更加合理的分配。

11.2.3　从股份制到 DAO 制

区块链技术对生产关系的改变，带来了一种新的组织制度，那就是 DAO（分布式自治组织）制，前文已经做过简单的介绍，下面重点分析这种组织制度的价值。

说到组织制度，就必须从人类最开始的协作谈起。最初人类的协作靠的是语言沟通，之后有了文字交流，从部落到城邦，再到国家，都是组织形式的变迁，其目的是更有效地组织个体的力量，更有效地分工协作，创造出更多产品，以拥有更强大的竞争力。

在很长一段时间里，股份制是一种先进的机制，能使参与各方合作共赢，并且股份制是目前现代金融体系的基石。股权、债券、各种票据，都是基于"法人"这种股份制结构的。那么，股份制是怎么起源的呢？

股份制出现在大航海时代，冒险家们为了去东方进行香料、丝绸的贸易，需要乘坐大船航行在茫茫海洋上，这种行为一来需要巨额资金，二来风险较大，单个人没那么多钱，只好大家一块儿凑钱，成立股份公司，每次出海探险回来，按照股份多少来分配利润。

人类为什么会发明股份制呢？解释这个问题的是经济学家科斯，他提出了"交易成本"理论。

1. 交易成本与企业制度

1937 年，科斯发表了著名的《企业的性质》，该文独辟蹊径地讨论了企业存在的原因及其扩展规模的界限问题，提出了"交易成本"这一重要的理论。

所谓交易成本，即利用价格机制的费用或利用市场的交换手段进行交易的费用。科斯认为，当市场交易成本高于企业内部的管理成本时，企业便产生了，企业的存在正是为了节约市场交易费用，即用费用较低的企业内部交易代替费用较高的市场交易费用；当市场交易的边际成本等于企业内部的管理的边际成本时，就达到了企业规模扩张的界限。

以交易成本为维度，可有国家机制、企业机制、市场机制。当交易成本很低时，市场机制发挥作用；当交易成本高于企业内部管理成本时，企业出现并以内部计划的方式实现资源配置；当交易成本高于政府生产、分配、保障公共产品的成本时，国家机制发挥作用。在经济系统中，企业机制的微观计划、市场机制的中观调节与国家机制的宏观调控共同促进资源的高效、合理配置。

例如，现在很多公司要建设 IT 系统，那么，到底选择自建团队，还是外包呢？这就要看这个 IT 系统对人才这种生产要素的依赖程度了。如果是公众号、小程序这种通用的系统，对开发能力要求不高，就会选择市场购买，即采用外包方式；如果是芯片级别的核心系统，对人才要求极高，则会尽可能自建团队。这就是通常说的"核心技术买不到，买到的都是大路货"。

2. 股份制的优点与缺点

可以这么说，股份制对于创新类、核心技术类产品的开发是一种制度上的保证。那么，股份制与之前的企业制度有什么不同呢？最大的区别在于"有限责任"，股东以投入的本金为最大的风险，不会牵涉自己的家庭资产。这无疑极大地激发了市场的冒险精神，鼓励投资者、投机家和水手们跨越重洋、攫取暴利；同时，也给市场释放了巨大的风险，因为股份制公司可以将远洋业务的巨大风险转嫁给投资者。

远洋业务存在天灾人祸、职业经理人"跑路"、周期长（甚至有去无回）等诸多不确定性因素，当投资人把钱投给公司后，即便是大公司，也会惴惴不安。例如，当年的东印度公司规定，首次分红是在 10 年之后，而等不及分红、担心不确定性风险的股东们，开始想办法把手中的股票转让出去，一来投机获利，二来转移风险，股票交易积少成多，阿姆斯特丹就形成了世界上第一个股票交易市场。股票市场的作用是提供了股权交易的流动性，为投资者退出、获利、转移风险创造了便利。

从股份公司制的诞生，到股票市场的建立，是一个完整的股票经济体系。这个制度有一个致命的缺点，那就是"一切向钱看"。因为当初的大航海是一种冒险行为，大家出钱出力的唯一目的就是获得利润，所以股份制这种模式特别适合那些需要冒险创新的行为，这也就是一些高科技企业股价涨幅达到千倍的原因。

对于用户来说，买了公司的产品，产品好用就行，和公司股份没关系；对于供应商，拿的是公司的货款，和公司股份没关系；对于推广渠道，只拿返点，和公司股份没关系；对于多数员工，主要收入来源是工资，不是股份，和公司股份也没关系。可见，股份公司并不是一种最优的组织体系，因为不是共赢体系。最优的组织应该让所有参加组织的人都获得收益，不管是经济上的，还是社会上的。社会发展到今天，股份制这种组织制度已经越发暴露出它的弱点。

3. 分布式自治组织（DAO）的价值

区块链的世界是怎样的？如果某个矿池的算力超过 51%，它就有可能控制整个比特币社区，从而修改数据，但是这种现象为什么一直没有出现过呢？其实，历史上曾经有多个矿池的算力一度达到甚至超过 51%，但是从来没有出现过操纵比特币的事情。这是因为矿池主都充满情怀吗？肯定不是。关键原因是比特币的设计让这种事件缺乏经济上的可行性。

比特币世界中有一句话：币价靠信仰。如果某个矿池的算力超过 51%，就意味着它可能篡改区块链，从而将比特币划归自己，那么比特币就失去了去中心化的特性，从而没有人敢再信任比特币，于是持有者会纷纷抛售，造成比特币价格下跌。如果这个矿池选择了 51% 攻击，那绝大多数持有者马上会疯狂抛售，从而让比特币一文不值，那么就算获得了所有的比特币，也只是一堆没用的代码而已。因此，理智的矿池主都会主动限制自己的算法，以避免币价崩盘。

因此，并不是因为矿工具有崇高的情怀，而是比特币的机制让所有的人都明白，大家都在一条船上，任何人想打小算盘，都只会使整条船沉没。区块链的商业架构对于传统的股份制是一种质的提升。区块链的本质是共赢，即信仰它的人在同一条船上。

比特币世界的矿工组织形式就是典型的 DAO 模式，是继国家机制、市场机制和企业机制之后的第四大制度创新，在国家和市场之间开辟了一条中间道路，通过降低交易成本来平衡二者的冲突，实现资源最优配置。

DAO 可以实现大规模低成本协作，平衡不同的参与者的利益，特别是可以解决传统互联网无法解决的信任问题。传统互联网的中心化技术降低了基于信息的交易费用，区块链的价值互联网则降低了基于信任的交易费用，如图 11-6 所示。

图 11-6   分布式自治组织降低交易成本

在现实中，通常传统企业最大主体承载极限是百万元级别的，国家机制以亿元为计，互联网企业可以达到 10 亿元级别，而 DAO 可以做到无国界百亿元级。例如，比特币在全世界拥有几十万个节点，远远超过了一般跨国企业的员工数量，原因是区块链的边际成本非常低，远远低于市场交易成本，极大地拓展了 DAO 的规模边界。

因此，基于区块链的 DAO 模式可以有效地解决企业与国家"两难"的交易成本问题，扩展市场，降低企业的内部管理成本和政府的宏观干预成本，从而保障生产要素的有序流动和实现最优配置。

本节介绍了人类社会生产的三要素，即土地、劳动和资本，生产要素的组织模式就是生产关系，其中最重要的发明之一就是股份制企业，但是交易成本决定了企业规模的界限。基于区块链的 DAO 制有望成为微观经济层面的新型生产关系。

第 12 章

区块链与大规模数据共享

5556 架构的最后一个应用场景是大规模数据共享。区块链技术从根本上解决了不同信息系统之间的信任问题，从而可以构建一个新的数据平台，实现大规模数据共享。特别是在政府系统中，跨部门、跨机构的数据共享对于提高行政效率、推进各项改革有着重要的意义。

12.1 跨部门数据共享

随着大数据产业的发展，一些主体掌握了大量数据资源，但应用状况并不乐观。大部分企业以保护商业机密等为由，拒绝交易自有数据，政府部门则因安全、利益、技术能力等的权衡考量也不愿共享。区块链技术天然适合于跨机构数据共享，从而提升数据应用价值。

12.1.1 区块链消除数据孤岛

信息化建设发展数十年来，构建了大量的数据系统，但是"数据孤岛"现象日益严重。例如，在一个企业中，客户关系系统、人力资源系统、财务系统，ERP 系统、CRM 系统等，往往是不通的，使得企业内部的协作有不少障碍。一个企业的内部数据尚且如此，更别说不同企业之间、不同政府部门之间的数据互联互通了。通常，数据孤岛可以分为两种，即物理性数据孤岛和逻辑性数据孤岛。

物理性数据孤岛是指数据在不同部门分别独立存储、独立维护，相互孤立，形成的物理上的孤岛。

逻辑性数据孤岛是指不同部门站在自己的角度对数据进行理解和定义，使一些原本相同的数据被赋予了不同的含义，无形中增加了跨部门数据合作的成本。

大数据应用的最高层次就是用数据形成智慧，使社会各方有效运转，其发展的基础在于数据，而数据的意义在于共享，若没有底层数据，则数据分析无从谈起，进而会阻碍社会发展。

区块链可以通过全网的分布记账、自由公证打造一个共识数据库，从而打破数据孤岛，让数据信息在短时间内发挥更大的效用。"区块链+大数据"的实现，将推动社会快速发展。

具体来说，跨部门数据共享技术包括互联链网络结构、互联链共识机制、跨链传输与互联链隐私保护机制四部分。

1. 互联链网络结构

传统的数据模式是各部门形成数据孤岛，随着区块链项目的构建，不同区块链之间又形成新的数据孤岛，这就需要区块链之间互联互通。构建互联链网络的目的是为了建立一个平行区块链之间的交互网络，如果把单一的区块链比作局域网，则互联链的作用相当于互联网，其网络结构如图 12-1 所示。互联链网络中的几种角色及其功能如下。

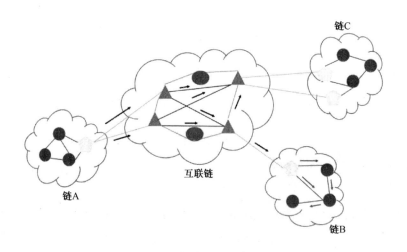

图 12-1   互联链网络结构

（1）区块链节点。

运行区块链客户端程序的节点。

（2）互联链节点。

运行互联链程序的节点，包含数据收发节点、验证节点、监管节点。其中，数据收发节点既是区块链节点又是互联链节点。

（3）数据收发节点。

数据收发节点主要负责收集平行区块链内部的交易数据，并将其传输到验证节点进行验证。一个平行区块链可以有多个数据收发节点，一个数据收发节点只能对应一个平行区块链。

（4）验证节点。

验证节点只存在于互联链内部，不属于平行区块链的一部分，其主要功能包括从平行区块链中取得交易数据及验证交易有效性，并在互联链网络内同步、共识交易。在同一时刻，一个验证节点只负责一个平行区块链交易的验证工作。

（5）监管节点。

监管节点也只存在于互联链内部，主要负责监管验证节点的交易验证功能，并在发现验证节点有不正确的行为时对验证节点进行惩罚。

2. 互联链共识机制

互联链作为一种范围更大的区块链，自身也需要一种共识机制作为运行基础。当前主流的区块链共识机制包括 PoW 机制及其变种和 BFT 机制。PoW 机制的主要问题是区块生成频率不能过快，这直接影响了区块链的交易处理速度，例如，比特币每秒仅能将 7 笔交易写入区块链。

在 BFT 机制中，区块等信息仅由主节点发布，其他节点通过广播确认消息的方式，与主节点发布的信息达成共识，因此有较高的交易处理速度。

互联链必须具备极高的交易处理速度，才能够及时转发来自各条平行链的交易，基于此考虑采用 BFT 作为互联链的共识机制。互联链的共识过程如图 12-2 所示。

3. 跨链传输

在互联链中，每条平行区块链都被赋予一个地址。在每笔跨链交易中，都包含源平行区块链和目的平行区块链地址，以及平行区块链中发送方和接收方的地址。由于不同的区块链采用不同的交易结构，所以交易数据在发送到互联链网络时，需要被封装为统一的形式。

当交易被传输至目的平行链后，数据收发节点依据跨链交易中的内容，创建符合目的平行链格式的新交易，继而将这笔新交易记录在目的平行链中，因此需要为跨链交易的传输设计一种专用的交易格式。图 12-3 展示了在互联链系统中，一笔交易从源平行区块链（链 A）发送至目的平行区块链（链 B）的过程。

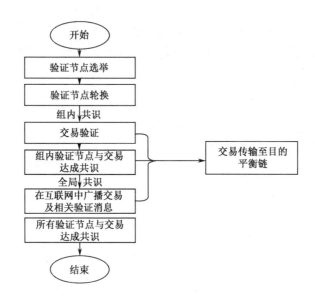

图 12-2　互联链的共识过程

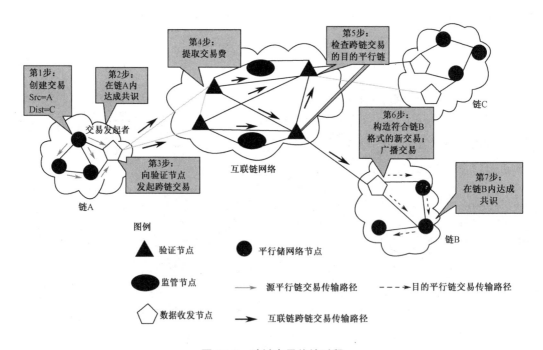

图 12-3　跨链交易传输过程

第一步：创建交易。

第二步：在链 A 内达成共识。

第三步：向验证节点发起跨链交易。

第四步：提取交易费。

第五步：检查跨链交易的目的平行链。

第六步：构造符合链 B 格式的新交易并广播该交易。

第七步：在链 B 内达成共识。

12.1.2　跨部门数据共享架构

针对某部门的数据资源跨部门共享、所有权保护、数据有偿使用等，设计数据共享平台，该平台以管理部门、科研单位、相关企业为目标用户与网络节点，初步构建数据联盟区块链，使得数据资源实现跨部门开放共享。

基于区块链的跨部门数据共享平台主要由基础设施层、区块链数据层、区块链共识层、智能合约层、服务层和应用层组成。

组织间的区块链网络主要采用联盟链网络模型，即各个组织拥有一个区块链节点，没有中心节点。组织是指有能力在服务器上运行一个及以上区块链节点的一个或几个单位的集合。基于区块链的跨部门数据共享平台模型如图 12-4 所示。

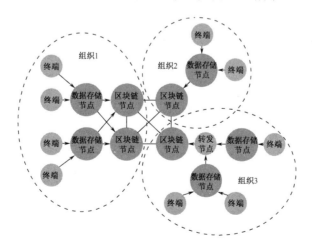

图 12-4　基于区块链的跨部门数据共享平台模型

基于区块链可以实现数据的跨部门流通，这种流通的金融机制采用通证模型，这样可以让数据的提供方获得收益，数据的需求方支付成本，从而避免了无意义的数据共享。具体流程如下：网络中各方可以浏览各数据块的数据概要，如果需要某个数据块的详情，则可以向数据所有方发起索取请求，经数据所有方同意后，将数据块发送给索取方，然后双方进行通证的转移，根据通证的数量，每隔一段时间进行结算。

政府数据较敏感，不是所有人都可以对数据进行操作的，所以必须进行准入控制和权限管理。准入控制分为以下两级。

第一级是终端节点向数据存储节点上传数据的权限和数据存储节点向区块链节点上传数据块的权限。终端节点就是具体的用户，这个权限和政府内部的系统权限有关，只有专门的数据工程师有权输入和修改数据；数据存储节点向区块链节点上传数据的权限是通过智能合约和共识机制来确定的，数据存储节点根据政府部门的具体情况和共识机制自主分享数据。

第二级是区块链节点加入区块链网络的权限，这需要数字证书和数字证书分发中心的支持。联盟链是一种半公开的区块链，当参与的部门较多时，存在安全问题，这就需要对区块链节点进行验证，这类似大家进入会议室开会，需要提供门禁卡验证身份。

数据共享平台的目标就是要彻底解决不同部门形成的数据孤岛问题，互联互通包含以下两个层面的意义。

一是以部门数据的流动为导向打造多条相关的联盟链。例如，数字政务、产权确认、科技创新、民生保障等，都可以建设单独的联盟链，这类似我们平时工作中建的各种"工作群"，是为了特定任务建立的，任务完成就解散。

二是以数据的价值为导向实现相关部门联盟链之间的互联，也就是不同区块链之间的数据分享。例如，数字政务链和民生链的互联互通，可以简单地理解为"群分享"，即将一个群的数据转发到另一个群，以促进合作。

如此一来，不同部门形成数据孤岛的问题就得到了根本性的解决，其中的关键技术就是跨链技术。数据只有在跨部门打通后，才能产生更大的价值。

12.1.3　典型案例

跨部门数据共享一个典型案例就是区块链发票。传统的发票机制需要大量的人力、物力，涉及税务、企业、消费者、商家等各环节，为了防止偷税漏税，设计了非常复杂的流程，使得财税流程效率较低。其根本原因就是各部门的数据共享不足，而采用区块链技术可以完美解决这个问题。

2018 年 8 月，国家税务总局授权深圳市税务局试行区块链电子发票，由深圳市税务局定义行政发行标准和纳税人发票使用规范，腾讯公司提供区块链底层技术支持，高灯科技等电子发票服务商负责提供接入各个交易场景的解决方案，最终实现资金流和发票流的二流合一，将发票开具与线上支付相结合，打通了发票申领、开票、报销、报税全流程。

区块链电子发票以互联网产品的形态诞生，可实现税务机关各环节可追溯、业务运行去中心化、纳税办理线上化、报销流转无纸化。

区块链电子发票应用业务平台架构如图 12-5 所示，共包括两个部分：税务链管理端和业务终端。税务链管理端主要提供以下两方面的功能。

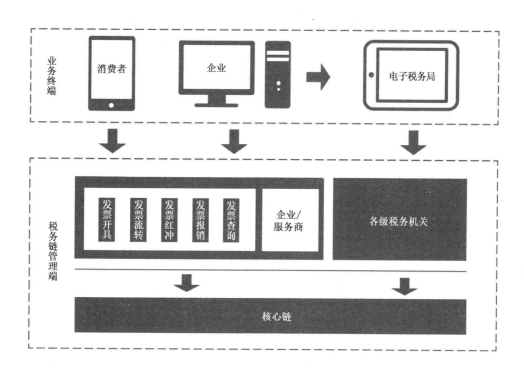

图 12-5　区块链发票应用业务平台架构

（1）记账节点。

以税务部门为核心建设核心链，核心链承载着业务节点提交的所有发票数据，每条核心的 TPS 可以万计。考虑到运营质量和数据安全，核心链的节点归属税务部门，并在国家税务总局统一规划建设的专用网络中工作。

（2）业务节点。

业务节点是分布式,为对节点负责的纳税人提供服务,与核心链通过路由网关连接。业务节点只保存与节点相关的发票数据,无权且无法拥有全网的发票数据,也不能参与区块链共识算法计算。

通过路由网关,业务节点可以自核心链获取自己权限范围内的发票数据,并可以提交开票、红冲等上链请求。同时,业务节点也承担发票查验服务,并可以针对纳税人需求提供个性化解决方案。

区块链电子发票业务流程如图 12-6 所示,包括领票、开票、流转、验收、入账等,大致分为以下 4 个步骤。

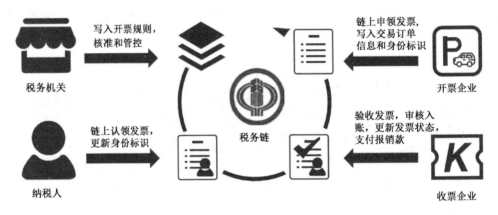

图 12-6　区块链电子发票业务流程

- 税务部门在税务链上写入开票规则,将开票限制性条件上链,实时核准和管控开票。

- 开票企业在链上申领发票,并写入交易订单信息和身份标识。

- 纳税人在链上认领发票,并更新身份标识。

- 收票企业验收发票,锁定链上发票状态,审核入账,更新发票状态,最后支付报销款。

在传统电子发票的基础上,区块链电子发票主要有以下几个优点。

第一,解决了数据孤岛问题。将发票流转信息上链,解决了发票流转过程中的数据孤岛问题,实现了发票状态全流程可查、可追溯。

第二，实现了无纸化报销。发票全流程的信息都在链上，报销时只要在链上更新发票状态即可，无须打印纸制凭证存档。

第三，解决了一票多报、虚抵虚报的问题。利用区块链技术，可以确保发票的唯一性和信息记录的不可篡改性。

第四，帮助政府加大了监管力度。发票全流程的信息都在链上，帮助税务部门等机构实现了更实时的全流程监管。

具体而言，通过密码技术保证只有税务部门才能发行发票，所有发票都上传至不可篡改的区块链分布式账本上，可防止"假票真开"。结合腾讯在支付领域的优势，在多方参与的区块链中将支付信息融入发票流程，使一切可追踪、可追溯，防止了"真票假开"。并且，把发票流转的全流程信息加密上链，提高了电子发票系统的安全性，降低了监管机构和企业的成本，简化了开票报销的流程。

本节介绍了如何利用区块链跨部门进行大规模数据共享。不同的部门构建了不同的区块链系统，这些区块链系统之间的互联就需要用到跨链技术。有了跨部门数据共享，就可以解决很多传统模式无法解决的问题，如区块链发票，大大提高了传统财税工作的效率。

12.2　区块链促进政务数据公开

在"区块链+电子政务"出现之前，各地方政府都曾尝试实现政务数据共享，但各种各样的原因让政府数据公开难度很大。区块链技术的透明性和共识机制，可以有效促进政务数据公开。

12.2.1　区块链升级电子政务

传统电子政务系统之所以在数据公开方面不成功，首先是动力问题，有些部门不积极更新数据，其他部门也跟着效仿，最后数据共享平台成了摆设。

其次就是安全问题，中心化系统存在数据篡改、造假的风险，跨部门的政务数据共享可能产生数据滥用；同时中心化系统有被入侵风险，存在信息泄露的安全隐患；中心化机构不对等，信息难以归集所有行政部门的数据。而且在政府的行政序列中，存在上下级协调的问题。例如，公安局和国土局是同级机构，数据公开就需要系统互联，那么谁作主联，谁作接口？这就是传统中心化机制的缺陷所在。

采用联盟链技术可以使上面提到的问题得到很好的解决。在"区块链+电子政务"系统中，各部门通过区块链可以上传部门数据，查看其他部门数据，从而打通部门间数据共享的屏障，实现政务信息跨部门流转。包括公安、工商、社保、民政在内的几十个部门充当链上的管理节点，各节点都是平等的，如图12-7所示，组成一张庞大的电子政务数据网络。每个节点都将自己部门的数据传输到链上，在上传时还必须附带各自的电子签名，从而促使该部门保证所传数据的真实性，也有利于其他部门可信地使用这些数据。

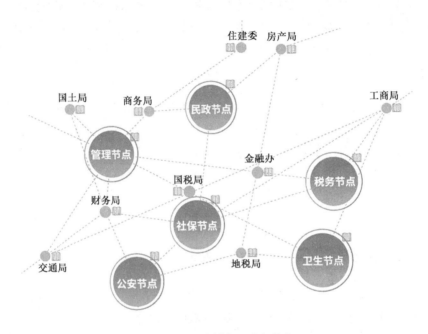

图 12-7　区块链电子政务节点

此外，区块链具有公开透明性，每个节点（部门）都可以查看所有数据的使用情况，避免信息外泄；每个节点都是全节点，会存储整个链上的所有数据，分布式存储可以避免宕机问题。

构建区块链电子政务系统后，原有的集中式信息管理模式不会完全消失，涉及国家安全或机密信息时，仍然可以保留中心化管理方式。区块链技术在政府信息资源共享方面的应用将主要集中在涉及民生信息的领域。例如，过去由于单个政府部门采集存储的数据并未与其他部门实时共享，导致在办理某些证件时需要开具多种证明。

区块链政务信息平台可以很好地解决政府宏观调控、社会管理和民生项目保障协调等相关问题。

12.2.2　政务区块链共享架构

区块链电子政务系统以数据资源驱动政务创新，推进了信息资源整合和深度开发，促进了业务流程的优化协同。基于区块链的政务共享业务平台架构如图 12-8 所示。

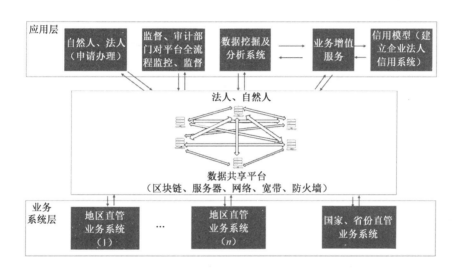

图 12-8　基于区块链的政务共享业务平台架构

区块链的政务共享业务平台，分为以下三大部分。

（1）业务系统层。

包括地区部门自建的信息系统和国家、省份建设的直管系统。各系统沉淀了大量的过程数据和结果数据，其中的数据一部分是敏感、涉密的，另一部分是可以公开、重复利用的。

（2）数据共享平台。

以区块链为核心，一般采用联盟链的方式实现，完善设计共识机制和通证经济模型，采用智能合约来协调不同部门的数据共享。加密机制和数字签名保障了数据共享的安全性。

（3）应用层

实现了数据的汇集，在此基础上进行政务的创新研究，打通各相关部门之间的信息壁垒，以及公共服务、养老助残、医疗、教育、民政、住建等工作信息联动和共享数据接口，为市民建立信用档案，约束其社会行为。

有了政务数据公开平台后，可以在此基础之上构建各种应用，例如，以个人数字身份为载体，实现政务系统数据的共享。数字身份认证功能的架构如图 12-9 所示。

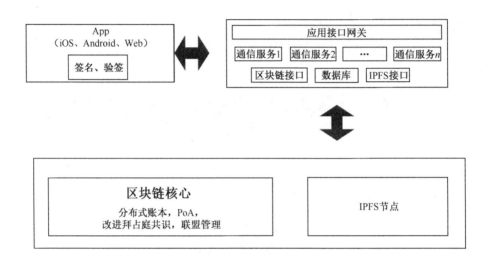

图 12-9　数字身份认证功能的架构

数字身份认证的各模块介绍如下。前端应用以手机端、PC 端、Web 端为载体，上传纸质的身份文件，如身份证、户口本、结婚证等，相关政务系统进行验证，并在系统中沉淀相关数据。

在市民参与各种政务事务的过程中，各个政务服务系统会在相应政府部门的个人数据空间积累不同的数据，这些个人数据最终将通过 App 返回给市民使用。

配套 App 使市民注册数字身份后，可以获取积累在不同政府部门的个人数据，并以这些数据为基础获得高质量的政务服务。

市民的数字身份信息存储在区块链上，各政府部门、业务部门访问或使用这些信息时必须经过市民的授权。区块链中存储的数据具有不可抵赖、不可篡改的特点，因此可保证对外共享数据的唯一性和准确性。

有了区块链的政务系统协同，数字身份控制权从中心服务器移交给个人，以个人为对象，从数据、业务、安全三个维度打造个人数据空间。

在此基础上，各政务系统可以访问区块链中可信的个人数字空间，结合人脸识别、电话实名制认证、电子身份证等，可实现政务服务的"零跑腿"，使政府服务模式，变条件审批为信任审批，变被动服务为主动服务。

12.2.3　典型案例

区块链促进政务数据公开方面的典型案例之一就是"数据铁笼区块链"。"数据铁笼"是贵阳市以数据资源公开为基础,实现政府权力运行监管、绩效考核和风险防范的大数据应用工程。传统数据铁笼在某种程度上约束着公务员的行为,公务员的应用主动性并不高;此外,各部门数据铁笼独立建设与运营,难以形成对各部门数据铁笼应用的综合考核和评价。利用区块链技术,建立基于主权区块链的"数据铁笼"监管平台,可以有效地解决这个问题,其应用架构如图 12-10 所示。

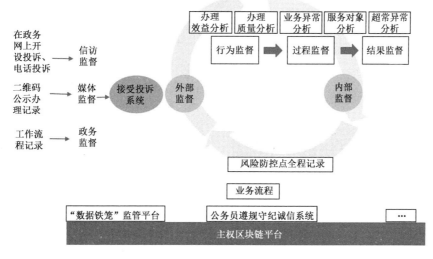

图 12-10　"数据铁笼"区块链应用架构

"数据铁笼"区块链的建成,可以推进各部门重要权力运行数据在区块链上形成不可篡改的加密记录,促进权力运行的相互监督,让"数据铁笼"更牢固、透明,更具约束力。

建立基于主权区块链平台的公务员遵规守纪诚信系统。在区块链上记录公务员遵规守纪、履职效能等重要信息,各部门节点共同验证和审核,可建立一条不可篡改的公务员"诚信链",各部门可根据权限查询公务员诚信记录。

在公务员遵规守纪诚信系统基础上,建立"数据铁笼"应用的价值激励机制,如工作量激励和点赞机制,将公务员遵规守纪诚信系统作为考核、任用和奖惩的重要依据。根据领导干部和纪检委员应用"数据铁笼"的情况形成监督积分,并记录在公务员遵规守纪诚信系统中。

本节介绍了如何利用区块链促进政务数据公开,将需要公开数据的部门构建在联盟链上,利用技术手段限制公职人员的隐含权力,构建对公职人员行为严格监管的"数据铁笼",是依法执政、建设法制社会的重要技术保障。

第 13 章

区块链产业监管

本章介绍区块链产业监管，主要包括建设区块链技术标准和构建区块链安全风险架构两方面。从行业的健康可持续发展角度来看，国家牵头制定技术标准、设计风险管理模式、厘清各种法律法规障碍，可以有效打击各种区块链传销骗局，构建合法合规的行业环境。

13.1 建设区块链技术标准

区块链技术的监管分为两个层面：一是结合区块链技术的具体应用场景，分行业进行监管；二是针对区块链制定专门的技术标准，以实现区块链技术的规范、统一。分行业监管内容庞杂，不在本书的讨论范围内，这里主要讨论区块链技术标准的相关内容。

13.1.1 区块链技术标准内容

国际标准化组织（ISO）目前已经开始制定区块链和分布式账本技术的国际标准（ISO/TC 307），现有成员 35 个，包括中国、美国、法国、英国、德国、日本等，秘书处设在澳大利亚。

世界上拥有区块链专利最多的国家主要有中国、美国、韩国、日本，其中中国的增长最为迅速，世界上超过一半的区块链专利在中国。中国的区块链标准化组织由中国人民银行与中华人民共和国工业和信息化部（简称"工信部"）牵头建立，从 2017 年开始，已经陆续发布了多个与区块链相关的技术标准草案。

ISO/TC 307 目前已经立项的区块链技术标准主要涉及 10 个方面，归为 4 个关键部分，如图 13-1 所示。

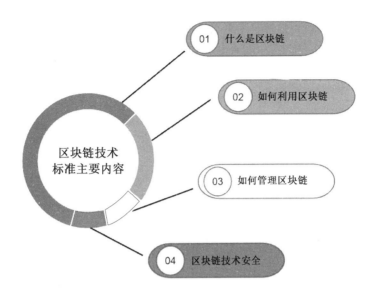

图 13-1　区块链标准的主要内容

1. 什么是区块链

回答这个问题可以统一对区块链的认识,帮助投资者和监管者准确识别何为"真链",何为"伪链"。这是监管的需要,更是保护中小投资者的需要。特别是在当前各种数字货币不断出现的情况下,官方给出标准答案尤为重要。

2. 如何利用区块链

当下的区块链技术尚处在发展初期,随着人们对其认识的深入,以及金融、法律乃至社会管理的方方面面的跟进,采用区块链的场景会越来越多。统一标准有助于传统行业的从业者理解并接受区块链,使各参与方达成共识,快速推进其应用。

3. 如何管理区块链

面对区块链这一新兴事物,各国都非常谨慎,既担心放任其发展,会对社会各方面带来意想不到的危害,又害怕全面禁止会错过发展机遇。制定区块链技术的国际标准可以使人们打消这些顾虑,使区块链的技术优势被各国、各地区共享,增加全人类的福祉。

4. 区块链技术安全

区块链技术一方面涉及国家(或地区)的网络信息安全,另一方面涉及参与者的个人隐私及系统的数据安全,必须明确规定区块链技术的安全性涉及哪些方面及其安全标准。只有这样,众多数据拥有者才愿意并放心地将数据共享,最终促进整个社会的进步。

截至 2019 年年底,国内有关区块链的标准发布了两个,一个是《区块链参考架构》,

另一个是《区块链数据格式规范》，牵头单位都是工信部。

13.1.2 《区块链参考架构》

2017 年 5 月 16 日，在工信部信软司和国家标准化管理委员会工业二部的指导下，中国首个区块链技术标准《区块链参考架构》正式发布。

《区块链参考架构》主要包括以下内容：区块链参考架构涉及的用户视图、功能视图，用户视图所包含的角色、子角色及其活动及角色之间的关系，功能视图所包含的功能组件及其具体功能，以及功能组件之间的关系、用户视图和功能视图之间的关系。

《区块链参考架构》的内容可分为 8 个部分，包括范围、术语和缩略语、概述、参考架构、用户视图、功能视图、用户视图和功能视图的关系、附录。其中最重要的是用户视图、功能视图，以及两者的关系，下面对前两个方面进行简要介绍。

1. 用户视图

用户视图部分规定了区块链服务客户（BSC）、区块链服务提供方（BSP）和区块链服务关联方（BSR）3 种角色，并描述了这 3 种角色的 14 个子角色及它们的活动，如图 13-2 所示。

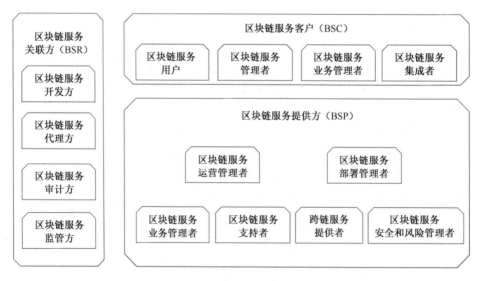

图 13-2　区块链角色及其子角色

区块链服务关联方的子角色包括区块链服务开发方、代理方、审计方、监督方。

区块链服务客户的子角色包括区块链服务用户、管理者、业务管理者、集成者。

区块链服务提供方的子角色包括区块链服务运营管理者、部署管理者、业务管理者、支持者、跨链服务提供者等。

2. 功能视图

区块链功能视图如图 13-3 所示，通过"四横四纵"的层级结构描述了区块链系统的典型功能组。"四纵"指跨层功能，包含开发、运营、安全、监管审计功能。其中，开发包括 IDE、测试管理、构建管理；运营包括服务目录、策略管理、异常和问题管理、交付管理、跨链服务管理；安全包括认证和身份管理、授权和安全策略管理、隐私保护；监管审计包括监管支持、审计实现。

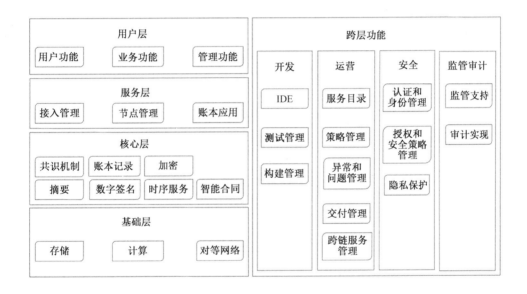

图 13-3　区块链功能视图

"四横"分为 4 个层次，分别是基础层、核心层、服务层和用户层。其中，基础层包括存储、计算、对等网络；核心层包括共识机制、账本记录、加密、数字签名等；服务层包括接入管理、节点管理、账本应用；用户层包括用户功能、业务功能、管理功能。

13.1.3　《区块链数据格式规范》

2017 年 12 月 22 号，在由工信部信软司指导、工信部中国电子技术标准化研究院主办的"中国区块链技术和产业发展论坛第二届开发大会"上，《区块链数据格式规范》正式发布，为区块链行业应用提供了统一的数据标准，对我国区块链标准建设具有重要意义。该标准规定了区块链的数据格式规范，具体包括区块链技术相关的数据结构、数据分类及其相互关系、数据元的数据格式要求。

区块链技术相关的数据结构包括区块、事务、实体、合约、配置、账户 6 个主要数据对象。

其中，区块链核心数据对象包括区块、事务、实体和合约。每个数据对象都包含一个或多个事务数据对象，事务对象包括属性类的实体数据对象，还包括事务的业务逻辑，即合约数据对象。

在区块链核心数据对象之外，包括配置数据对象，提供区块链系统正常运行过程中所需的配置信息。配置数据对象和区块链核心数据对象共同构建了区块链运行所需的数据基础。

账户数据对象表示区块链业务的实际发起者和相关方对应的数据结构。数据视图相关实体的关系如图 13-4 所示。

该标准以数据对象的类别为依据，将区块链数据分为以下 6 类。

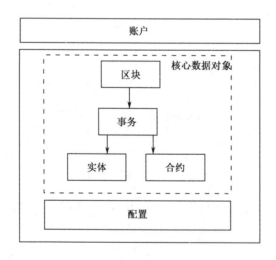

图 13-4　数据视图相关实体的关系

（1）账户数据：指描述区块链事务的实际发起者和相关方的数据。区块中记录的事务信息均被关联到相关的账户，每个区块链服务客户都拥有一个或多个账户来使用区块链服务。

（2）区块数据：指区块链网络的底层链式数据，用来把一段给定时间内发生的事务处理结果固化为成块链式数据结构。在通常情况下，区块由区块头和区块体组成。区块头包含区块相关的控制信息，区块体包含具体的事务数据。

（3）事务数据：指描述区块链系统中承载的具体业务动作的数据。其中，事务既包括交易类型事务，也包括非交易类型事务。

（4）实体数据：指描述事务的静态属性的数据，通常包括发起方地址、接收方地址、交易发生额、交易费用、存储数据和实体数据备注。

（5）合约数据：指描述事务的动态处理逻辑的数据。合约又称智能合约，是一系列以计算机代码形式定义的承诺，以及合约参与方可执行承诺的协议。这里的合约数据既包括处理逻辑的可执行代码，也包括处理逻辑的执行结果。

（6）配置数据：指区块链系统正常运行过程中所需的配置信息。通常包括共识协议版本号、软件版本号和网络通信底层对等节点配置信息等。

区块链数据元可以通过数据标识符、中文名称、英文名称、数据类型、数据长度、数据说明、数据备注 7 个属性来描述，如表 13-1 所示。

表 13-1 区块链数据元

属性名称	属性说明
数据标识符	各数据元的唯一标识，编号以阶层分类，分别将数据分类和数据元进行流水号编码，前段码为数据分类号码，后段码为数据元的流水号
中文名称	数据元的中文名称，在一定语境下应保持唯一
英文名称	数据元的英文名称，在一定语境下应保持唯一
数据类型	描述数据元的特征和基本要素，本标准中使用的数据类型主要包括字符串类型、整数类型、数组类型
数据长度	描述该数据元的长度，本标准中使用定长或不定长表示，并给出推荐字节长度
数据说明	详细描述数据元的内容和表达的含义
数据备注	描述数据元是否必要，在本标准中分为必选和可选

本节介绍了目前区块链技术规范方面的进展，在国际区块链专利领域，中国拥有相当多份额，并且在标准方面也走到了前列，参考架构和数据规范已推出，这将奠定中国区块链行业持续稳定发展的基础。

13.2　区块链安全风险

作为一种新兴的技术，区块链会面临各种信息安全问题，其中的风险不可不考虑，特别是当区块链上升至国家战略层面后，信息安全问题已经成为大规模应用的"拦路虎"。本节将讨论区块链的安全风险和解决方案。

13.2.1　区块链架构风险

随着区块链技术在各领域的不断探索和应用，其应用模式日趋成熟，如图 13-5 所示，由存储层、协议层、扩展层和应用层构成的区块链技术典型应用架构逐渐成为共识。不同层次的技术架构存在不同类型的安全问题。

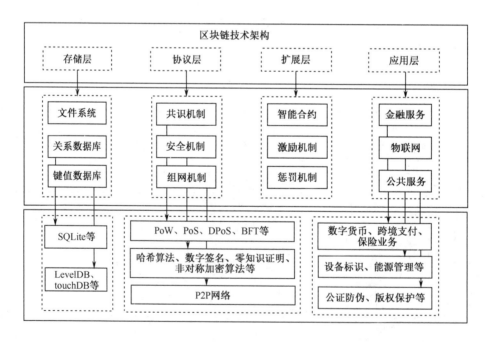

图 13-5　区块链典型应用架构

1. 存储层：来自环境的安全威胁

区块链存储层通常结合分布式数据库、关系/非关系型数据库、文件系统等存储形式。存储层的应用在运行过程中产生的交易信息等各类数据，可能面临基础设施安全风险、网络攻击威胁、数据丢失和泄露等，会威胁区块链数据文件的可靠性、完整性及存储数据的安全性，具体包括以下 3 点。

（1）基础设施安全风险。

主要为来自区块链存储设备自身及其所处环境的安全风险，如数据库中可能存在未及时修复的安全漏洞，导致被未经授权的区块链存储设备访问和入侵，或者存放存储设备的物理运行、访问环境中存在安全风险。

（2）网络攻击威胁。

包括 DDoS 攻击、利用设备软/硬件漏洞进行的攻击、病毒或木马攻击、DNS 污染、路由广播劫持等传统网络安全风险。

（3）数据丢失和泄露。

主要包括针对区块数据和数据文件的窃取、破坏，或因误操作、系统故障、管理不善等问题导致的数据丢失和泄露，以及线上和线下数据存储的一致性问题等。例如，EOS的 I/O 节点可通过原生插件，将不可逆的交易历史数据同步到外部数据库中；外联数据库数据在为开发者和用户提供便利的同时，也可能引发数据丢失和泄露风险。

2. 协议层：核心机制的安全缺陷

协议层的功能主要是实现区块链用户网络的构建和安全机制的形成，具体包括共识机制、安全机制和组网机制建设等。该层的安全风险主要来自协议漏洞、流量攻击及恶意节点的威胁等。

（1）协议漏洞。

最大的协议漏洞是共识机制，因为不同的共识机制代表了不同的利益分配模型。例如，PoW 机制容易引起 51%算力攻击，DPoS 机制容易引起超级节点的串谋等。

（2）流量攻击。

攻击者可通过 BGP 劫持、TCP Flood 攻击等多种手段，接管区块链网络中一个或多个节点的流量，堵塞区块链网络通信，从而造成区块链网络分割、交易延迟等。

（3）恶意节点。

公有链上的所有节点都是公开透明的，任何人都可以加入和退出，这就给了恶意节点加入的机会。恶意节点加入后可能刻意扰乱区块链运行秩序，破坏正常业务。

3. 扩展层: 成熟度不高的代码实现

区块链扩展层较典型的实现是智能合约。由于智能合约的应用起步较晚,所以大量开发人员尚缺乏对智能合约的安全编码能力,其风险主要来源于代码实现中的安全漏洞。

(1)合约开发漏洞。

从软件开发角度看,图灵完备是一个重要要求,但并不是所有的开发体系都可以做到图灵完备的。特别是对于行业公有链平台,由于开发者能力不足或代码管理有漏洞,可能会出现安全漏洞和后门。基于这样的智能合约开发的应用自然也会有很多不安全代码,可能引发合约控制流劫持、未授权访问、拒绝服务等后果。

(2)合约运行安全。

智能合约运行环境的安全性是重要环节,目前的区块链项目往往使用自己的虚拟机环境,一旦虚拟机自身存在安全漏洞,攻击者就可通过部署恶意智能合约代码来扰乱正常业务秩序,消耗系统资源,进而产生各类安全威胁。

4. 应用层: 各类传统安全隐患集中

应用层直接面向用户,涉及不同行业的应用场景和用户交互。该层业务类别多样、交互频繁等特征也导致各类传统安全隐患集中,成为攻击者实施攻击、突破区块链系统的首选目标。应用层安全风险涉及私钥管理安全、账户窃取、应用软件漏洞、DDoS 攻击、环境漏洞等。

(1)私钥管理安全。

私钥的安全性是区块链中信息不可伪造的前提,区块链的用户负责生成并保管自己的私钥,并可能根据使用需求在单点或多点进行私钥文件备份,但是很多用户不正确的存储习惯可能导致私钥文件泄露或被窃取,从而威胁用户数字资产安全。

(2)账户窃取。

攻击者可利用病毒、木马、钓鱼等传统攻击手段窃取用户账号,进而利用合法用户账号登录系统进行一系列非法操作。

(3)应用软件漏洞。

应用层的开源区块链软件中存在大量因开发问题而引发的输入验证、API 误用、内存管理等方面的安全漏洞。

（4）环境漏洞。

区块链应用所在服务器上的恶意软件、系统的安全漏洞、配置不当的安全管理策略等都可能成为攻击者攻破区块链应用的脆弱点。

在这些安全漏洞中，很多都与系统开发人员的经验和规范有关系。只要遵循标准，一般来说，大部分安全问题是可以避免的。对区块链安全威胁最大的是密码算法风险。

13.2.2　区块链密码算法风险

区块链属于算法高度密集的技术，应用了大量的密码算法。区块链达成的共识的本质是对密码算法所基于的数学难题的共识。区块链所用到的密码算法主要有数字签名算法和杂凑函数，还有很多密码算法和协议被应用到区块链中，如环签名、零知识证明、承诺协议、安全多方计算等。可以说，密码算法和协议的安全决定着区块链的安全。

1. 伪随机数生成器的后门

在密码算法中，随机数是不可或缺的参数，安全的随机数生成机制是密码算法安全的重要支撑。真随机数的生成比较困难，一般在密码算法中都用达到特定安全要求的伪随机数去替代真随机数。

伪随机数一般采用伪随机数生成器生成，如果选取的伪随机数没有达到要求，算法就不安全。例如，比特币区块浏览器（blockchain.info）曾经出现过随机数错误导致的私钥暴露。

另外，伪随机数生成器的设计有可能留有后门，即使是标准算法也不例外。例如，NSA 曾将带有后门的 Dual_EC_DRBG 写入 NIST 的确定性随机数生成器推荐标准，并收买 RSA 公司将该算法设置为 BSafe 中默认的随机数生成算法。

值得一提的是，虽然比特币也选择用 ECC 来生成随机数，但选的是小众的曲线参数，有效地避开了这一问题。区块链中广泛需要生成随机数，如果选取的伪随机数生成器存在后门，则造成的损失是不可想象和不可挽回的。

2. 椭圆曲线的抗量子脆弱性

基于椭圆曲线的密码算法，因具有良好的安全性和运算效率而被广泛应用。椭圆曲线示意图如图 13-6 所示。数字签名算法具有不可抵赖、防止冒充等特点，很多基于区块链技术的产品和项目采用了基于椭圆曲线的数字签名算法，用于身份鉴别和对交易数据的确认。

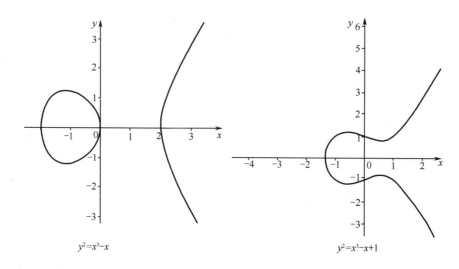

$y^2 = x^3 - x$　　　　　　　　　　$y^2 = x^3 - x + 1$

图 13-6　椭圆曲线示意图

椭圆曲线数字签名算法的安全性依赖于椭圆曲线上离散对数的困难性，此类数学难题目前还没有被破解。随着时间的推移，如果底层数学问题被破解，那么此类密码算法将不再安全。

另外，虽然椭圆曲线上的离散对数问题在经典计算机上破解难度很大，但如果量子计算机出现，椭圆曲线数字签名算法将没有任何安全性可言。虽然目前真正实用的量子计算机还没有出现，但 IBM、Google 等公司正投入大量的人力、财力研制量子计算机，一旦实用的量子计算机出现，目前绝大多数区块链技术将彻底失去安全保障。

从比特币运行十余年的结果来看，目前的密码学能力足以应付当前计算能力的攻击，未来区块链和各种应用相结合后，还会产生很多安全问题，这就需要有充分的应对措施。

13.2.3　区块链安全问题的应对措施

区块链安全的应对措施主要有以下几个。

1. 加密算法升级

建议用我国商用密码标准 SM2 基于椭圆曲线公钥加密算法和 SM9 基于身份的加密算法替代现有区块链技术中普遍采用的公钥加密算法。

2. Hash 函数升级

当前区块链技术中采用 Hash 算法来确保数据块之间的链接，因此，如果使用的 Hash

函数存在漏洞，则会导致区块链数据被篡改，严重的可能导致区块链分叉。因此，建议选用我国商用密码标准 SM3 算法来保障区块链的安全。

3. 算力监控

针对区块链系统的 51%攻击的可能性，算力监控可以在很大程度上解决这一安全难题。算力监控原理是对算力临界点进行实时监控，当系统中的节点算力值接近临界值时，系统进行预警提示，并减少系统中的算力值，从而保障系统的安全。

4. 软件/平台漏洞定期升级

区块链平台和软件需要定期进行漏洞扫描和渗透测试，以发现已知和未知的安全威胁，也应建立周期性的漏洞监测、升级机制，当发现中高危漏洞时应强制所有节点的软件和平台升级，以控制安全漏洞引起的安全风险。

区块链主要存在架构风险和算法风险，当然与此对应的也有各种升级措施。只要从机制上、法律上和技术上做好应对，区块链的安全风险就是完全可控的。